第二版

数控车床

（FANUC、SIEMENS系统）

编程实例精粹

浦艳敏　李晓红

编 著

化学工业出版社

·北京·

内 容 简 介

本书内容全面、实例丰富，主要涵盖数控车床介绍，数控车削加工工艺，数控车床加工编程基础，FANUC 数控系统车床加工入门实例、提高实例和经典实例，SIEMENS 数控系统车床加工入门实例、提高实例和经典实例，Mastercam 车床自动编程基础及实例等内容。

本书可作为数控车工的自学用书及短训班教材，也可供职业技术院校数控技术应用专业、模具专业、数控维修专业、机电一体化专业师生阅读参考。

图书在版编目（CIP）数据

数控车床（FANUC、SIEMENS 系统）编程实例精粹/浦艳敏，李晓红编著. —2 版. —北京：化学工业出版社，2023.9
ISBN 978-7-122-43633-7

Ⅰ.①数… Ⅱ.①浦… ②李…Ⅲ.①数控机床-车床-程序设计 Ⅳ.①TG519.1

中国国家版本馆 CIP 数据核字（2023）第 104752 号

责任编辑：王 烨 陈 喆　　　　　　　装帧设计：张 辉
责任校对：李 爽

出版发行：化学工业出版社（北京市东城区青年湖南街 13 号　邮政编码 100011）
印　　刷：北京云浩印刷有限责任公司
装　　订：三河市振勇印装有限公司
787mm×1092mm　1/16　印张 20$\frac{3}{4}$　字数 512 千字　2024 年 2 月北京第 2 版第 1 次印刷

购书咨询：010-64518888　　　　　　　售后服务：010-64518899
网　　址：http://www.cip.com.cn
凡购买本书，如有缺损质量问题，本社销售中心负责调换。

定　　价：89.00 元　　　　　　　　　　　　　　　　版权所有　违者必究

前言

数控加工是机械制造业中的先进加工技术，在企业生产中，数控机床的使用已经非常广泛。目前，随着国内数控机床用量的剧增，急需培养一大批能够熟练掌握现代数控机床编程、操作和维护的应用型高级技术人才。

虽然许多职业学校都相继开展了数控技工的培训，但由于课程课时有限、培训内容单一（主要是理论）以及学生实践和提高的机会少，学生们还只是处于初级数控技工的水平，离企业需要的高级数控技工的能力还有一定的差距。作者结合自己多年的实际工作经验编写了本书，在简要介绍操作和指令的基础上，突出对编程技巧和应用实例的讲解，加强了技术性和实用性。

本书第一版以其内容实用、讲解透彻而较好满足了广大读者的需求，但因出版时间较久，部分内容也需完善更新，故对本书进行修订再版。此次修订主要对部分陈旧的实例进行了更新，补充和强化了数控车削加工工艺的内容，对全部实例的参数选取和程序编制进行了校核，对个别错误的图文进行了订正等。

全书共包括3大部分，主要内容如下。

第1篇（第1~3章）为数控车床基础，概要介绍了数控车床的主要结构、技术参数、加工工艺以及程序编程指令与基本编程方法。通过本篇内容的学习，读者可以了解数控车床的编程指令、工艺分析与辅助工具。

第2篇（第4~9章）为车床手动加工实例，针对应用较多的FANUC、SIEMENS数控系统，通过学习目标与注意事项、工艺分析与加工方案、参考程序与注释的讲授方式，详细介绍了数控车加工技术以及实际编程应用。学习完本篇内容，读者可以举一反三，掌握各种零件的加工编程流程以及运用技巧。

第3篇（第10、11章）为车床自动加工基础与实例，介绍了CAM自动编程软件特点和Mastercam车床自动编程加工案例，其中设置加工刀具、加工工件以及加工操作管理是读者学习的重点。读者通过学习可熟悉车床自动加工的一般流程和方法。

本书主要具备以下一些特色。

（1）以应用为核心，技术先进实用。同时总结了许多加工经验与技巧，可帮助读者解决加工中遇见的各种问题，快速入门与提高。

（2）加工实例典型丰富、由简到难、深入浅出，全部取自于一线实践，代表性和指导性强，方便读者学懂学透、举一反三。

本书适合广大初中级数控技工使用，同时也可作为高职高专院校相关专业学生以及社会相关培训班学员的理想教材。

本书由辽宁石油化工大学的蒲艳敏、李晓红编著。

由于时间仓促，编著者水平有限，书中难免有不足和疏漏之处，欢迎广大读者批评指正。

编著者

目录

第1篇 数控车床基础

第 2 篇 车床手动加工实例

第 4 章 FANUC 数控系统车床加工入门实例 ························· 074

第3篇 车床自动加工基础与实例

第1篇

数控车床基础

SHUKONG CHECHUANG

JICHU

第1章
数控车床介绍

　　本章介绍关于数控车床的一些入门基础知识，包括数控车床的分类与组成、数控车床控制系统的功能、数控车床的主要结构特点、数控车床的主要技术参数等。

1.1 数控车床的分类与组成

1.1.1 数控车床的类型及基本组成

　　（1）数控车床的类型

　　① 水平床身（即卧式车床） 有单轴卧式和双轴卧式之分。由于刀架拖板运动很少需要手摇操作，所以刀架一般安放于轴心线后部，其主要运动范围也在轴心线后半部，可使操作者易接近工件。该类车床具有床身短、占地小的特点，适宜加工盘类零件。双轴型便于加工零件正反面。

　　② 倾斜式床身 在水平导轨床身上布置三角形截面的床鞍。其布局兼有水平床身造价低、横滑板导轨倾斜便于排屑和易接近操作的优点，有小规格、中规格和大规格三种。

　　③ 立式数控车床 分单柱立式和双柱立式数控车床。采用立轴布置方式，适用于加工中等尺寸盘类和壳体类零件。便于装卸工件。

　　④ 高精度数控车床 分中、小规格两种。适于加工精密仪器、航天及电子行业的精密零件。

　　⑤ 四坐标数控车床 设有 X、Z 坐标或多坐标复式刀架。可提高加工效率，扩大工艺能力。

　　⑥ 车削加工中心 可在一台车床上完成多道工序的加工，从而缩短了加工周期，提高了机床的生产效率和加工精度。配上机械手、刀库料台和自动测量监控装置构成车削加工单元，用于中小批量的柔性加工。

　　⑦ 各种专用数控车床 包括数控卡盘车床、数控管子车床等。

　　（2）数控车床的基本组成

　　数控车床的整体结构组成基本与普通车床相同，同样具有床身、主轴、刀架及拖板和尾座等基本部件，但数控柜、操作面板和显示监控器却是数控车床特有的部件。在机械部件方面，数控车床和普通车床也有很大的区别。例如，数控车床的主轴箱内部省掉了机械式的齿轮变速部件，因而结构非常简单；车螺纹也不再需要另配丝杠和挂轮了；刻度盘式的手摇移动调节机构也已被脉冲触发计数装置所取代。下面以 CK7815 型数控车床和 CK9330 型数控车床为例，简单介绍一下数控车床的结构组成。

CK7815 型数控车床可选配 FANUC-6T 或 FANUC-5T 系统，为两坐标联动半闭环控制的 CNC 车床。该车床能车削直线（圆柱面）、斜线（锥面）、圆弧（成形面）、公制和英制螺纹（圆柱螺纹、锥螺纹及多头螺纹），能对盘形零件进行钻、扩、铰和镗孔加工。

CK7815 型数控车床如图 1-1 所示。其床身导轨为 60° 倾斜布置，排屑方便。导轨截面为矩形，刚性很好。主轴由直流（配 5T 系统）或交流（配 6T 系统）调速电机驱动，主轴尾端带有液压夹紧油缸，可用于快速自动装夹工件。床鞍溜板上装有横向进给驱动装置和转塔刀架，刀盘可选配 8 位、12 位小刀盘和 12 位大刀盘。纵横向进给系统采用直流伺服电机带动滚珠丝杠，使刀架移动。尾座套筒采用液压驱动。可采用光电读带机和手工键盘程序输入方式，带有 CRT 显示器、数控操作面板和机械操作面板。另外还有液动式防护门罩和排屑装置。若再配置上下料的工业机器人，就可以形成一个柔性制造单元（FMC）。

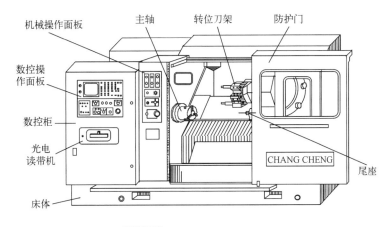

图1-1 CK7815 型数控车床

CK9330 型数控车床配有由华中数控研制开发的 HCNC-1T 数控系统，是直接由 PC 电脑通过数控软件进行加工控制的新型 CNC 系统。该车床是一开环控制的台式车床，其机械部分由床身、床头箱、工作台、大小拖板、普通刀架、尾座、主轴电机和 X、Z 轴步进电机（4NM、1NM 各一个）等组成，控制部分由机床强电控制柜、机械操作面板、PC 电脑和数控软件等组成。CK9330 型数控车床的组成如图 1-2 所示。

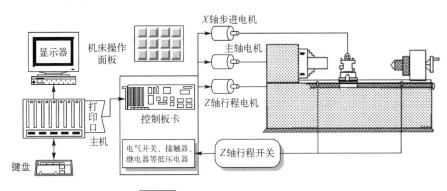

图1-2 CK9330 型数控车床的组成

1.1.2　数控车床的传动及速度控制

图 1-3 所示为 CK7815 型数控车床传动系统。主轴由 AC-6 型 5.5kW 交流调速电机或
DC-8 型 1.1kW 直流调速电机驱动，靠电气系统实现无级变速。由于电机调速范围的限制，
故采用两级宝塔带轮实施高、低两挡速度的手动切换，在其中某挡的范围内可由程序代码 S
任意指定主轴转速。结合数控装置还可进行恒线速度切削。但最高转速受卡盘和卡盘油缸极
限转速的制约，一般不超过 4500r/min。

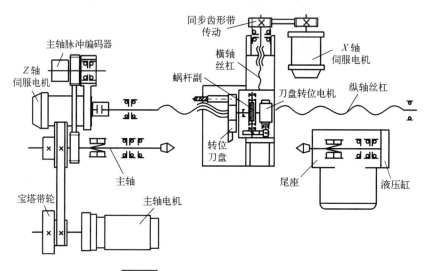

图1-3　CK7815 型数控车床传动系统

纵向 Z 轴进给由直流伺服电机直接带动滚珠丝杠实现；横向 X 轴进给由直流伺服电机驱
动，通过同步齿形带带动横向滚珠丝杠实现，这样可减小横轴方向的尺寸。

刀盘转位由电机经过齿轮及蜗杆副实现，可手动或自动换刀。排屑机构由电机、减速器
和链轮传动实现。

工进速度和快进速度还受控制面板上相应的速度修调旋钮影响。实际速度还应乘以速度
修调的倍率。

CK9330 型数控车床的传动系统较为简单，该机床主轴是由电机经 V 带传至车头主轴，
由塔轮传动实施有级变速。主轴转速不受 S 代码的控制，其调整需靠手工进行。由于主轴转
速不可无级调控，所以在车削螺纹时，只有靠编码器检测主轴的实际转速并反馈到数控系统
后，再由系统自动调整进给轴的进给速度（主轴每转一圈，刀架移动一个螺距值）。

CK9330 型数控车床的纵向 Z 轴进给由 4N·m 的三相六拍感应式步进电机直接带动普通
丝杠实现，横向 X 轴进给由 1N·m 的步进电机带动一对 18/27 的减速齿轮后再带动普通丝杠
实现。由于小拖板上的丝杠手柄调节位移量不计入数控装置，因此只用于加工前对刀时的辅
助调节，它在加工过程中的任何移动都将影响尺寸精度。

CK9330 型数控车床的主要规格与技术参数见表 1-1。

⊡ 表 1-1   CK9330 型数控车床的主要规格与技术参数

项目	参数	项目	参数
床身上最大工件回转直径	$\phi300mm$	加工公制螺纹螺距	0.5~3mm（或更大）
最大工件长度	500mm	加工英制螺纹种数	20
刀架上最大工件回转直径	$\phi140mm$	加工英制螺纹螺距	11~40 牙/in
主轴通孔直径	$\phi26mm$	纵、横向进给量级数	无级调速
主轴孔莫氏锥度	No.4	主轴每转刀架的纵、横向进给量	无级调速
刀架最大横向行程	160mm	主轴转速范围	160~1600r/min
刀架最大纵向行程	100mm	主轴转速级数	6
加工公制螺纹种数	14		

此外，还有些车床的主轴虽然采用的是机械式的有级变速，但配合一定的电液动控制系统，也可通过 S 代码自动实现主轴的变速，当然那也只能是有级变速。

1.1.3   数控车床的控制面板及其功能

用 PC 电脑作控制系统的数控车床，其程序输入、数据设定和 NC 控制等操作均可由 PC 键盘进行，文字和图形信息由显示器显示。CK9330 型数控车床操作面板的布局如图 1-4 所示。

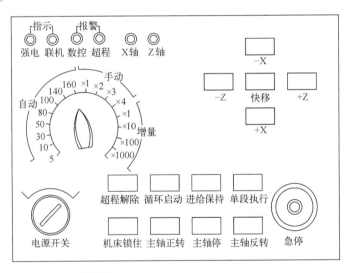

图1-4   CK9330 型数控车床的操作面板

面板顶行为一排指示灯，分别为指示机床电柜电源的"强电"指示灯，表示机床与计算机数控软件是否联系上的"联机"指示灯，数控系统内部是否有故障的"数控"报警和控制轴行程是否超界的"超程"报警指示灯，以及回参考点指示灯。右上部按菱形布置的几个按钮为拖板移动用的手动操作按钮，相当于普通车床上的旋转手柄，轴移动方向遵循标准规定。当按住某轴移动方向按钮的同时再按住中间的快移按钮时，则该轴将以内部设定的最快速度向指定方向移动；否则，将以当前设定的速度修调率移动。指示灯下方的旋钮为速度修调钮,"自动"的各挡用于控制机床自动及 MDI 方式下的进给速度修调率,"手动"各挡用于控制点动及步进移动时的 X、Z 轴移动速度,"增量"各挡则用于决定步进方式下点按一下轴移动按钮所产生的移动量。左下方的 NC 锁匙电源是为机床提供的又一道电源开关。右下方的急停按钮是用于紧急情况下强行切断电源的。中部为以下几个功能控制按钮。

> 超程解除——当 Z 轴正负方向出现硬性行程超界时,可同时按此钮和 Z 轴相反方向的按钮以解除超程。

> 循环启动、进给保持——用于自动运行中暂停进给和持续加工。

> 单段执行——在自动运行方式下,若按下此钮,则每执行一段程序后都将暂停等待,需按"循环启动"方可执行下一段程序。

> 机床锁住——若按下此按钮,则程序执行时只是数控系统内部进行控制运算,可模拟加工校验程序,但机械部件被锁住而不能产生实际的移动。

> 主轴正转、反转和停转——用于手动控制主轴的正转、反转和停转。

CK9330 型数控车床控制软件的环境界面如图 1-5 所示,图中屏幕顶行为状态行,用于显示工作方式及运行状态等,工作方式按主菜单变化,运行状态在不同的工作方式下有不同的显示。

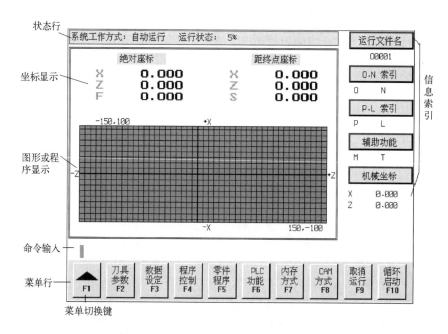

图1-5 CK9330 型数控车床控制软件的环境界面

自动运行时显示:

> 5%~140%(自动运行的进给速度修调倍率);

> 循环停止(自动运行处于暂停状态);

> 机床锁住(机械锁住有效时);

> 程序单段(单段运行有效时)等。

MDI 方式时显示:

> 当前默认的 G 代码模态值（如 G00 G91 G21 G94）;
> 点动操作方式 5%~100%（最大速度百分比）;
> X 轴进给或 Z 轴进给;
> 步进功能方式 ×1、×10、×100、×1000（4 种步进倍率）;
> Y 轴进给或 Z 轴进给。

屏幕中间为工件加工的坐标显示和图形跟踪显示或加工程序内容显示。

屏幕下部为提示输入行和菜单区（多级菜单变化都在同一行中进行）。

屏幕右部为信息检索显示区：O.N 索引处，显示自动运行中的 O 代码（主程序号）和 N 代码（程序段号）；P.L 索引处，显示自动运行中的 P 代码（子程序调用）和 L 代码（调用次数）；M.T 索引处，显示自动运行中的 M 代码（辅助功能）和 T 代码（刀具号和刀补号）；机械坐标处，显示刀具在机床坐标系中的坐标变化。

控制软件系统的整个菜单的显示切换均在屏幕底行上进行，菜单选取由功能键 F1～F10 操作。第一级子菜单的调出和所有下级菜单的往上退回均靠 F1 功能键实施。例如，在主菜单级显示时，按下 F2 键选中自动运行方式后该按钮呈凹下状，但需要再按 F1 键方可切换到自动运行方式的下级菜单。然后，在本级菜单显示时，按下相应的选用功能键即可自动调用显示下级菜单或执行相应的菜单项功能（即除第一级子菜单调出需按 F1 键外，往下层次的子菜单调出，则不需按 F1 键，均可自动调出）。若从本级菜单返回到上一级菜单，以及当本级某菜单项执行完后又想执行本级的另一菜单项功能时，则需要按 F1 功能键，而不是按 Esc 键；若在主菜单显示时按了 Esc 键，则自动退出控制软件系统。

1.2 数控车床控制系统的功能

数控机床上数控系统的硬件有各种不同的组成和配置，再安装不同的监控软件，就可以应用于不同机床或设备的控制，这样数控系统就有不同的功能，具体如下。

① 多坐标控制功能　控制系统可以控制坐标轴的数目，指的是数控系统最多可以控制多少个坐标轴，其中包括平动轴和回转轴。基本平动坐标轴是 X、Y、Z 轴；基本回转坐标轴是 A、B、C 轴。联动轴数是指数控系统按照加工的要求可以控制同时运动的坐标轴的数目。如某型号的数控机床具有 X、C、Z 三个坐标轴运动方向，而数控系统只能同时控制两个坐标（XZ、XC 或 ZC）方向的运动，则该机床的控制轴数为三轴（称为三轴控制），而联动轴数为两轴（称为两联动）。

② 插补功能　指数控机床能够实现的运动轨迹，如直线、圆弧、螺旋线、抛物线、正弦曲线等。数控机床的插补功能越强，说明能够加工的轮廓种类越多。控制数控车床的系统一般只有直线和圆弧两种插补功能。

③ 进给功能　包括快速进给、切削进给、手动连续进给、自动加减速等功能。进给功能与伺服驱动系统的性能有很大的关系。

④ 主轴功能可实现恒转速、恒线速度、定向停止等功能　恒线速度指的是主轴可以自动变速，使得刀具对工件切削点的线速度保持不变。主轴定向停止功能主要用于数控机床在换刀、精镗等工序退刀前对主轴进行准确定位，以便于退刀。

⑤ 刀具功能　指在数控机床上可以实现刀具的自动选择和自动换刀。

⑥ 刀具补偿功能　包括刀具位置补偿和半径补偿功能。半径补偿中包括车刀的刀尖半径和刀尖朝向。

⑦ 机械误差补偿功能　指系统可以自动补偿机械传动部件因间隙产生的误差的功能。

⑧ 操作功能　数控机床通常有单程序段运行、跳段执行、连续运行、试运行、机械锁住、进给保持和急停等功能，有的还有软键操作功能。

⑨ 程序管理功能　指对加工程序的检索、编制、修改、插入、删除、更名、锁住。

⑩ 图形显示功能　在显示器（CRT）上进行二维或三维、单色或彩色的图形显示。图形可进行缩放、旋转，还可以进行刀具轨迹动态显示。

⑪ 辅助编程功能　如固定循环、图形缩放、子程序、宏程序、坐标系旋转、极坐标编程等功能，可减少手工编程的工作量和难度。

⑫ 自诊断功能　指数控系统对其软件、硬件故障的自我诊断。这项功能可以监视整个机床和整个加工过程是否正常，并在发生异常时及时报警。

⑬ 通信与通信协议　现代数控系统一般都配有 RS232C 接口或 DNC 接口，可以与上级计算机进行信号的高速传输。高档数控系统还可与 MAP 或 Internet 相连，以适应 FMS、CIMS 的要求。

以上是一般可用于机床的数控系统的基本功能。对于用于数控车床的数控系统还有其自身的特点。首先，数控车床所需要控制的坐标轴的数目比较少。一般的数控车床只需要控制两个坐标轴（X 轴和 Z 轴）；对于高等级数控车床（或者数控车削中心），一般也只需要控制三个或四个坐标轴（X、Z、C、Y 轴）；只是对于某些特殊类型的数控车床（如双主轴或双刀架的车削中心），对控制坐标轴的数目的要求才比较高。其次，数控车床对可以联动的坐标轴的数目要求也比较少，一般为两联动或三联动。这样与数控铣床或数控加工中心相比，数控车床对数控系统的要求就相对低一些。至于对数控系统其他功能的要求，与其他机床没有太大的区别，只是要求具备恒线速度（恒表面速度）的功能，这是由车削加工的特点决定的。

1.3　数控车床的主要结构特点

数控车床因其加工方法和特点，配合不同类型的车削刀具，主要应用于具有复杂回转型面工件的自动加工和各类螺纹的加工。目前已广泛应用于民用产品和军工产品的加工生产中，是应用最为广泛的数控机床之一。与传统车床相比，数控车床的结构主要有以下特点。

① 由于数控车床刀架的两个方向运动分别由两台伺服电机驱动，所以它的传动链短。不必使用挂轮、光杠等传动部件，用伺服电机直接与丝杠连接带动刀架运动。伺服电机丝杠间也可以用同步带轮副或齿轮副连接。

② 多功能数控车床是采用直流或交流主轴控制单元来驱动主轴的，按控制指令进行无级变速，主轴之间不用多级齿轮副来进行变速。为扩大变速范围，现在一般还要通过一级齿轮副，以实现分段无级调速，即使这样，床头箱内的结构已比传统车床简单得多。数控车床的另一个结构特点是刚度大，这是为了与控制系统的高精度控制相匹配，以便适应高精度的加工。

③ 数控车床的第三个结构特点是轻拖动。刀架移动一般采用滚珠丝杠副。滚珠丝杠副是数控车床的关键机械部件之一，滚珠丝杠两端安装的滚动轴承是专用轴承，它的压力角比常

用的向心推力球轴承要大得多。这种专用轴承配对安装，最好在轴承出厂时就是成对的。

④ 为了拖动轻便，数控车床的润滑都比较充分，大部分采用油雾自动润滑。

⑤ 由于数控机床的价格较高、控制系统的寿命较长，所以数控车床的滑动导轨也要求耐磨性好。数控车床一般采用镶钢导轨，这样机床精度保持的时间就比较长，其使用寿命也可延长许多。

⑥ 数控车床还具有加工冷却充分、防护较严密等特点，自动运转时一般都处于全封闭或半封闭状态。

⑦ 数控车床一般还配有自动排屑装置。

1.4 数控车床的主要技术参数

数控车床的主要技术参数包括最大回转直径、最大车削长度、各坐标轴行程、主轴转速范围、切削进给速度范围、定位精度、刀架定位精度等，其具体内容及作用见表 1-2。

▫ 表 1-2　数控车床的主要技术参数

类别	主要内容	作用
尺寸参数	X、Z 最大行程	影响加工工件的尺寸范围（重量）、编程范围及刀具、工件、机床之间的干涉
	卡盘尺寸	
	最大回转直径	
	尾座套筒移动距离	
	最大车削长度	
接口参数	刀位数、刀具装夹尺寸	影响工件及刀具安装
	主轴头形式	
	主轴孔及尾座孔锥度、直径	
运动参数	主轴转速范围	影响加工性能及编程参数
	刀架快进速度、切削进给速度范围	
动力参数	主轴电机功率	影响切削负荷
	伺服电机额定转矩	
精度参数	定位精度、重复定位精度	影响加工精度及其一致性
	刀架定位精度、重复定位精度	
其他参数	外形尺寸（长×宽×高）、重量	影响使用环境

第2章
数控车削加工工艺

2.1 数控车削加工工艺分析

2.1.1 数控车床加工对象的选择

① 精度要求高的回转体零件。由于数控车床刚性好、制造精度高，能方便和精确地进行人工补偿和自动补偿，所以能加工精度要求高的零件，甚至可以以车代磨。

② 表面粗糙度要求高的回转体零件。使用数控车床的恒线速度切削功能，就可选用最佳切削速度来切削锥面和端面，使切削后的工件表面粗糙度既小又一致。数控车床还适合加工各表面粗糙度要求不同的工件。表面粗糙度要求大的部位选用较大的进给量，表面粗糙度要求小的部位选用小的进给量。

③ 轮廓形状特别复杂和难以控制尺寸的回转体零件。由于数控车床具有直线和圆弧插补功能，部分车床数控装置还有某些非圆曲线和平面曲线插补功能，所以可以加工形状特别复杂或难以控制尺寸的回转体零件。

④ 带特殊螺纹的回转体零件。数控车床不但能车削任何等导程的直、锥面螺纹和端面螺纹，而且还能车变螺距螺纹和高精度螺纹。

2.1.2 数控车床加工工艺的主要内容

① 选择适合在数控车床上加工的零件，确定工序内容。

② 分析被加工零件的图纸，明确加工内容及技术要求。

③ 确定零件的加工方案，制定数控加工工艺路线。

④ 设计加工工序，选取零件的定位基准、确定装夹方案、划分工步、选择刀具和确定切削用量等。

⑤ 调整数控加工程序，选取对刀点和换刀点、确定刀具补偿及加工路线等。

2.1.3 数控车床加工零件的工艺性分析

（1）零件图的分析

零件图分析是工艺制定中的首要工作，主要包括以下几个方面：

① 尺寸标注方法分析。通过对标注方法的分析，确定设计基准与编程基准之间的关系，尽量做到基准统一。

② 轮廓几何要素分析。通过分析零件各要素，确定需要计算的节点坐标，对各要素进行定义，以便确定编程需要的代码，为编程做准备。

③ 精度及技术要求分析。只有通过对精度进行分析，才能正确合理地选择加工方法、装夹方法、刀具及切削用量等，保证加工精度。

（2）结构工艺性分析

零件的结构工艺性是指零件对加工方法的适应性，即所设计的零件结构应便于加工。在数控车床上加工零件时，应根据数控车床的特点，合理地设计零件结构。如图2-1（a）所示的零件有宽度不同的三个槽，不便于加工；若改为图2-1（b）所示的结构，则可以减少刀具数量，减少占用刀位，还可以节省换刀时间。

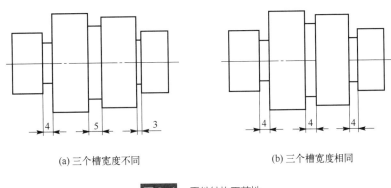

(a) 三个槽宽度不同　　　　　　　(b) 三个槽宽度相同

图2-1　零件结构工艺性

2.1.4　数控车削加工工艺路线的拟订

在制定加工工艺路线之前，首先要确定加工定位基准和加工工序。

（1）零件设计基准和加工基准的选择

① 设计基准。车床上所能加工的工件都是回转体工件，通常径向设计基准为回转中心，轴向设计基准为工件的某一端面或几何中心。

② 定位基准。定位基准即加工基准，数控车床加工轴套类及轮盘类零件的定位基准，只能是被加工表面的外圆面、内圆面或零件端面中心孔。

③ 测量基准。测量基准用于检测机械加工工件的精度，包括尺寸精度、形状精度和位置精度。

（2）零件加工工序的确定

在数控车床上加工工件，应按工序集中的原则划分工序，即在一次安装下尽可能完成大部分甚至全部的加工工作。根据零件的结构形状不同，通常选择外圆和端面或内孔和端面装夹，并力求设计基准、工艺基准和编程原点的统一。在批量生产中，常使用下列两种方法划分工序。

① 按零件加工表面划分。将位置精度要求高的表面安排在一次安装下完成，以免多次安装产生的安装误差影响形状和位置精度。

② 按粗、精加工划分。对毛坯余量比较大和加工精度比较高的零件，应将粗车和精车分开，划分成两道或更多的工序。将粗加工安排在精度较低、功率较大的机床上；将精加工安排在精度相对较高的数控车床上。

（3）零件加工顺序的确定

在分析了零件图样和确定了工序、装夹方法之后，接下来要确定零件的加工顺序。制订加工顺序应遵循下列原则：

① 先粗后精。按照粗车→半精车→精车的顺序进行，逐步提高加工精度。粗车的任务是在较短的时间内，把工件毛坯上的大部分余量切除，一方面提高加工效率，另一方面满足精车余量的均匀性要求。若粗车后，所留余量的均匀性满足不了精度要求时，则要安排半精加工。精车的任务是保证加工精度要求，按照图样上的尺寸用一个刀次连续切出零件轮廓。如图 2-2 所示，粗加工时先将双点画线内的材料切去，为后面的精加工做好准备，试精加工余量尽可能均匀一致。

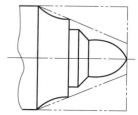

图2-2 先粗后精示例

② 先近后远。按加工部位相对于对刀点的距离大小而定。在一般情况下，离对刀点远的部位后加工，以便缩短刀具移动距离，减小空行程时间。对于车削而言，先近后远还有利于保持坯件或半成品件的刚性，改善其切削条件。例如，加工图 2-3 所示零件时，如果按 $\phi38 \to \phi36 \to \phi34$ 的次序安排车削，不仅会增加刀具返回对刀点所需的空行程时间，而且一开始就削弱了工件的刚性，还可能使台阶的外直角处产生毛刺（飞边）。对这类直径相差不大的台阶轴，当第一刀的背吃刀量（图中最大背吃刀量可为 3mm 左右）未超限时，宜按 $\phi34 \to \phi36 \to \phi38$ 的次序，先近后远地安排车削。

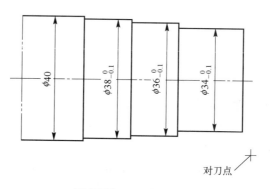

对刀点

图2-3 先近后远示例

③ 内外交叉。对既有内表面（内型腔），又有外表面需要加工的零件，在安排加工顺序时，应先进行内外表面的粗加工，后进行内外表面的精加工。切不可将工件的一部分表面（外表面或内表面）加工完了以后，再加工其他表面（内表面或外表面）。如图 2-4 所示零件，若将外表面加工好，再加工内表面，这时工件的刚性较差，内孔刀杆刚性又不足，加上排屑困难，在加工孔时，孔的尺寸精度和表面粗糙度就不易得到保证。

④ 基面先行。用于精基准的表面应优先加工出来，因为定位基准的表面越精确，装夹误差就越小。

⑤ 进给路线最短。确定加工顺序时，要遵循各工序进给路线的总长度最短原则。

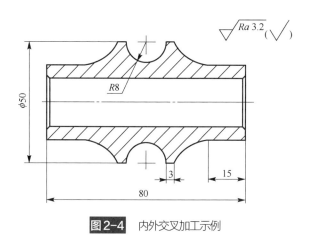

图2-4 内外交叉加工示例

（4）进给路线的确定

确定进给路线，主要是确定粗加工及空行程的进给路线，因为精加工切削过程的进给路线基本都是沿零件的设计轮廓进行的。进给路线指刀具从起刀点开始运动，到完成加工返回该点的过程中，刀具所经过的路线。为了实现进给路线最短，可从以下几点加以考虑：

① 最短的空行程路线。即刀具在没有切削工件时的进给路线，在保证安全的前提下要求尽量短，包括切入和切出的路线。

② 最短的切削进给路线。切削路线最短可有效地提高生产效率，降低刀具的损耗。

③ 大余量毛坯的阶梯切削进给路线。实践证明，无论是轴类工件还是套类零件在加工时采用阶梯去除余量的方法是比较高效的。但应注意每一个阶梯留出的精加工余量尽可能均匀，以免影响精加工质量。

④ 精加工轮廓的连续切削进给路线。即精加工的进给路线要沿着工件的轮廓连续地完成。在这个过程中，应尽量避免刀具的切入、切出、换刀和停顿，避免刀具划伤工件的表面而影响零件的精度。

（5）退刀和换刀时的注意事项

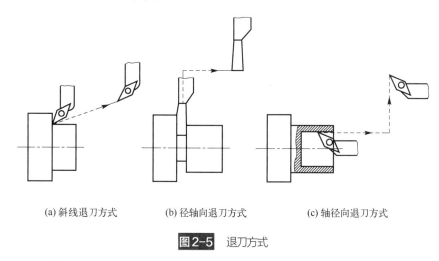

(a) 斜线退刀方式   (b) 径轴向退刀方式   (c) 轴径向退刀方式

图2-5 退刀方式

① 退刀。退刀是指刀具切完一刀，退离工件，为下次切削做准备的动作。它和进刀的动作通常以 G00 的方式（快速）运动，以节省时间。数控车床有三种退刀方式：斜线退刀，如

图 2-5（a）所示；径轴向退刀，如图 2-5（b）所示；轴径向退刀，如图 2-5（c）所示。退刀路线一定要保证安全性，即退刀的过程中保证刀具不与工件或机床发生碰撞；退刀还要考虑路线最短且速度要快，以提高工作效率。

② 换刀。换刀的关键在换刀点设置上，换刀点必须保证安全性，即在执行换刀动作时，刀架上每一把刀具都不要与工件或机床发生碰撞。而且尽量保证换刀路线最短，即刀具在退离和接近工件时的路线最短。

2.2　数控车床常用的装夹方式

轴类零件除了使用通用的三爪自定心卡盘、四爪卡盘和在大批量生产中使用自动控制的液压、电动及气动夹具装夹外，还有多种常用的装夹方法，如表 2-1 所示。

▣ 表 2-1　数控车床常用的装夹方法

序号	装夹方法	特点	适用范围
1	三爪卡盘	夹紧力较小，夹持工件时一般不需要找正，装夹速度较快	适用于装夹中小型圆柱形，正三角形或正六边形工件
2	四爪卡盘	夹紧力较大，装夹精度较高，不受卡爪磨损的影响，但夹持工件时需要找正	适用于装夹形状不规则或大型的工件
3	两顶尖及鸡心夹头	用两端中心孔定位，容易保证定位精度；但由于顶尖细小，装夹不够牢靠，不宜用大的切削用量进行加工	适用于装夹轴类零件
4	一夹一顶	定位精度较高，装夹牢靠	适用于装夹轴类零件
5	中心架	配合三爪卡盘或四爪卡盘来装夹工件，可以防止弯曲变形	适用于装夹细长的轴类零件
6	芯轴与弹簧卡头	以孔为定位基准，用芯轴装夹来加工外表面；也可以外圆为定位基准，采用弹簧卡头装夹来加工内表面，工件的位置精度较高	适用于加工内、外表面位置精度要求较高的套类零件

（1）在三爪自定心卡盘上车削轴类零件

三爪自定心卡盘能自动定心，工件装夹后一般不需要找正，装夹效率比四爪单动卡盘高；但夹紧力较四爪单动卡盘小。只限于装夹圆柱形、正三角形、正六边形等形状规则的零件。如工件伸出卡盘较长，则仍需找正。

（2）在两顶尖间装夹车削轴类零件

对于较长的或必须经过多次装夹加工的轴类零件，或工序较多，车削后还要铣削和磨削的轴类零件，要采用两顶尖装夹，以保证每次装夹时的装夹精度。

用两顶尖装夹轴类零件，必须先在零件端面钻中心孔。中心孔有 A 型（不带护锥）、B 型（带护锥）、C 型（带螺孔）和 R 型（弧形）四种，如图 2-6 所示。常用的有 A 型和 B 型两种。

（3）用一夹一顶装夹车削轴类零件

由于两顶尖装夹刚性较差，因此，在车削一般轴类零件，尤其是较重的工件时，常采用一夹一顶装夹。为了防止工件的轴向位移，须在卡盘内装一限位支撑，或利用工件的台阶作限位，如图 2-7 所示。由于一夹一顶装夹工件的安装刚性好，轴向定位正确；且比较安全，能承受较大的轴向切削力，因此应用很广泛。

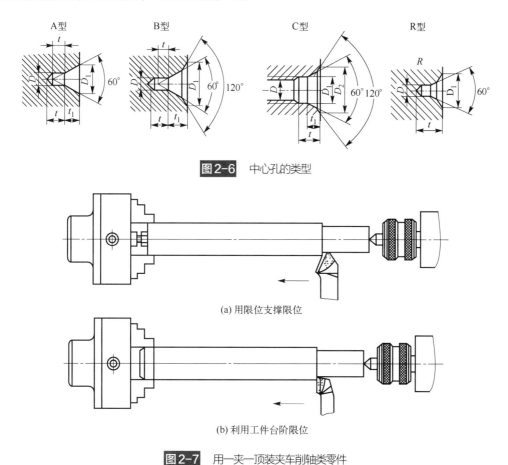

图2-6 中心孔的类型

(a) 用限位支撑限位

(b) 利用工件台阶限位

图2-7 用一夹一顶装夹车削轴类零件

（4）使用中心架车削轴类零件

① 中心架直接安装在工件中间，这种装夹方法可提高车削细长轴时工件的刚性。

② 一端夹住一端搭中心架。车削大而长的工件端面、钻中心孔或车削较长套筒类工件的内孔、内螺纹时，可采用一端夹住一端搭中心架的方法。

（5）使用跟刀架车削轴类零件

将跟刀架固定在车床床鞍上，与车刀一起移动。这种方法主要用来车削不允许接刀的细长轴。

2.3 数控车削刀具的选择

2.3.1 数控车削刀具的种类

数控车刀的名称及用途如图 2-8 所示。90° 车刀（偏刀）用于车削工件的外圆、阶台和端面。45°车刀（弯头车刀）用于车削工件的外圆、端面和倒角。切断刀用于切断工件或在工件上切槽。圆头车刀用于车削工件的圆角、圆槽，车成形面。螺纹车刀用于车削螺纹。

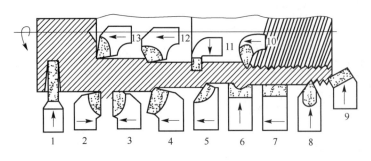

图2-8 数控车刀名称及用途

1—切断刀；2—90°左偏刀；3—90°右偏刀；4—75°弯头车刀；5—75°直头车刀；6—成形车刀；7—宽刃精车刀；8—外螺纹车刀；9—45°端面车刀；10—内螺纹车刀；11—内槽车刀；12—通孔车刀；13—盲孔车刀

数控车床上常采用硬质合金可转位（不重磨）车刀。当刀片上的一条刀刃磨钝后，只需松开夹紧装置，将刀片转过一个角度，即可用新的刀刃继续切削，从而大大缩短换刀和磨刀时间，并提高了刀杆的利用率。

2.3.2 机夹可转位车刀概况及选用

（1）数控车削用机夹刀具概况

目前，数控机床上大多使用系列化、标准化刀具，对可转位机夹外圆车刀、端面车刀等的刀柄和刀头都有国家标准及系列化型号。

对所选择的刀具，在使用前都需对刀具尺寸进行严格的测量以获得精确资料，并由操作者将这些数据输入数控系统，经程序调用而完成加工过程，从而加工出合格的工件。为了减少换刀时间和方便对刀，便于实现机械加工的标准化，数控车削加工时，应尽量采用机夹刀和机夹刀片，常用的数控车刀具有外圆车刀（图2-9）、内孔车刀（图2-10）、三角螺纹刀（图2-11）和切断（槽）刀（图2-12）。

图2-9 外圆车刀

图2-10 内孔车刀

图 2-11 三角螺纹刀

图 2-12 切断（槽）刀

① 可转位刀片型号表示规则。根据国家标准《切削刀具用可转位刀片型号表示规则》（GB/T 2076）规定，切削用可转位刀片的型号由给定意义的字母和数字代号组成，如图 2-13 所示。

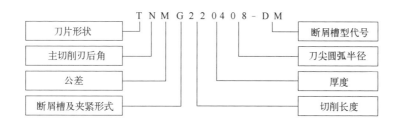

T N M G 2 2 0 4 0 8 - D M

- 刀片形状
- 主切削刃后角
- 公差
- 断屑槽及夹紧形式
- 断屑槽型代号
- 刀尖圆弧半径
- 厚度
- 切削长度

图 2-13 可转位刀片的型号及意义

例如：

ISO 外圆、端面车刀的型号表示规则

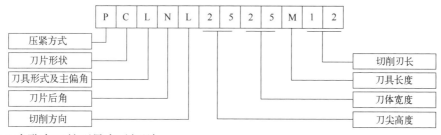

P C L N L 2 5 2 5 M 1 2

- 压紧方式
- 刀片形状
- 刀具形式及主偏角
- 刀片后角
- 切削方向
- 切削刃长
- 刀具长度
- 刀体宽度
- 刀尖高度

ISO 内孔车刀的型号表示规则

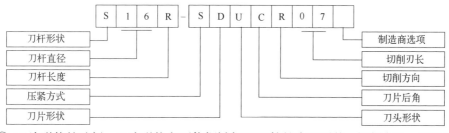

S 1 6 R - S D U C R 0 7

- 刀杆形状
- 刀杆直径
- 刀杆长度
- 压紧方式
- 刀片形状
- 制造商选项
- 切削刃长
- 切削方向
- 刀片后角
- 刀头形状

② 刀片形状的选择。刀片形状主要依据被加工工件的表面形状、切削方法、刀具寿命和刀片的转位次数等因素选择。被加工表面形状及其适用的刀片可参考图 2-14，图中刀片的型

号组成见国家标准 GB/T 2076《切削刀具用可转位刀片型号表示规则》。

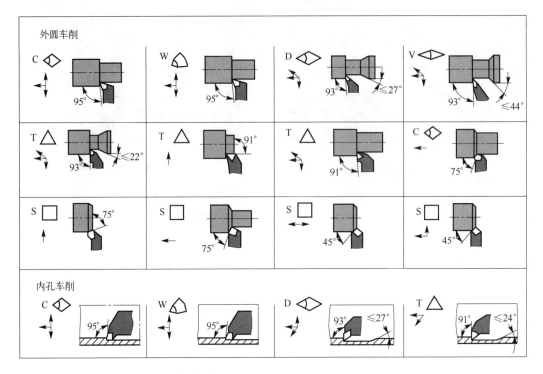

图2-14　被加工表面形状及其适用的刀片

（2）刀片材料的选择

常见刀片材料有高速钢、硬质合金、涂层硬质合金、陶瓷、立方氮化硼和金刚石等，其中应用最多的是硬质合金和涂层硬质合金。选择刀片材质的主要依据是被加工工件的材料、被加工表面的精度、表面质量要求、切削载荷的大小以及切削过程有无冲击和振动等。

（3）可转位车刀的选用

由于刀片的形式多种多样，并采用多种刀具结构和几何参数，因此可转位车刀的品种越来越多，使用范围很广，下面介绍与刀片选择有关的几个问题。

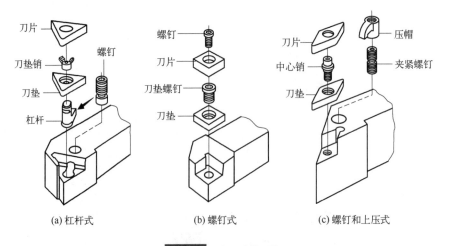

图2-15　车刀夹紧系统

1）刀片夹紧系统的选用。常用的刀片夹紧系统有杠杆式、螺钉式、螺钉和上压式、楔块式和刚性夹紧式，如图2-15所示。杠杆式夹紧系统是最常用的刀片夹紧方式，其特点为：定位精度高，切屑流畅，操作简便，可与其他系列刀具产品通用。

2）刀片外形的选择。

① 刀尖角的选择　刀片外形与加工的对象、刀具的主偏角、刀尖角和有效刃数等有关。一般外圆车削常用80°凸三边形（W）、四方形（S）和80°菱形（C）刀片。仿形加工常用55°（D）、35°（V）菱形和圆形（R）刀片，如图2-16所示。90°主偏角常用三角形（T）刀片。刀尖角的大小决定了刀片的强度。在工件结构形状和系统刚性允许的前提下，选择尽可能大的刀尖角，通常这个角度在35°~90°之间。例如R型圆刀片，在重切削时具有较好的稳定性，但易产生较大的径向力。

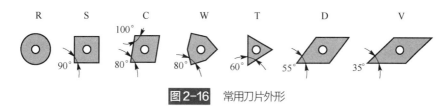

图2-16　常用刀片外形

② 刀片形状的选择　不同的刀片形状有不同的刀尖强度，一般刀尖角越大，刀尖强度越大，反之亦然。圆刀片（R）刀尖角最大，35°菱形刀片（V）刀尖角最小。在选用时，应根据加工条件恶劣与否，按重、中、轻切削有针对性地选择。在机床刚性、功率允许的条件下，大余量、粗加工应选用刀尖角较大的刀片，反之，机床刚性和功率小、小余量、精加工时宜选用较小刀尖角的刀片。

刀片形状主要依据被加工工件的表面形状、切削方法、刀具寿命和刀片的转位次数等因素选择。正三角形刀片可用于主偏角为60°或90°的外圆车刀、端面车刀和内孔车刀，由于刀片刀尖角小、强度差、耐用度低，适用于较小切削用量的场合。正方形刀片的刀尖角为90°，比正三角形刀片的60°要大，因此其强度和散热性有所提高。这种刀片通用性较好，主要用于主偏角为45°、60°、75°等的外圆车刀、端面车刀和车孔刀。正五边形刀片的刀尖角为108°，其强度高，耐用性好，散热面积大；但切削时径向力大，只宜在加工系统刚性较好的情况下使用。

菱形刀片和圆形刀片主要用于加工成形表面和圆弧表面，其形状及尺寸可结合加工对象并参照国家标准来确定。

3）选择刀杆。机夹可转位（不重磨）车刀的刀杆如图2-17所示。

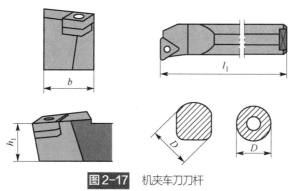

图2-17　机夹车刀刀杆

选用刀杆时，首先应选用尺寸尽可能大的刀杆，同时要考虑刀具夹持方式、切削层截面形状（即背吃刀量和进给量）、刀柄的悬伸等因素。

刀杆头部形式按主偏角和直头、弯头分有 15~18 种，各形式可以根据实际情况选择。有直角台阶的工件，可选主偏角大于或等于 90° 的刀杆；一般粗车可选主偏角 45°~90° 的刀杆；精车可选 45°~75° 的刀杆；中间切入、仿形车则选 45°~107.5° 的刀杆；工艺系统刚性好时可选较小值，工艺系统刚性差时，可选较大值。当刀杆为弯头结构时，则既可加工外圆，又可加工端面。

4）刀片后角的选择。常用的刀片后角有 N（0°）、B（5°）、C（7°）、P（11°）、D（15°）、E（20°）等。一般粗加工、半精加工可用N型；半精加工、精加工可用B、C、P型，也可用带断屑槽形的 N 型刀片；加工铸铁、硬钢可用N型；加工不锈钢可用B、C、P型；加工铝合金可用P、D、E型等；加工弹性恢复性好的材料可选用较大一些的后角；一般孔加工刀片可选用C、P型，大尺寸孔可选用N型。

5）刀片材质的选择。车刀刀片的材料主要有硬质合金、涂层硬质合金、陶瓷、立方氮化硼和金刚石等，应用最多的是硬质合金和涂层硬质合金刀片。应根据工件的材料、加工表面的精度、表面质量要求、切削载荷的大小以及切削过程中有无冲击和振动等因素，选择刀片材质。

6）刀片尺寸的选择。刀片尺寸的大小取决于有效切削刃长度。有效切削刃长度与背吃刀量及车刀的主偏角有关，使用时可查阅有关刀具手册。

7）左右手刀柄的选择。左右手刀柄有 R（右手）、L（左手）、N（左右手）三种。要注意区分左、右刀的方向。选择时要考虑车床刀架是前置式还是后置式、前刀面是向上还是向下、主轴的旋转方向以及需要的进给方向等。

8）刀尖圆弧半径的选择。

刀尖圆弧半径不仅影响切削效率，而且关系到被加工表面的粗糙度及加工精度。从刀尖圆弧半径与最大进给量关系来看，最大进给量不应超过刀尖圆弧半径的80%，否则将恶化切削条件，甚至出现螺纹状表面和打刀等问题。刀尖圆弧半径还与断屑的可靠性有关，为保证断屑，切削余量和进给量有一个最小值。当刀尖圆弧半径减小，所得到的这两个最小值也相应减小，因此，从断屑可靠出发，通常对于小余量、小进给车削加工应采用小的刀尖圆弧半径，反之宜采用较大的刀尖圆弧半径。

粗加工时，注意以下几点：

① 为提高刀刃强度，应尽可能选取大刀尖半径的刀片，大刀尖半径可允许大进给；

② 在有振动倾向时，则选择较小的刀尖半径；

③ 常选用刀尖半径为 1.2~1.6mm 的刀片；

④ 粗车时进给量不能超过表 2-2 给出的最大进给量，作为经验法则，一般进给量可取为刀尖圆弧半径的一半。

⊡ 表2-2　不同刀尖半径时最大进给量

刀尖半径/mm	0.4	0.8	1.2	1.6	2.4
推荐进给量 /（mm/r）	0.25~0.35	0.4~0.7	0.5~1.0	0.7~1.3	1.0~1.8

精加工时，注意以下几点：

① 精加工的表面质量不仅受刀尖圆弧半径和进给量的影响，而且受工件装夹稳定性、夹具和机床的整体条件等因素的影响；

② 在有振动倾向时选较小的刀尖半径；

③ 非涂层刀片比涂层刀片加工的表面质量高。

9）断屑槽形的选择。断屑槽的参数直接影响着切屑的卷曲和折断，目前刀片的断屑槽形式较多，各种断屑槽刀片使用情况不尽相同。基本槽形按加工类型有精加工（代码 F）、普通加工（代码 M）和粗加工（代码 R）；适宜加工材料按 ISO 标准有加工 P 类（钢）、U 类（不锈钢）、K 类（铸铁）等多个类型。这两种情况一组合就有了相应的槽形，比如 FP 就指用于钢的精加工槽形，MK 是用于铸铁普通加工的槽形等。如果加工向两方向扩展，如超精加工和重型粗加工，以及材料也扩展，如耐热合金、铝合金、有色金属等，就有了超精加工、重型粗加工和加工耐热合金、铝合金等补充槽形。一般可根据工件材料和加工的条件选择合适的断屑槽形和参数，当断屑槽形和参数确定后，主要靠进给量的改变控制断屑。

2.3.3 数控车削刀具的选择

以半精车和精车钢件材料为例：

① 选择刀片牌号为硬质合金 YT15。

② 选择合适的断屑槽。

③ 车端面时，常用 45° 主偏角的车刀。

④ 车外圆时，粗加工常用 75° 主偏角的车刀；精加工时采用 90° ~95° 主偏角的车刀，可兼顾轴上台阶的车削。

⑤ 车槽时，刀具宜采用正前角以利于排屑，采用较小后角以加强刀尖的强度，宽度一般为槽宽的 80%~90% 为宜。

⑥ 车曲面时，采用 45° 车刀、60° 尖刀粗车，用圆弧形车刀精车。圆弧形车刀是以圆度或线轮廓度误差很小的圆弧形切削刃为特征的车刀。该车刀圆弧刃每一点都是圆弧形车刀的刀尖，因此，刀位点不在圆弧上，而在该圆弧的圆心上。圆弧形车刀可以用于车削内外表面，特别适合于车削各种光滑连接（凹形）的成形面。选择车刀圆弧半径时，应考虑车刀切削刃的圆弧半径小于或等于零件凹形轮廓上的最小曲率半径，以免发生加工干涉，且半径不宜选择太小，否则不但制造困难，还会因刀尖强度太弱或刀体散热能力差而导致车刀损坏。精车时刀头前面与工件中心等高，前角为 0°，以确保形状准确。

⑦ 车外螺纹时，应控制刀具角度的准确性，以及采用正前角以利于排屑。

以上外形加工的刀具在安装时，注意刀杆的伸出量应在刀杆高度的 1.5 倍以内，以保证刀具的刚性。深槽、深孔应采用半月形加强筋加强刀具刚性。

⑧ 车内孔、内螺纹时，刀杆的伸出量（长径比）应在刀杆直径的 4 倍以内。当伸出量大于 4 倍或加工刚性差的工件时，应选用带有减振机构的刀柄。如加工很高精度的孔，应选用重金属（如硬质合金）制造的刀柄，如在加工过程中刀尖部需要充分冷却，则应选用有切削液输送孔的刀柄。内孔加工的断屑、排屑可靠性比外圆车刀更为重要，因而刀具头部要留有足够的排屑空间。车内孔、内螺纹刀具长径比为 2 时切削参数选取的原则是，切削用量应比外形加工降低 30%左右；刀具长径比每增加 1，切削用量就降低 25%。

常用的车刀有三种不同截面形状的刀柄，即圆柄、矩形柄和正方形柄。矩形柄和正方形柄多用于外形加工；内形（孔）加工优先选用圆柄车刀。由于圆柄车刀的刀尖高度是刀柄高度的二分之一，且柄部为圆形，有利于排屑，故在加工相同直径的孔时，圆柄车刀的刚性明显高于方柄车刀，所以在条件许可时应尽量采用圆柄车刀。在卧式车床上因受四方形刀架限制，一般多采用正方形或矩形柄车刀。

2.4 数控车削切削用量的选择和工艺文件的制定

车削用量的大小对切削力、切削功率、刀具磨损、加工质量和加工成本均有显著影响。选择车削用量时，在保证加工质量和刀具耐用度的前提下，应充分发挥机床性能和刀具切削性能，使切削效率最高，加工成本最低。

2.4.1 车削用量的选择原则

① 粗加工时车削用量的选择原则：首先，选取尽可能大的背吃刀量；其次，要根据机床动力和刚性的限制条件等，选取尽可能大的进给量；最后根据刀具耐用度确定最佳的切削速度。

② 精加工时车削用量的选择原则：首先，根据粗加工后的余量确定背吃刀量；其次，根据已加工表面粗糙度要求，选取较小的进给量；最后，在保证刀具耐用度的前提下，尽可能选用较高的切削速度。

2.4.2 车削用量的选择方法

1）背吃刀量的选择　根据加工余量确定，粗加工（表面粗糙度 Ra=10~80μm）时，一次进给应尽可能切除全部余量。在中等功率机床上，背吃刀量可达 8~10mm。半精加工（表面粗糙度 Ra=1.25~10μm）时，背吃刀量取 0.5~2mm。精加工（表面粗糙度 Ra=0.32~1.25μm）时，背吃刀量取 0.1~0.4mm。在工艺系统刚性不足或毛坯余量很大或余量不均匀时，粗加工要分几次进给，并且应当把第一、二次进给的背吃刀量尽量取得大一些。

2）进给量的选择　粗加工时，由于对工件表面质量没有太高的要求，这时主要考虑机床进给机构的强度和刚性及刀杆的强度和刚性等限制因素，根据加工材料、刀杆尺寸、工件直径及已确定的背吃刀量来选择进给量。

在半精加工和精加工时，则按表面粗糙度要求，根据工件材料、刀尖圆弧半径、切削速度来选择进给量。

3）切削速度的选择　根据已经选定的背吃刀量、进给量及刀具耐用度选择切削速度。可用经验公式计算，也可根据生产实践经验在机床说明书允许的切削速度范围内查表选取。

切削速度 v_c 确定后，可以根据 $v_c = \dfrac{\pi dn}{1000}$ 算出机床转速 n。在选择切削速度时，还应考虑以下几点：

① 应尽量避开积屑瘤产生的区域。

② 断续切削时，为减小冲击和热应力，要适当降低切削速度。

③ 在易发生振动的情况下，切削速度应避开自励振动的临界速度。

④ 加工大件、细长件和薄壁工件时，应选用较低的切削速度。

⑤ 加工带外皮的工件时，应适当降低切削速度。

初学编程时，车削用量的选取可参考表 2-3。

☐ 表 2-3　车削用量选取参考表

零件材料及 毛坯尺寸	加工内容	背吃刀量 a_p/mm	主轴转速 n /（r/min）	进给量 f /（r/min）	刀具材料
45 钢，直径 ϕ20~60mm 坯料，内孔直径 ϕ13~20mm	粗加工	1~2.5	300~800	0.15~0.4	硬质合金（YT 类）
	精加工	0.25~0.5	600~1000	0.08~0.2	
	切槽，切断（切刀宽度 3~5mm）		300~500	0.05~0.1	
	钻中心孔		300~800	0.1~0.2	高速钢
	钻孔		300~500	0.05~0.2	高速钢

2.5　数控车削工艺文件的制定

数控车削加工工艺文件是进行数控车削加工和产品验收的依据。操作人员必须遵守和执行工艺文件，遵守操作规程，才能保证零件的加工精度和表面质量的要求。它是编程及工艺人员按零件加工要求作出的与程序相关的技术文件。数控车削加工的工艺文件种类有多种，常见的有数控加工工序卡片、数控加工刀具卡片和数控加工程序清单等。

① 数控加工工序卡片　数控加工工序卡片需要反映加工的工艺内容、使用的机床、刀具、夹具、切削用量、切削液等，它是操作人员配合数控程序进行数控加工的主要指导性工艺文件。数控加工工序卡应按已确定的工作顺序填写。

② 数控加工刀具卡片　数控加工刀具卡片主要反映刀具编号、刀具结构、刀柄规格、刀片型号和材料等。

③ 数控加工程序清单　数控加工程序清单是编程人员经过对零件的工艺分析、数值计算、工序设计后，按照待使用数控机床的代码格式和程序结构格式而编制的。它是记录数控加工工艺过程、工艺参数、位置数值的清单。

> **注意：** 不同的数控系统，其规定的指令代码和程序格式均不相同，编写程序清单的，一定要预先指明所编写的程序清单将要在什么数控系统上使用。

例如，在加工如图 2-18 所示连接套时，根据具体加工工艺编制的数控加工工序卡片，见表 2-4；数控加工刀具卡片，见表 2-5；数控加工程序清单，表 2-6。

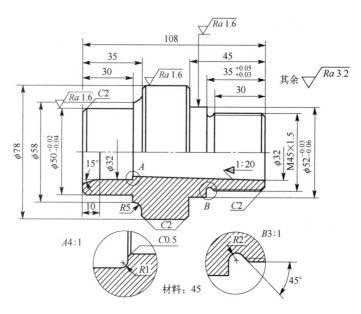

图2-18 连接套零件图

□ 表2-4 连接套数控加工工序卡片

工厂名称		产品名称或代号	零件名称	零件图号
		数控车工艺分析实例	连接套	Lethe-01
工序号	程序编号	夹具名称	使用设备	车间
001	Letheprg-01	三爪卡盘和自制芯轴	CJK6240	数控中心

工步号	工步内容	刀具号	刀具规格/mm	主轴转速/(r/min)	进给速度/(mm/min)	背吃刀量/mm	备注
1	平端面	T01	25×25	320		1	手动
2	钻 $\phi5$mm 中心孔	T02	$\phi5$	950		2.5	手动
3	钻底孔	T03	$\phi26$	200		13	手动
4	粗镗 $\phi32$mm 内孔、15°斜面及 C0.5 倒角	T04	20×20	320	40	0.8	自动
5	精镗 $\phi32$mm 内孔、15°斜面及 C0.5 倒角	T04	20×20	400	25	0.2	自动
6	掉头装夹粗镗1:20锥孔	T04	20×20	320	40	0.8	自动
7	精镗1:20锥孔	T04	20×20	400	20	0.2	自动
8	芯轴装夹自右至左粗车外轮廓	T05	25×25	320	40	1	自动
9	自左至右粗车外轮廓	T06	25×25	320	40	1	自动
10	自右至左精车外轮廓	T05	25×25	400	20	0.1	自动
11	自左至右精车外轮廓	T06	25×25	400	20	0.1	自动
12	卸芯轴改为三爪装夹粗车 M45 螺纹	T07	25×25	320	480	0.4	自动
13	精车 M45 螺纹	T07	25×25	320	480	0.1	自动
编制	××× 审核 ×××	批准	×××	××年×月×日		共1页	第1页

表2-5　连接套数控加工刀具卡片

产品名称或代号		数控车工艺分析实例	零件名称		连接套	零件图号	Lathe-01
序号	刀具号	刀具规格名称	数量	加工表面		刀尖半径/mm	备注
1	T01	45° 硬质合金端面车刀	1	车端面		0.5	25×25
2	T02	ϕ5mm 中心钻	1	钻 ϕ5mm 中心孔			
3	T03	ϕ26mm 钻头	1	钻底孔			
4	T04	镗刀	1	镗内孔各表面		0.4	20×20
5	T05	93° 右手偏刀	1	自右至左车外表面		0.2	25×25
6	T06	93° 左手偏刀	1	自左至右车外表面			
7	T07	60° 外螺纹车刀	1	车 M45 螺纹			
编制	×　×　×	审核	×　×　×	批准	×　×　×	××年 ×月×日	共1页	第1页

表2-6　连接套数控加工程序清单

工序工步	**001.8**	名称	芯轴装夹自右至左粗车外轮廓
车间	数控中心	机床	**CJK6240**

程序清单	
程序段	说明
O2345；	程序名
M03S600；	主轴 n=600r/min
T0101；	90° 右偏刀
G00X60Z2；	
G71U2R1；	粗车循环
G71P10Q20U0.3W0.1F0.2；	
N10G42G01X0；	
………	
M05；	主轴停
M30；	程序结束
工　艺　员	审　　核		日　　期

第3章
数控车床加工编程基础

从数控系统外部输入的直接用于加工的程序称为数控加工程序，它是机床数控系统的应用软件。该程序用数字代码描述被加工零件的工艺过程、零件尺寸和工艺参数（如主轴转速、进给速度等），将该程序输入数控机床的 CNC 系统，控制机床的运动与辅助动作，完成零件的加工。

数控系统的种类繁多，它们使用的数控程序语言规则和格式不尽相同。本章以 FANUC 0i 数控系统、SIEMENS 数控系统为例来介绍数控车床加工程序的编制方法。首先介绍数控机床加工程序编制的基础知识。

3.1 数控机床加工程序编制基础

3.1.1 数控加工

（1）数控加工定义

数控加工是指采用数字信息对零件加工过程进行定义，并控制机床进行自动运行的一种自动化加工方法。数控加工技术是 20 世纪 40 年代后期为适应加工复杂外形零件而发展起来的一种自动化技术。1947 年，美国帕森斯（Parsons）公司为了精确地制作直升机机翼、桨叶和飞机框架，提出了用数字信息来控制机床自动加工外形复杂零件的设想，他们利用电子计算机对机翼加工路径进行数据处理，并考虑到刀具直径对加工路径的影响，使得加工精度达到±0.0015in（0.0381mm），这在当时的水平来看是相当高的。1949 年美国空军为了能在短时间内制造出经常变更设计的火箭零件，与帕森斯公司和麻省理工学院（MIT）伺服机构研究所合作，于 1952 年研制成功世界上第一台数控机床——三坐标立式铣床，可控制铣刀进行连续空间曲面的加工，揭开了数控加工技术的序幕。

（2）数控加工特点

① 具有复杂形状加工能力　复杂形状零件在飞机、汽车、船舶、模具、动力设备和国防军工等制造领域应用广泛，其加工质量直接影响整机产品的性能。数控加工能完成普通加工方法难以完成或者无法进行的复杂型面加工。

② 高质量　数控加工是用数字程序控制实现自动加工，排除了人为误差因素，且加工误差还可以由数控系统通过软件技术进行补偿校正。因此，采用数控加工可以提高零件加工精度和产品质量。

③ 高效率　与普通机床加工相比，采用数控加工一般可提高生产率 2~3 倍，在加工复杂零件时生产率可提高十几倍甚至几十倍。特别是五面体加工中心和柔性制造单元等设备，零件一次装夹后能完成几乎所有表面的加工，不仅可消除多次装夹引起的定位误差，还可大大减少加工辅助操作，使加工效率进一步提高。

④ 高柔性　只需改变零件程序即可适应不同品种的零件加工，且几乎不需要制造专用工装夹具，因而加工柔性好，有利于缩短产品的研制与生产周期，适应多品种、中小批量的现代生产需要。

⑤ 减轻劳动强度，改善劳动条件　数控加工是按事先编好的程序自动完成的，操作者不需要进行繁重的重复手工操作，劳动强度和紧张程度大为改善，劳动条件也相应得到改善。

⑥ 有利于生产管理　数控加工可大大提高生产率、稳定加工质量、缩短加工周期、易于在工厂或车间实行计算机管理。数控加工技术的应用，使机械加工的大量前期准备工作与机械加工过程连为一体，使零件的计算机辅助设计（CAD）、计算机辅助工艺规划（CAPP）和计算机辅助制造（CAM）的一体化成为现实，宜于实现现代化的生产管理。

⑦ 数控机床价格昂贵，维修较难　数控机床是一种高度自动化机床，必须配有数控装置或电子计算机，机床加工精度因受切削用量大、连续加工发热多等影响，使其设计要求比通用机床更严格，制造更精密，因此数控机床的制造成本较高。此外，由于数控机床的控制系统比较复杂，一些元件、部件精密度较高以及一些进口机床的技术开发受到条件的限制，所以数控机床的调试和维修都比较困难。

3.1.2　数控编程

（1）数控编程的概念

在数控机床上加工零件，首先要进行程序编制，将零件的加工顺序、工件与刀具相对运动轨迹的尺寸数据、工艺参数（主运动和进给运动速度、切削深度等）以及辅助操作等加工信息，用规定的文字、数字、符号组成的代码，按一定的格式编写成加工程序单，并将程序单的信息通过控制介质输入到数控装置，由数控装置控制机床进行自动加工。从零件图纸到编制零件加工程序和制作控制介质的全部过程称为数控程序编制。

（2）数控编程的步骤

数控编程的一般步骤如图 3-1 所示。

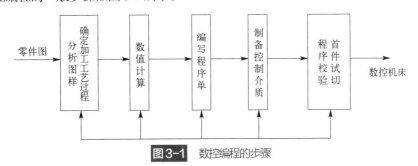

零件图 → 分析图样 确定加工工艺过程 → 数值计算 → 编写程序单 → 制备控制介质 → 首件试切 程序校验 → 数控机床

图3-1　数控编程的步骤

① 分析图样、确定加工工艺过程　在确定加工工艺过程时，编程人员要根据图样对工件的形状、尺寸、技术要求进行分析，然后选择加工方案、确定加工顺序、加工路线、装卡方式、刀具及切削参数，同时还要考虑所用数控机床的指令功能，充分发挥机床的效能，加

工路线要短，要正确选择对刀点、换刀点，减少换刀次数。

② 数值计算。根据零件图的几何尺寸、确定的工艺路线及设定的坐标系，计算零件粗、精加工各运动轨迹，得到刀位数据。对于点位控制的数控机床（如数控冲床），一般不需要计算。只是当零件图样坐标系与编程坐标系不一致时，才需要对坐标进行换算。对于形状比较简单的零件（如直线和圆弧组成的零件）的轮廓加工，需要计算出几何元素的起点、终点、圆弧的圆心、两几何元素的交点或切点的坐标值，有的还要计算刀具中心的运动轨迹坐标值。对于形状比较复杂的零件（如非圆曲线、曲面组成的零件），需要用直线段或圆弧段逼近，根据要求的精度计算出其节点坐标值，这种情况一般要用计算机来完成数值计算的工作。

③ 编写零件加工程序单。加工路线、工艺参数及刀位数据确定以后，编程人员可以根据数控系统规定的功能指令代码及程序段格式，逐段编写加工程序单。此外，还应填写有关的工艺文件，如数控加工工序卡片、数控刀具卡片、数控刀具明细表、工件安装和零点设定卡片、数控加工程序单等。

④ 制备控制介质。制备控制介质就是把编制好的程序单上的内容记录在控制介质（穿孔带、磁带、磁盘等）上作为数控装置的输入信息。目前，可直接由计算机通过网络与机床数控系统通信。

⑤ 程序校验与首件试切。程序单和制备好的控制介质必须经过校验和试切才能正式使用。校验的方法是直接将控制介质上的内容输入到数控装置中，让机床空运转，以检查机床的运动轨迹是否正确。还可以在数控机床的显示器上模拟刀具与工件切削过程的方法进行检验，但这些方法只能检验出运动是否正确，不能查出被加工零件的加工精度。因此有必要进行零件的首件试切。当发现有加工误差时，应分析误差产生的原因，找出问题所在，加以修正。所以作为一名编程人员，不但要熟悉数控机床的结构、数控系统的功能及标准，而且还必须是一名好的工艺人员，要熟悉零件的加工工艺、装夹方法、刀具、切削用量的选择等方面的知识。

3.1.3 编程格式及内容

由于生产厂家使用标准不完全统一，使用数控代码、指令含义也不完全相同，因此在做数控编程工作时，一般需要参照机床编程手册进行。现对数控编程中，具有共性的地方进行介绍。

（1）数控程序的结构

一个完整的数控程序由程序号、程序体和程序结束三部分组成。

例如，某个数控加工程序如下：

```
O0029
N10 G00 Z100;
N20 G17 T02;
N30 G00 X70 Y65 Z2 S800;
N40 G01 Z-3 F50;
N50 G03 X20 Y15 I-10 J-40;
N60 G00 Z100;
N70 M30;
```

① 程序名　程序名是一个程序必需的标识符，由地址符后带若干位数字组成。地址符常见的有："%""O""P"等，视具体数控系统而定。国产华中 I 型系统用"%"，日本 FANUC 系统用"O"。后面所带的数字一般为 4~8 位。如：%2000。

② 程序体　它表示数控加工要完成的全部动作，是整个程序的核心。它由许多程序段组成，每个程序段由一个或多个指令构成。

③ 程序结束　程序结束是以程序结束指令 M02、M30 或 M99（子程序结束）作为程序结束的符号，用来结束零件加工。

（2）程序段格式

零件的加工程序是由许多程序段组成的，每个程序段由程序段号、若干个数据字和程序段结束字符组成，每个数据字是控制系统的具体指令，它是由地址符、特殊文字和数字集合而成，它代表机床的一个位置或一个动作。

程序段格式是指一个程序段中字、字符和数据的书写规则。目前国内外广泛采用字-地址可变程序段格式。例如：N20 G01 X25 Z-36 F100 S300 T02 M03；

程序段内各字的说明：

① 程序段序号（简称顺序号）：用以识别程序段的编号。用地址码 N 和后面的若干位数字来表示。如 N20 表示该语句的语句号为 20。

② 准备功能 G 指令：是使数控机床作某种动作的指令，用地址 G 和两位数字所组成，从 G00~G99 共 100 种。G 功能的代号已标准化。

③ 坐标字：由坐标地址符（如 X、Y 等）、+、-符号及绝对值（或增量）的数值组成，且按一定的顺序进行排列。坐标字的"+"可省略。其中坐标字的地址符含义如表 3-1 所示。

□ 表3-1　地址符含义

地址码	意义
X_　Y_　Z_	基本直线坐标轴尺寸
U_　V_　W_	第一组附加直线坐标轴尺寸
P_　Q_　R_	第二组附加直线坐标轴尺寸
A_　B_　C_	绕 X、Y、Z 旋转坐标轴尺寸
I_　J_　K_	圆弧圆心的坐标尺寸
D_　E_	附加旋转坐标轴尺寸
R_	圆弧半径值

④ 进给功能 F 指令：用来指定各运动坐标轴及其任意组合的进给量或螺纹导程。

⑤ 主轴转速功能字 S 指令：用来指定主轴的转速，由地址码 S 和在其后的若干位数字组成。

⑥ 刀具功能字 T 指令：主要用来选择刀具，也可用来选择刀具偏置和补偿，由地址码 T 和若干位数字组成。

⑦ 辅助功能字 M 指令：辅助功能表示一些机床辅助动作及状态的指令。由地址码 M 和后面的两位数字表示。从 M00~M99 共 100 种。

⑧ 程序段结束：写在每个程序段之后，表示程序结束。当用 EIA 标准代码时，结束符为"CR"，用 ISO 标准代码时为"NL"或"LF"，有的用符号"；"或"*"表示。

（3）数控程序编制的方法

数控加工程序的编制方法主要有两种：手工编制程序和自动编制程序。

① 手工编程指主要由人工来完成数控编程中各个阶段的工作，如图3-2所示。

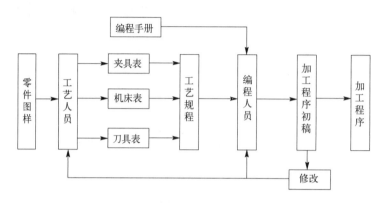

图3-2 手工编程

一般对几何形状不太复杂的零件，所需的加工程序不长，计算比较简单，用手工编程比较合适。尤其是在简单点位加工及平面轮廓的加工中，手工编程被广泛地应用。

手工编程的特点是耗费时间较长，容易出现错误，无法胜任复杂形状零件的编程。据国外资料统计，当采用手工编程时，一段程序的编写时间与其在机床上运行加工的实际时间之比，约为30∶1，而数控机床不能开动的原因中有20%~30%是由于加工程序编制困难，编程时间较长。

手工编程的意义在于加工形状简单的零件（如直线与直线或直线与圆弧组成的轮廓）时简单、快捷；不需特别的条件（价格较高的自动编程机及相应的硬件和软件等）；机床操作者或程序员不受特殊条件的制约；具有较大的灵活性和编程费用少等优点。因此，手工编程在目前仍然是广泛采用的方式，即使在自动编程高速发展的将来，它的地位也不可取代，仍是自动编程的基础。

② 计算机自动编程指在编程过程中，除了分析零件图样和制定工艺方案由人工进行外，其余工作均由计算机辅助完成。

自动编程的特点在于编程工作效率高，可解决复杂形状零件的编程难题。采用计算机自动编程时，数学处理、编写程序、检验程序等工作是由计算机自动完成的，由于计算机可自动绘制出刀具中心运动轨迹，使编程人员可及时检查程序是否正确，需要时可及时修改，以获得正确的程序。又由于计算机自动编程代替程序编制人员完成了烦琐的数值计算，可提高编程效率几十倍乃至上百倍，因此解决了手工编程无法解决的许多复杂零件的编程难题。

根据输入方式的不同，可将自动编程分为图形数控自动编程、语言数控自动编程和语音数控自动编程等。图形数控自动编程是指将零件的图形信息直接输入计算机，通过自动编程软件的处理，得到数控加工程序。目前，图形数控自动编程是使用最为广泛的自动编程方式。语言数控自动编程指将加工零件的几何尺寸、工艺要求、切削参数及辅助信息等用数控语言编写成源程序后，输入到计算机中，再由计算机进一步处理得到零件加工程序。语音数控自动编程是采用语音识别器，将编程人员发出的加工指令声音转变为加工程序。

3.1.4　数控车床坐标系

（1）机床坐标系

在数控车床坐标系中，机床主轴纵向是 Z 轴，平行于横向运动方向为 X 轴。车刀远离工件的方向为正方向，接近工件的方向为负方向。前置刀架卧式数控车床坐标系如图 3-3 所示，后置刀架卧式数控车床坐标系中的 X 轴方向相反。

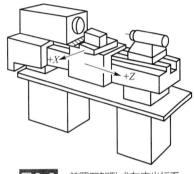

（2）编程坐标系与编程原点

为了方便编程，首先要在零件图上适当位置，选定一个编程原点，该点应尽量设置在零件的工艺设计基准上，并以这个原点作为坐标系的原点，再建立一个新的坐标系称为编程坐标系或零件坐标系。编程坐标系用来确定编程和刀具的起点。

图3-3　前置刀架卧式车床坐标系

在数控车床上，编程原点一般设在工件右端面与主轴回转中心线的交点 O 上，如图 3-4（a）所示，也可以设在工件的左端面与主轴回转中心线交点 O 上，如图 3-4（b）所示。坐标系以机床主轴线方向为 Z 轴方向，刀具远离工件的方向为 Z 轴的正方向。X 轴位于水平面且垂直于工件回转轴线的方向，刀具远离主轴轴线的方向为 X 轴正向，如图 3-4 所示。因为对刀时工件右端面更容易找到，所以选用工件右端面与主轴回转中心线的交点为编程原点的情况比较多见。

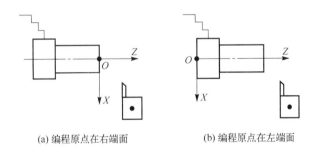

(a) 编程原点在右端面　　　　　　　　(b) 编程原点在左端面

图3-4　编程原点与工件坐标系

3.1.5　用 G50 来建立工件坐标系

这种方法对刀的实质是通过确定对刀点或起刀点（调用程序加工之前，刀具所在的位置点）在工件坐标系中的坐标，从而将工件坐标系建立起来。

它的格式为：G50 X__ Z__ ;

其中，X__ Z__为对刀点或起刀点在工件坐标系中的坐标。用 G50 设置工件坐标系原点的步骤如下：

① 回机床的机械零点，即回零操作。

② 试切操作。工件装夹好，选择"MDI"工作方式或"JOG"工作方式。启动主轴正转，

在"MDI"方式下选择需要的刀具（刀尖要找正轴线）。然后以"JOG"或"手摇"方式将刀具移到工件外圆表面试切一刀。此时，X 轴方向不能动，沿纵向（Z 轴方向）退出，主轴停止。用卡尺或千分尺测量试切工件的直径，记下它并设为尺寸 D，并记录 CRT 机械坐标系 X 的值，设其为 X_t。再用同样方法，将刀具移到工件右端面试切一刀，此时 Z 轴方向不能动，刀具沿横向（X 轴方向）退出。如果把工件的右端面设为 Z0，主轴不用停止，此时记录 CRT 机械坐标系中的 Z 值，设其为 Z_t。

③ 计算换刀点的 X、Z 坐标值。如图 3-5 所示，工件坐标系的零点设在工件的右端轴线上，刀尖所处位置是 G50 X__ Z__ 的位置，可称为换刀位。这个位置的条件要具备两条：一是换刀不碰工件；二是尽量选取整数，便于计算。

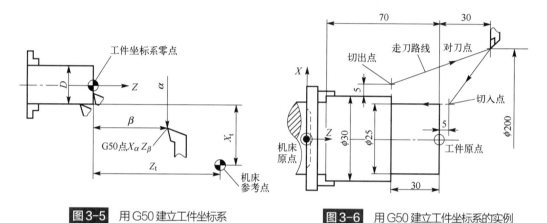

图 3-5 用 G50 建立工件坐标系　　　　图 3-6 用 G50 建立工件坐标系的实例

例 用三爪卡盘装夹 $\phi 30 \times 70$ 的圆钢，程序中用 G50 指令建立工件坐标系，需要进行对刀操作。如图 3-6 所示，选工件右端面为工件坐标系原点，设定工件坐标系的程序段为"G50 X200.0 Z300.0;"。对刀点坐标：$X=200$，$Z=300$。使刀尖定位于对刀点位置的对刀操作步骤如下。

① 回零操作，建立机床坐标系。

② 装夹工件（毛坯尺寸为 $\phi 30 \times 70$）。

③ 手动（JOG）操作，车端面，见光即可。车完端面，车刀沿 X 轴原路退回，Z 轴不动。观测、记下屏幕 Z 轴坐标值（$Z=99.565$），如图 3-7 所示。

例如，对刀点到端面的距离为 300mm，则在机床坐标系中对刀点的 Z 坐标为：$Z=399.565$。

④ 手动（JOG）操作，车外圆。车一段外圆，车刀沿 Z 轴原路退回，X 轴不动。测量所车外圆直径 $d=\phi 27.308$，此刻，对刀点到 d 圆的距离为：$200-27.308=172.692$。记下屏幕 X 轴坐标值（$X=238.37$），如图 3-8 所示。

例如，对刀点到端面的距离为 300mm，则在机床坐标系中对刀点的 X 坐标为：

$$X=238.37+172.692=411.062$$

⑤ 手动（JOG）操作，使刀尖移动到对刀点。屏幕显示：$X=411.062$，$Z=399.565$，如图 3-9 所示。

注意： 在用 G50 设置刀具的起点时，一般要将该刀的刀偏值设为零。此方式的缺点是起刀点位置要在加工程序中设置，且操作较为复杂。但它提供了用手工精确调整起刀点的操作方式。

| 图3-7 | 车完端面的坐标显示 | 图3-8 | 车完外圆的坐标显示 | 图3-9 | 刀具移动到对刀点的显示位置 |

3.1.6 采用 G54~G59 指令构建工件坐标系

采用 G54~G59 指令构建工件坐标系是先测定出预置的工件原点在机床坐标系中的坐标值（即相对于机床原点的偏置值），并把该偏置值预置在为 G54~G59 设置的寄存器中。由于 G54~G59 的原点是以固定不变的机床原点作为基准的，对起刀位置无严格的要求；而 G50 的原点则对起刀位置有较高的要求，所以实际加工应用中，G54~G59 比 G50 使用起来更方便。G54~G59 对刀的关键有两点：一是如何找到工件坐标系原点的机床坐标值，二是如何将这个坐标值输入到 G54~G59 中。找到工件坐标系原点的方法多数采用试切法。

通过使用 G54~G59 命令，将机床坐标系的一个任意点（工件原点偏移值）赋予 1221~1226 的参数，并设置工件坐标系（1~6）。机床参数与 G 代码对应如下：

工件坐标系 1（G54）——工件原点返回偏移值赋予参数 1221

工件坐标系 2（G55）——工件原点返回偏移值赋予参数 1222

工件坐标系 3（G56）——工件原点返回偏移值赋予参数 1223

工件坐标系 4（G57）——工件原点返回偏移值赋予参数 1224

工件坐标系 5（G58）——工件原点返回偏移值赋予参数 1225

工件坐标系 6（G59）——工件原点返回偏移值赋予参数 1226

如图 3-10 所示工件的程序中采用 G54 指令设定工件坐标系。在机床上装夹工件后，需要设定工件原点相对于机床原点的偏移值，有两种设定方法，即直接设定或由测量功能设定。

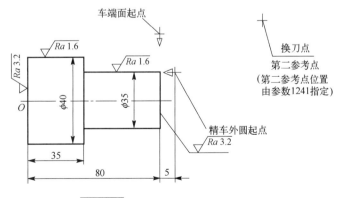

| 图3-10 | 用 G54 建立工件坐标系实例 |

直接设定工件原点偏移值的步骤如下：

① 按下功能键 ⌗OFFSET/SETTING⌗ 。

② 按下软键［坐标系］，显示工件坐标系设定画面。

③ 工件原点偏移值的画面有几页，通过按翻页键 PAGE 显示所需的页面。

④ 打开数据保护键以便允许写入。

⑤ 移动光标到所需改变的工件原点偏移值处。

⑥ 用数字键输入所需值，显示在缓冲区，然后按下软键［INPUT］，缓冲区中的值被指定为工件原点偏移值。或者用数字键输入所需值，然后按下软键［+INPUT］，则输入值与原有值相加。

⑦ 重复步骤⑤和⑥以改变其他偏移值。

⑧ 关闭数据保护键以禁止写入。

3.1.7　通过测量并输入刀具偏移量来建立工件坐标系

加工一个零件常需要几把不同的刀具，为了使编程时不用考虑不同刀具间的偏差，系统设置了自动对刀，在编程序时只需根据零件图纸及加工工艺编写工件程序，不必考虑刀具间的偏差，在加工程序的换刀指令中调用相应的刀具补偿号，系统会自动补偿不同刀具间的位置偏差，从而准确地控制每把刀具的刀尖轨迹。对车刀而言，刀具参数是指刀尖偏移值（刀具位置补偿）、刀尖半径值、磨损量和刀尖方位。如图 3-11 所示，X、Z 为刀偏值，R 为刀尖半径，T 为刀尖方位号。

刀偏量（即刀具偏移值）的设置过程又称为对刀操作。通过对刀操作，系统自动计算出刀偏量并存入数控系统中。不论是采用对刀仪对刀还是采用试切法对刀，都存在一定的对刀误差。采用试切法对刀时，减小对刀误差的方法是：对刀时将棒料端面、外圆车去薄薄一层，并仔细测量棒料直径和伸出卡盘长度；降低进给速度，使每把刀的刀尖轻微碰到棒料的程度尽可能一致；当试切加工后发现工件尺寸不符合要求时，可根据零件实测尺寸进行刀偏量的修改。

（1）设定和显示刀具偏移值和刀尖半径补偿值

设定和显示刀具偏移值和刀尖半径值的步骤如下：

① 按下功能键 ⌗OFFSET/SETTING⌗ 。

② 按下软键选择键 ⌗OFFSET/SETTING⌗ 或连续按下 ⌗PAGE⌗ 键，直至显示出刀具补偿屏幕界面或刀具磨损偏移屏幕界面，如图 3-11、图 3-12 所示。

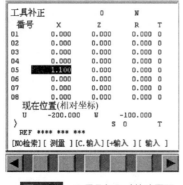

图3-11　刀具几何尺寸偏移界面

图3-12　刀具磨损偏移界面

③ 用翻页键和光标键移动光标至所需设定或修改的补偿值处，或输入所需设定的补偿号并按下软键［NO 检索］。

④ 设定补偿值时，输入一个值，并按下软键［INPUT］；改变补偿值时，输入一个值并按下软键［+INPUT］，于是该值与当前值相加（也可设负值），若按下软键［INPUT］，则输入值替换原有值。

（2）刀具偏移值的直接输入

编程时用的刀具参考位置（刀位点）一般采用标准刀具的刀尖或转塔中心等。加工时，需要将刀具参考位置与加工中实际使用的刀尖位置之间的差值设定为刀偏值，并输入到刀偏存储器中，称为刀具偏移值的输入。

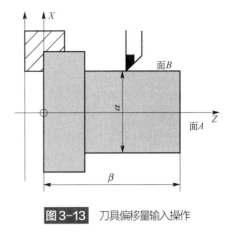

图 3-13　刀具偏移量输入操作

① 在手动方式中用一把实际刀具切削表面 A，假定工件坐标系已经设定，如图 3-13 所示。

② 在 X 轴方向退回刀具，Z 轴不动，并停止主轴。

③ 测量工件坐标系的零点至面 A 的距离，用下述方法将 β 值设为指定刀号的 Z 向测量值。

a. 按 OFFSET SETTING 功能键，显示刀具补偿画面。如果几何补偿值和磨损补偿值必须分别设定，就显示与其相应的画面。

b. 将光标移动至欲设定的偏移号处。

c. 按地址键 Z 进行设定。

d. 键入实际测量值（β）。

e. 按软键［测量］，则测量值与编程的坐标值之间的差值作为偏移量被设为指定的刀偏号（X 轴偏移量的设定）。

④ 在手动方式中切削表面 B。

⑤ Z 轴退回而 X 轴不动，并停止主轴。

⑥ 测量表面 B 的直径（α）。用与上述设定 Z 轴的相同方法，将该测量值设为指定刀号的 X 向测量值。

⑦ 对所有使用的刀具重复以上步骤，则其刀偏量可自动计算并设定。

例如，当刀具切削表面 B 后，X 坐标值显示为 70.0，而测量表面 B 的直径 α=68.9，光标放在刀偏号 5 处，在缓冲区输入数字 68.9，按软键［测量］，于是 5 号刀偏的 X 向刀具偏移值为 1.1，如图 3-13 所示。

刀具几何尺寸补偿界面与刀具磨损补偿界面中定义的补偿值并不相同，在刀具几何尺寸补偿界面设定的测量值，所设定的补偿值为几何尺寸补偿值，并且所有的磨损补偿值被设定为 0；在刀具磨损补偿界面设定的磨损补偿值，所测量的补偿值和当前几何尺寸补偿值之间的差值成为新的补偿值。

（3）多把刀具偏移值的输入

在设定工件坐标系的同时，确立了该刀具位置为标准刀位，其余刀具的刀尖距标准刀的距离为补偿值，设置刀偏值，从而完成多把刀具偏移值的输入。

① 手动（JOG）操作。

将标准刀移动到基准点位置，如图 3-14 所示。

② 将基准点位置的相对坐标设为零点。

依次按下述键或软键：**POS**、[相对]、[操作]、[起源]，如图 3-15 所示。

③ 换 02 号刀。

手动（JOG）移刀具至换刀位置，按换刀键，换 2 号刀。

④ 对刀，手动（JOG）把 2 号刀刀尖移动到基准点位置，2 号刀对刀后，2 号刀刀尖相对坐标显示如图 3-16 所示。该显示值就是 2 号刀相对于标准刀（1 号刀）的差值，也就是 2 号刀具补偿值。

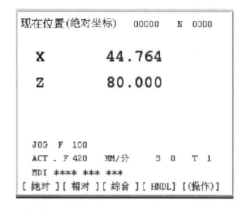

图 3-14 标准刀移动到基准点位置的坐标位置显示

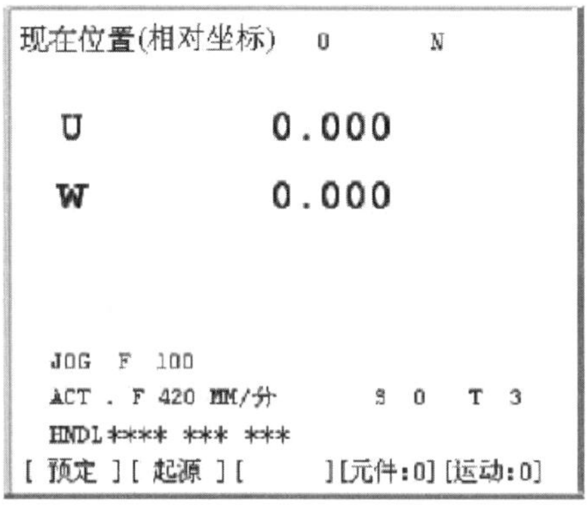

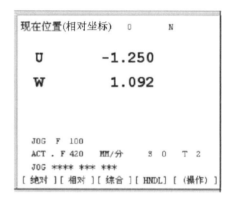

图 3-15 将基准点位置的相对坐标设为零点的界面显示

图 3-16 2 号刀刀尖相对坐标显示界面

⑤ 把 2 号刀补偿值输入到 02 补偿号存储区，02 补偿号存储数据如图 3-17 所示。

⑥ 重复③~⑤操作，把 3 号刀补偿值输入到 03 补偿号存储区，03 补偿号存储数据如图 3-18 所示。

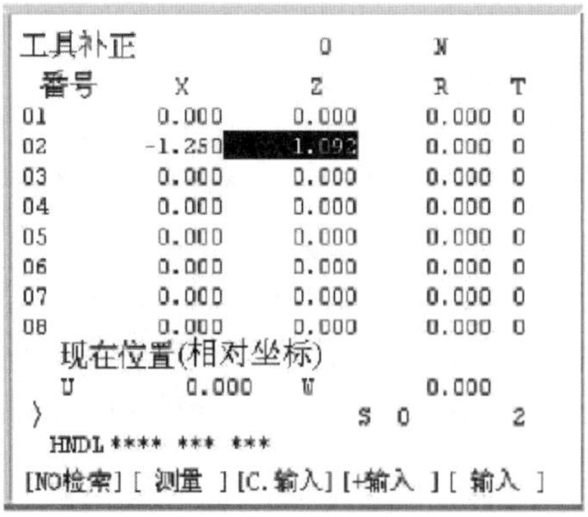

图 3-17 02 补偿号存储数据界面显示

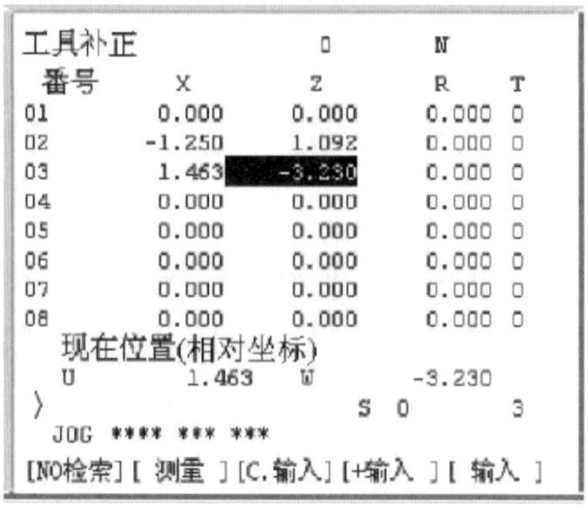

图 3-18 03 补偿号存储数据界面显示

不论是采用哪种对刀方法，在加工中经常会遇到切出的工件和实际尺寸有一定误差。例如：试切对刀时，测量是 φ30.8，而实际加工会大些或小些，这时的调整，可使用刀具补偿值中的磨损补偿，操作步骤如下：

a. 磨损页面的查找　点击"OFFSET SETTING"键，找到 CRT 画面中的"磨损"软键，按此软键，CRT 出现 01、02、…画面，1 号刀具对应 01，2 号刀具对应 02，…。

b. 磨损值的输入　以直径方向为例，如果用 2 号刀加工结果比期望值大 0.1，先把光标移到当前刀号 02 的磨损号前，输入 X–0.1，按"INPUT"键，–0.1 就进入了 02 号刀 X 值的位置里。如果 2 号刀 X 处已有数值，例如已有–0.15，此时就要使用增量值，输入 U–0.1。这样 X 值就可以进行减法运算，内部值为–0.15–0.1=–0.25。如果 Z 方向有误差，同理往 Z 值里输入值，Z 值也有正负值，输入正值，刀具向 Z 正方向偏移，反之，刀具往负方向偏移。

以上是工件出现误差时，利用刀具补偿值中的磨损功能进行修正。如果刀具加工中出现磨损，用同样方法可进行刀具磨损补偿。例如：硬质合金刀片加工一段时间后，都会有磨损，为保持工件的尺寸公差，必须使用此项功能进行补偿。补偿中必须注意 X 方向正负号，磨损补偿的方向应指向轴线，X 负方向补偿。

由于数控机床所用的刀具各种各样，刀具尺寸也不统一，故对刀时应根据实际加工情况，选择好对刀方法，确定程序指令，设置好对刀参数和刀补值，以便简化数控加工程序的编制，使得编程时不必考虑各把刀具的尺寸与安装位置，最终加工出合格的零件。

3.2　FANUC 0i 数控车床的编程指令

3.2.1　FANUC 0i 数控车床的准备功能（G 指令）

格式：G××。

它是指定数控系统准备好某种运动和工作方式的一种命令，由地址 G 和后面的两位数字"××"组成。

常用 G 功能指令如表 3-2 所示。

⊡ 表 3-2　常用 G 功能指令

代码	组别	功能	代码	组别	功能
G00	01	快速点定位	G21	06	公制单位
G01		直线插补	G27	00	参考点返回检测
G02		顺圆弧插补	G28		参考点返回
G03		逆圆弧插补	G40	07	刀具半径补偿取消
G32		螺纹切削	G41		刀具半径左补偿
G04	00	暂停延时	G42		刀具半径右补偿
G20	06	英制单位	G50	00	坐标系的建立、主轴最大速度限定

代码	组别	功能	代码	组别	功能
G54~G59	11	零点偏置	G76	00	螺纹车削复合循环
G65	00	宏程序调用	G90	01	外圆切削循环
G70	00	精车循环	G92	01	螺纹切削循环
G71	00	外圆粗车循环	G94	01	端面切削循环
G72	00	端面粗车循环	G96	02	主轴恒线速度控制
G73	00	固定形状粗车循环	G97	02	主轴恒转速度控制
G74	00	端面切槽或深孔钻复合循环	G98	05	每分钟进给方式
G75	00	外圆切槽复合循环	G99	05	每转进给方式

注：表中代码 00 组为非模态代码，只在本程序段中有效；其余各组均为模态代码，在被同组代码取代之前一直有效。同一组的 G 代码可以互相取代；不同组的 G 代码在同一程序段中可以指令多个，同一组的 G 代码出现在同一程序段中，最后一个有效。

3.2.2　FANUC 0i 数控车床的辅助功能（M 指令）

格式：M××。

它主要用来表示机床操作时的各种辅助动作及其状态，由 M 及其后面的两位数字"××"组成。

常用 M 功能指令如表 3-3 所示。

□ 表 3-3　常用 M 功能指令

代码	功能	用途
M00	程序停止	程序暂停，可用 NC 启动命令（CYCLE START）使程序继续运行
M01	选择停止	计划暂停，与 M00 作用相似，但 M01 可以用机床"任选停止按钮"选择是否有效
M02	程序结束	该指令用于程序的最后一句，表示程序运行结束，主轴停转，切削液关，机床处于复位状态
M03	主轴正转	主轴顺时针旋转
M04	主轴反转	主轴逆时针旋转
M05	主轴停止	主轴旋转停止
M07	切削液开	用于切削液开
M08	切削液开	用于切削液开
M09	切削液关	用于切削液关
M30	程序结束且复位	程序停止，程序复位到起始位置，准备下一个工件的加工
M98	子程序调用	用于调用子程序
M99	子程序结束及返回	用于子程序的结束及返回

3.2.3　FANUC 0i 数控车床的刀具功能（T 指令）

格式：T××××。

该功能主要用于选择刀具和刀具补偿号。执行该指令可实现换刀和调用刀具补偿值。它由 T 和其后的 4 位数字组成，其前两位"××"是刀号，后两位"××"是刀补号。

例如，T0101 表示第 1 号刀的 1 号刀补；T0102 则表示第 1 号刀的 2 号刀补，T0100 则表示取消 1 号刀的刀补。

3.2.4　FANUC 0i 数控车床的主轴转速功能（S 指令）

格式：S×××××。

它由地址码 S 和其后的若干数字组成，单位为 r/min，用于设定主轴的转速。例如，S320 表示主轴以每分钟 320 转的速度旋转。

① 恒线速控制指令——G96 指令。当数控车床的主轴为伺服主轴时，可以通过指令 G96 来设定恒线速控制。系统执行 G96 指令后，便认为用 S 指定的数值表示切削速度。例如，G96S150，表示切削速度为 150m/min，单位变成了 m/min。

② 恒转速控制指令——G97 指令。G97 是取消恒线速控制指令，程序出现 G97 以后，S 指定的数值表示主轴每分钟的转速。单位由 G96 指令的 m/min 变回 G97 指令的 r/min。

③ 主轴最高转速限制指令——G50 指令。G50 指令除有工件坐标系设定功能外，还有主轴最高转速限制功能。例如，G50S2000，表示主轴最高转速设定为 2000r/min，用于限制在使用 G96 恒线速切削时，避免刀具在靠近轴线时主轴转速会无限增大而出现飞车事故。

3.2.5　FANUC 0i 数控车床的进给功能（F 指令）

格式：F××。

进给功能 F 表示刀具中心运动时的前进速度。由地址码 F 和其后的若干数字组成。F 功能用于设定直线（G01）和圆弧（G02、G03）插补时的进给速度。一般情况下，数控车床进给方式有以下两种。

① 分进给——用 G98 指令。进给单位为 mm/min，即按每分钟前进的距离来设定进刀速度，进给速度仅跟时间有关。例如，G98F100 表示进给量设定为 100mm/min。

② 转进给——用 G99 指令。进给单位为 mm/r，即按主轴旋转一周刀具沿进给方向前进的距离来设定进刀速度，进给速度与主轴转速建立了联系。例如，G99F0.2 表示进给量为 0.2mm/r。

3.2.6　数控车床坐标尺寸在编程时的注意事项

（1）绝对编程和相对编程

绝对编程是指程序段中的坐标值均是相对于工件坐标系的坐标原点来计量的，用 X、Z 来表示。相对编程是指程序段中的坐标值均是相对于起点来计量的，用 U、W 来表示。如对图 3-19 所示的由 A 点到 B 点的移动，分别用绝对方式和相对方式编程，其程序如下。

绝对编程：X35.0 Z40.0;

相对编程：U20.0 W-60.0;

（2）直径编程和半径编程

当地址 X 后坐标值是直径时，称直径编程；当地址 X 后的坐标值是半径时，称半径编程。由于回转体零件图纸上标注的都为直径尺寸，所以在数控车床编程时，我们常采用的是直径编程。但需要注意的是，无论是直径编程还是半径编程，圆弧插补时地址 R、I 和 K 的坐标值都以半径值编程。

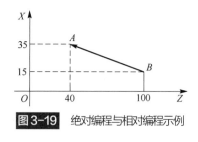

图 3-19　绝对编程与相对编程示例

（3）公制尺寸编程和英制尺寸编程

数控系统可根据所设定的状态，利用代码把所有的几何值转换为公制尺寸或英制尺寸。公制尺寸用 G2l 设定，英制尺寸用 G20 设定。使用公制／英制转换时，必须在程序开头一个独立的程序段中指定上述 G 代码，然后才能输入坐标尺寸。

3.3　FANUC 0i 数控车床 G 功能指令的具体用法

3.3.1　快速点定位（G00）

指令格式如下：

绝对编程：G00 X__ Z__;
相对编程：G00 U__ W__;

G00 指令用于快速定位刀具到指定的目标点（X，Z）或（U，W）。

说明：

① 使用 G00 时，快速移动的速度是由系统内部参数设定的，跟程序中指定的 F 进给速度无关，且受到修调倍率的影响在系统设定的最小和最大速度之间变化。G00 不能用于切削工件，只能用于刀具在工件外的快速定位。

② 在执行 G00 指令段时，刀具沿 X、Z 轴分别以该轴的最快速度向目标点运行，故运行路线通常为折线。如图 3-20 所示，刀具由 A 点向 B 点运行的路线是 A→C→B。所以使用 G00 时一定要注意刀具的折线路线，避免与工件碰撞。

3.3.2　直线插补（G01）

指令格式如下：

绝对编程：G01 X__ Z__F__;
相对编程：G01 U__ W__F__;

G01 指令用于直线插补加工到指定的目标点（X，Z）或（U，W），插补速度由 F 后的数值指定。

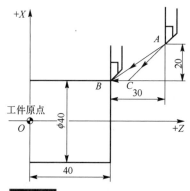

图 3-20　快速定位及直线插补示例

3.3.3 自动倒角（倒圆）指令（G01）

指令格式如下：

```
G01 X__Z__C__（R__）F__;
```

FANUC 0i 系统中 G01 指令还可以用于在两相邻轨迹线间，自动插入倒角和倒圆的控制功能。使用时在指定直线插补的程序段终点坐标后加上：

```
C__; 自动倒角控制功能；
R__; 自动倒圆控制功能。
```

说明：C 后面的数值表示倒角的起点或终点距未倒角前两相邻轨迹线交点的距离；R 后的数值表示倒圆半径。

例 如图 3-21 所示的工件，试使用自动倒角功能编写加工程序。

加工程序如下：

```
……
G01 W-75.0 R6.0 F0.2;
U140.0 W-10.0 C3.0;
W-80.0;
……
```

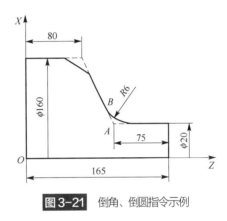

图 3-21 倒角、倒圆指令示例

说明：

① 第二直线段必须从点 B 而不是从点 A 开始。

② 在螺纹切削程序段中不能出现倒角控制指令。

③ 当 X、Z 轴指定的移动量比指定的 R 或 C 小时，系统将报警。

3.3.4 圆弧插补（G02/G03）

指令格式如下：

```
G02（G03）X__ Z__ I__ K__ （R__）F__;
G02（G03）U__ W__ I__ K__ （R__）F__;
```

G02、G03 指令表示刀具以 F 进给速度从圆弧起点向圆弧终点进行圆弧插补。

① G02 为顺时针圆弧插补指令，G03 为逆时针圆弧插补指令。圆弧的顺、逆方向的判断方法是：朝着与圆弧所在平面垂直的坐标轴的负方向看，刀具顺时针运动为 G02，逆时针运动为 G03。车床前置刀架和后置刀架对圆弧顺时针与逆时针方向的判断，如图 3-22 所示。

② 采用绝对坐标编程时，X、Z 为圆弧终点坐标值；采用增量坐标编程时，U、W 为圆弧终点相对于圆弧起点的坐标增量。R 是圆弧半径，当圆弧所对圆心角为 0°~180°

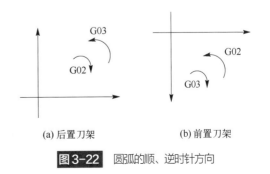

(a) 后置刀架　　　　　(b) 前置刀架

图 3-22 圆弧的顺、逆时针方向

时，R取正值；当圆心角为180°~360°时，R取负值。I、K分别为圆心在X、Z轴方向上相对于圆弧起点的坐标增量（用半径值表示），I、K为零时可以省略。

3.3.5 暂停延时指令（G04）

指令格式如下：

G04 P__；后跟整数值，单位为ms（毫秒）
或G04 X__（U__）；后跟带小数点的数，单位为s（秒）

该指令可使刀具短时间无进给地进行光整加工，主要用于车槽、钻盲孔以及自动加工螺纹等工序。

3.3.6 刀具位置补偿

刀具位置补偿用来补偿实际刀具与编程中的假想刀具（基准刀具）的偏差。如图3-23所示为X轴偏置量和Z轴偏置量。

在FANUC 0i系统中，刀具偏移由T代码指定，程序格式为：T加四位数字。其中前两位是刀具号，后两位是补偿号。刀具偏移可分为刀具几何补偿偏移和刀具磨损偏移，后者用于补偿刀尖磨损，如图3-24所示。

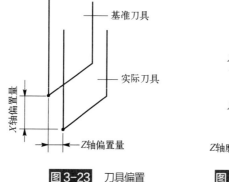

图3-23 刀具偏置

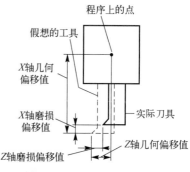

图3-24 刀具几何补偿偏移和刀具磨损偏移

刀具补偿号由两位数字组成，用于存储刀具位置偏移补偿值，存储界面如图3-25所示，该界面上的X、Z地址用于存储刀具位置偏移补偿值。

3.3.7 刀尖圆弧半径补偿

编程时，常用车刀的刀尖代表刀具的位置，称刀尖为刀位点。实际上，刀尖不是一个点，而是由刀尖圆弧构成的，如图3-26中的刀尖圆弧半径为r。车刀的刀尖点并不存在，称其为假想刀尖。为方便操作，采用

工具补正		O	N		
番号	X	Z	R	T	
01	0.000	0.000	0.000	0	
02	0.000	0.000	0.000	0	
03	0.000	0.000	0.000	0	
04	0.000	0.000	0.000	0	
05	0.000	0.000	0.000	0	
06	0.000	0.000	0.000	0	
07	0.000	0.000	0.000	0	
08	0.000	0.000	0.000	0	

现在位置（相对坐标）
U -200.000   W   -100.000
）   S   O   T
REF **** *** ***
[NO检索][测量][C.输入][+输入][输入]

图3-25 数控车床的刀具补偿设置界面

假想刀尖对刀，用假想刀尖确定刀具位置，程序中的刀具轨迹就是假想刀尖的轨迹。

如图 3-26 所示的假想刀尖的编程轨迹，在加工工件的圆锥面和圆弧面时，由于刀尖圆弧的影响，导致切削深度不够（见图中画剖面线部分），而程序中的刀具半径补偿指令可以改变刀尖圆弧中心的轨迹（见图中虚线部分），补偿相应误差。

（1）刀具半径补偿指令

G41——刀具半径左补偿，刀尖圆弧圆心偏在进给方向的左侧，如图 3-27（a）所示。

G42——刀具半径右补偿，刀尖圆弧圆心偏在进给方向的右侧，如图 3-27（b）所示。

G40——取消刀具半径补偿。

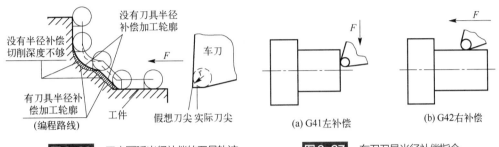

图 3-26　刀尖圆弧半径补偿的刀具轨迹　　　图 3-27　车刀刀具半径补偿指令

（2）刀具半径补偿值、刀尖方位号

刀具半径补偿值也存储于刀具补偿号中，如图 3-25 所示。该界面上的 R 地址用于存储刀尖圆弧半径补偿值，界面上的 T 地址用于存储刀尖方位号。

车刀刀尖方位用 0~9 十个数字表示，如图 3-28 所示，其中 1~8 表示在 XZ 面上车刀刀尖的位置；0、9 表示在 XY 面上车刀刀尖的位置。

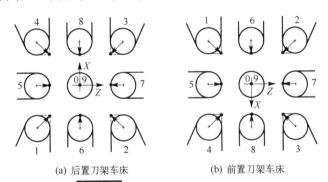

(a) 后置刀架车床　　　　　(b) 前置刀架车床

图 3-28　车刀刀尖圆弧半径补偿指令

（3）刀具半径补偿指令的使用要求

用于建立刀具半径补偿的程序段，必须是使刀具直线运动的程序段，也就是说 G41、G42 指令必须与 G00 或 G01 直线运动指令组合，不允许在圆弧程序段中建立半径补偿。在程序中应用 G41、G42 补偿后，必须用 G40 取消补偿。

例　如图 3-29 所示的零件，已经粗车外圆，试应用刀尖半径补偿功能编写精车外圆程序。

```
O1234;
G50 X100.0 Z80.0;        设定工件坐标系
```

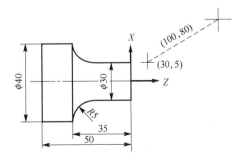

图 3-29　刀具半径补偿示例

```
M03 S1000;
T0202;                          选 2 号精车刀，刀补表中设有刀尖圆弧半径
G00 G42 X30.0 Z5.0;             建立刀具半径右补偿
G01 Z-30.0 F0.15;              车 φ20 外圆
G02 X40.0 Z-35.0 R5.0;        车 R5 圆弧面
G01 Z-50.0;                    车 φ40 外圆
G00 G40 X100.0 Z80.0;         取消刀尖半径补偿，退刀
M05;
M30;
```

3.3.8　数控车床单一循环指令

（1）G90 指令的编程方法及应用

把相关的几段走刀路线用一条指令完成，这样的指令称为循环指令，其中循环一次就完成的指令称为单一循环指令，循环指令简化了编程过程。

G90 是外圆切削循环指令，如图 3-30 所示。切削一次外圆需要 4 段路线：①刀具从循环起点快速进刀；②按给定进给速度切削外圆；③按给定进给速度切削台阶面；④最后快速返回到循环起点，从而完成一次切削外圆。而用 G90 指令则可以一条指令完成这 4 段走刀路线。

程序格式：G90 X（U）_ Z（W）_ R_ F_；

功能：圆柱面切削循环，刀具循环路线如图 3-30（a）所示；圆锥面切削循环，刀具循环路线如图 3-30（b）所示。

图 3-30 中，虚线（R）表示刀具快速移动，实线（F）表示刀具按 F 指定的进给速度移动。程序段中，X、Z 表示切削终点坐标值，U、W 表示切削终点相对于循环起点的坐标增量。切削圆锥面时，R 表示切削起点与切削终点在 X 轴方向的坐标增量（半径值），切削圆柱面时，R 为零，可省略；F 表示进给速度。

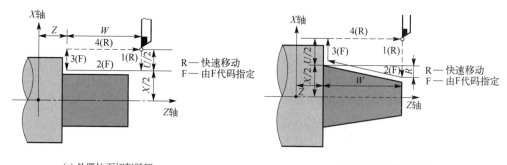

(a) 外圆柱面切削循环　　　　　　　　　　　(b) 外圆锥面切削循环

图 3-30　G90 单一循环指令

（2）G94 指令的编程方法及应用

G94 为端面车削单一循环指令。其指令格式如下：

绝对编程：G94 X_ Z_（R_）F_；
相对编程：G94 U_ W_（R_）F_；

该指令用于加工径向尺寸较大的工件端面或锥面。如图 3-31 所示，G94 固定循环的走刀路线为从循环起点开始走矩形（车直端面）或直角梯形（车锥端面），最后再回到循环起点。其加工路线按 1→2→3→4 进行，也分别对应应用基本指令编程的"进刀→切削→退刀→返回"四个程序段。

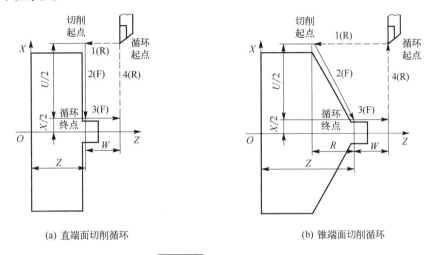

(a) 直端面切削循环　　　　　　　　(b) 锥端面切削循环

图 3-31 G94 循环路线

① X、Z 表示循环终点坐标值，U、W 为循环终点相对循环起点的坐标增量值。R 为加工圆锥面时切削起点（非循环起点）与循环终点的轴向（Z 向）坐标差值，如图 3-31（b）所示。

② 图中虚线表示快速运动，用"R"标出；实线表示刀具以 F 指定的速度运行，用"F"标出。

③ G94 运行路线区别于 G90 的"径向进刀，轴向车削"，而是"轴向进刀，径向车削"。

④ 加工直端面时 R 为 0，省略不写。加工锥端面时 R 不为 0，且有正负，R 的正负可按以下原则判断：当"切削起点"的 X 向坐标值小于"循环终点"的 X 向坐标值时，R 取负值；反之为正。

3.3.9 数控车床复合循环指令

单一固定循环要完成一个粗车过程，需要编程者计算分配车削次数和吃刀量，再一段一段地实现，虽然这比使用基本指令简单，但使用起来还是很麻烦。而复合固定循环则只需指定精加工路线和吃刀量，系统就会自动计算出粗加工路线和加工次数，因此可大大简化编程工作。

（1）外圆粗车复合循环 G71 指令

指令格式：

```
G71 U（Δd）R（e）;
G71 P（ns）Q（nf）U（Δu）W（Δw）（F_S_T_）;
Nns…F_S_T_;
…;
Nnf…;
```

指令中各参数的意义见表3-4。

▣ 表3-4　G71指令中各参数的意义

地址	含义	地址	含义
Δd	每次循环的径向吃刀深度（半径值）	e	径向退刀量
n_s	精加工轮廓程序的第一个程序段名	Δu	径向精加工余量（直径值），车外圆时为正值，车内孔时为负值
n_f	精加工轮廓程序的最后一个程序段名	Δw	轴向精加工余量

该指令适用于圆柱毛坯料（棒料）的粗车外圆和圆筒毛坯料粗车内径的加工，工件类型多为长轴类工件。G71的走刀路线如图3-32所示，与精加工程序段的编程顺序一致，按顺时针方向循环，即每一个循环都是沿"径向进刀，轴向切削"。其中，Nn_s和Nn_f两行号之间的程序是描述零件最终轮廓的精加工轨迹。

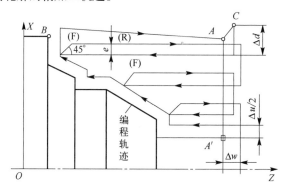

图3-32　G71指令走刀路线

（2）端面粗车复合循环G72指令

指令格式：

```
G72 W(Δd)R(e);
G72 P(ns)Q(nf)U(Δu)W(Δw)
(F__S__T__);
Nns…F__S__T__;
…;
Nnf…;
```

G72循环参数与G71基本相同，其中Δd是每次循环轴向切深，其他见表3-4。

该指令适用于径向尺寸较大的粗车端面的加工，工件类型多为轮盘类工件。其走刀路线如图3-33所示，与精加工程序段的编程顺序一致，与G71相反，按逆时针方向循环。即每一个循环都是沿"轴向进刀，径向切削"。

（3）固定形状粗车复合循环G73指令

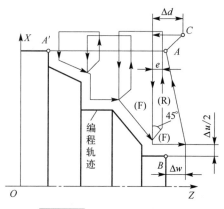

图3-33　G72指令走刀路线

指令格式：

```
G73 U(Δi)W(Δk)R(d);
G73 P(ns)Q(nf)U(Δu)W(Δw)(F_S_T_);
Nns···F_S_T_;
···;
Nnf···;
```

指令中各参数的意义见表 3-5。

☑ 表 3-5 G73 指令中各参数的意义

地址	含义	地址	含义
Δi	X 方向总的退刀距离（半径值），一般是毛坯径向需切除的最大厚度	d	粗加工的循环次数
Δk	Z 方向总的退刀量，一般是毛坯轴向需去除的最大厚度	Δu	径向精加工余量（直径值）
n_s	精加工轮廓程序的第一个程序段名	Δw	轴向精加工余量
n_f	精加工轮廓程序的最后一个程序段名		

该指令适用于对毛坯料是铸造或锻造而成的，且毛坯的外形与工件的外形相似但加工余量还相当大的工件的加工。它的走刀路线如图 3-34 所示，与 G71、G72 不同，每一次循环路线沿工件轮廓进行；精加工循环程序段的编程顺序与 G71 相同，按顺时针方向进行。

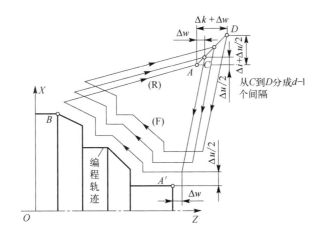

图 3-34 复合循环加工示例

$$\Delta i = \frac{毛坯最大直径 - 零件最小直径}{2} - 1$$

这里的减 1 是为了防止空走刀。

$$d = \frac{\Delta i}{每刀的背吃刀量}$$

Δk 的值为 Z 轴方向加工余量，一般按照经验值选取，这里取 2.0。

（4）G71、G72、G73 说明

① G71、G72、G73 程序段中的 F__S__T__是在粗加工时有效，而精加工循环程序段中的 F__S__T__在执行精加工程序时有效。

② 精加工循环程序段的段名 $n_s\sim n_f$ 需从小到大变化，而且不要有重复，否则系统会产生报警。精加工程序段的编程路线如图 3-32~图 3-34 所示，由 $A\rightarrow A'\rightarrow B$ 用基本指令（G00、G01、G02 和 G03）沿工件轮廓编写，而且 $n_s\sim n_f$ 程序段中不能含有子程序。

③ 粗加工完成以后，工件的大部分余量被去除，留出精加工预留量 $\Delta u/2$ 及 Δw。刀具退回循环起点 A 点，准备执行精加工程序。

④ 循环起点 A 点要选择在径向大于毛坯最大外圆（车外表面时）或小于最小孔径（车内表面时），同时轴向要离开工件的右端面的位置，以保证进刀和退刀安全。车削内表面时 Δu 为负值。

（5）精车循环 G70 指令

指令格式：

```
G70 P（ns）Q（nf）；
```

该指令用于执行 G71、G72 和 G73 粗加工循环指令以后的精加工循环。只需要在 G70 指令中指定粗加工时编写的精加工轮廓程序段的第一个程序段的段号和最后一个程序段的段号，系统就会按照粗加工循环程序中的精加工路线切除粗加工时留下的余量。

注意：

① G70 指令中的 n_s 和 n_f 段号一定要与粗加工中的段号保持一致。

② 也可将 G70 精车程序段放在粗车程序中 n_f 程序段的后面，在粗车完成以后直接进行精车，使工件的粗、精加工由一个程序控制完成。

3.3.10 螺纹数控编程

螺纹切削是数控车床上常见的加工任务。螺纹的形成实际上是刀具的直线运动距离和主轴转速按预先输入的比例同时运动所致。切削螺纹使用的是成形刀具，螺距和尺寸精度受机床精度影响，牙型精度则由刀具精度保证。

（1）G32 指令的编程方法

使用 G32 指令可以车削如图 3-35 所示的圆柱螺纹、圆锥螺纹和端面螺纹。

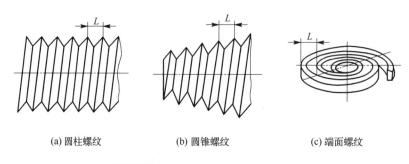

(a) 圆柱螺纹　　　　　(b) 圆锥螺纹　　　　　(c) 端面螺纹

图 3-35 G32 指令可加工的螺纹种类

指令格式：

```
G32 X(U)_Z(W)_F_;
```

其中，X、Z 为绝对编程时的终点位置值；U、W 为增量编程方式时在 X 和 Z 方向上的增量值；F 为螺纹导程值。车削图 3-35（b）所示的锥面螺纹时，当其斜角<45°时，螺纹导程以导程在 Z 轴方向的投影值指定；斜角≥45°时，以导程在 X 轴方向的投影值指定。

车削圆柱螺纹时，X（U）可省略。

指令格式：`G32 Z(W)_F_;`

车削端面螺纹时，Z（W）可省略。

指令格式：`G32 X(U)_F_;`

说明：

① 螺纹车削时，为保证切削正确的螺距，不能使用 G96 恒线速控制指令。

② 在编写螺纹加工程序时，始点坐标和终点坐标应考虑切入距离和切出距离。

由于螺纹车刀是成形刀具，所以刀刃与工件接触线较长，切削力也较大；为避免切削力过大造成刀具损坏或在切削中引起刀具振动，通常在切削螺纹时需要多次进刀才能完成。

（2）G92 指令的编程方法

螺纹单一切削循环指令 G92 把"切入→螺纹切削→退刀→返回"四个动作作为一个循环，用一个程序段来指令，从而简化编程，如图 3-36 所示。

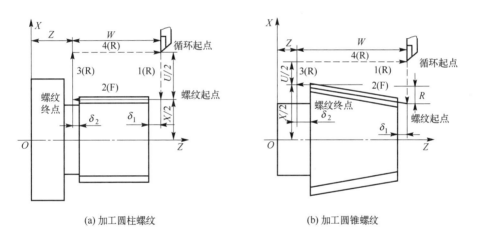

(a) 加工圆柱螺纹　　　　(b) 加工圆锥螺纹

图3-36　G92 指令加工螺纹的运动轨迹

指令格式：

```
G92 X(U)_Z(W)_R_F_;
```

式中，X（U）、Z（W）为螺纹切削的终点坐标值，R 为螺纹部分半径之差，即螺纹切削起始点与切削终点的半径差。加工圆柱螺纹时，R=0；加工圆锥螺纹时，当 X 向切削起始点坐标小于切削终点坐标时，R 为负，反之为正。

（3）G76 指令的编程方法及应用

复合螺纹切削循环指令 G76，可以完成一个螺纹段的全部加工任务。它的进刀方法有利于改善刀具的切削条件，在编程中应优先考虑应用该指令，其运动轨迹如图 3-37 所示。

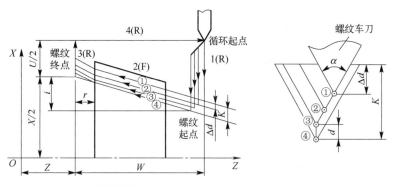

图3-37 G76指令加工螺纹的运动轨迹

指令格式:

```
G76 P(m)(r)(α)Q(Δd_min)R(d);
G76 X(U)Z(W)R(i)P(k)Q(Δd)F(L);
```

m: 精加工重复次数（1～99）。

r: 倒角量。当螺距由 L 表示时，可以从 0.0L～9.9L 设定，单位为 0.1L（两位数: 从 00~99 ）。

$α$: 刀尖角度。可以选择 80°、60°、55°、30°、29° 和 0° 六种中的一种，由两位数规定。

m、r 和 $α$ 用地址 P 同时指定。例: 当 $m=2$，$r=1.2L$（ L 是螺距），$α=60°$ 时，指定如下:
P021260。

$Δd_{min}$: 最小切深（用半径值指定，μm）。

d: 精加工余量（μm）。

X（U）、Z（W）: 切削终点坐标值（mm）。

i: 螺纹半径差。如果 $i=0$，可以进行普通直螺纹切削。加工锥螺纹时，当 X 向切削起始点坐标小于切削终点坐标时，i 为负，反之之为正。

k: 螺纹高（用半径值规定，μm）。

$Δd$: 第一刀切削深度（半径值，μm）。

L: 螺纹导程（mm）。

例如: 当螺纹的底径尺寸为 ϕ60.64，螺纹导程值为 6mm，精加工次数为 2 次，牙型角为 60°，切削螺纹终点坐标值为（ 60.64, 30.0 ），工件坐标系原点设在工件右端面中心点位置时，用 G76 编写切削螺纹的加工程序如下:

```
G76 P020660 Q100 R100;
G76 X60.64 Z-30.0 P3897 Q1800 F6.0;
```

3.3.11 切槽复合循环指令

（1）端面切槽或深孔钻复合循环指令 G74

G74 指令主要用于加工端面环形槽。加工中轴向断续切削起到断屑、及时排屑的作用，特别适合加工宽槽，而且还可用于端面钻孔加工。其加工轨迹为: 刀具从循环起点（ A 点）开始，沿轴向进刀 $Δk$ 并到达 C 点。刀具退刀 e（断屑）并到达 D 点。刀具按该循环递进切削至轴向终点 Z 的坐标处。刀具退到轴向起刀点，完成一次切削循环。刀具沿径向偏移 $Δi$ 至 F 点，进行第二层切削循环。依次循环直至刀具切削至程序终点坐标处（ B 点），轴向退刀至起刀点（ G

点），再径向退刀至起刀点（A 点），完成整个切削循环动作。其加工路线如图 3-38 所示。

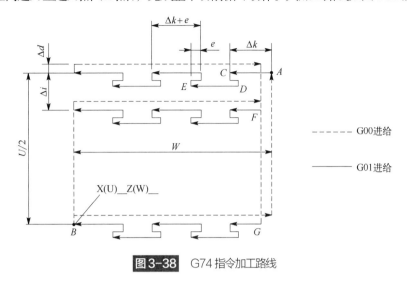

图 3-38 G74 指令加工路线

G74 程序段中的 X（U）值可省略。当省略 X（U）及 P 时，循环执行时刀具仅做 Z 向进给而不做 X 向偏移。此时，刀具做往复式排屑运动进行断屑处理，用于端面啄式深孔钻削循环加工。

1）指令格式

```
G74 R（e）;
G74 X（U）_Z（W）_P（Δi）_Q（Δk）_R（Δd）_F_;
```

R（e）：每次轴向进刀后，轴向退刀量（返回值：每次切削的间隙，单位 mm）。

X（U）、Z（W）：表示切削终点坐标值。

P（Δi）：每次切削完成后径向的位移量。

Q（Δk）：每次加工长度（Z 轴方向的进刀量）。

R（Δd）：每次切削完成以后的径向退刀量。

F：轴向切削时的进给速度。

2）注意

① 循环动作由含 Z（W）和 Q（Δk）的 G74 程序段执行，如果仅执行"G74 R（e）;"程序段，循环动作不进行。

② Δd 和 e 均用同一地址 R 指定，其区别在于程序段中有无 Z（W）和 Q（Δk）指令字。

③ 省略 X（U）和 P，则只沿 Z 方向进行加工。

④ 在 G74 指令执行过程中，可以停止自动运行或者手动移动，但要再次执行 G74 循环时，必须返回到手动移动前的位置。如果不返回就执行，后边的运行轨迹将错位。

（2）径向切槽循环指令 G75

G75 循环轨迹如图 3-39 所示。刀具从循环起点（A 点）开始，沿径向进刀 Δi 并到达 C 点，退刀 e（断屑）并到达 D 点。按该循环递进切削至径向终点 X 的坐标处。退到径向起刀点，完成一次切削循环。沿轴向偏移 Δk 至 F 点，进行第二层切削循环。依次循环直至刀具切削至程序终点坐标处（B 点），径向退刀至起刀点（G 点）再轴向退刀至起刀点（A 点），完成整个切槽循环动作。

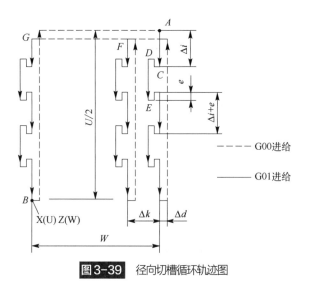

图3-39 径向切槽循环轨迹图

指令格式：

```
G75 R（e）;
G75 X（U）_Z（W）_P（Δi）_Q（Δk）_R（Δd）_F_;
```

R（e）：每次径向进刀后，径向退刀量。

X（U）、Z（W）：切削终点坐标值。

P（Δi）：每次径向的切深量，用不带符号的半径值表示。

Q（Δk）：刀具完成一次径向切削后，在Z轴方向的进刀量，用不带符号的值表示。

R（Δd）：每次切削完成以后的轴向（Z向）退刀量，无要求时可省略。

F：径向切削时的进给速度。

G75程序段中的Z（W）值可省略或设定值为0，当Z（W）值设为0时，循环执行时刀具仅作X向进给而不作Z向偏移。

对于程序段中的Δi、Δk值，在FANUC系统中，不能输入小数点，而直接输入最小编程单位，如P2000表示径向每次切深量为2mm。

（3）使用切槽固定复合循环（G74、G75）时的注意事项

1）在FANUC 0i系统中，当出现以下情况而执行切槽固定复合循环（G74、G75）时，将会出现报警。

① X（U）或Z（W）指定，Δi或Δk未指定或指定为0。

② Δk值大于Z轴的移动量或Δk值设定为负值。

③ Δi值大于U/2或Δi值设定为负值。

④ 退刀量大于进刀量，即e值大于每次切深量Δi或Δk。

2）由于Δi、Δk为无符号值，所以刀具切深完成后的偏移方向由数控系统根据刀具起刀点及切槽终点的坐标自动判断。

3）切槽过程中，刀具或工件受较大的单方向切削力，容易在切削过程中产生振动，因此，切槽加工中进给速度的取值应略小（特别是在端面切槽时），通常取0.1～0.2mm/r。

3.4 SIEMENS 数控系统程序编制

德国SIEMENS公司的SINUMERIK系列数控系统主要有SINUMERIK 3系列、SINUMERIK

8 系列、SINUMERIK 810/820 系列、SINUMERIK 850/880 系列、SINUMERIK 840C/D 系列、SINUMERIK 802S/C/D 系列等产品。本节对 SINUMERIK 802D 数控系统程序指令以及编制技术进行系统介绍。

3.4.1 SIEMENS 数控系统的基本 G 指令

地址 G 表示准备功能，通常称为 G 代码。该地址只有一个目的：将控制系统预先设置为某种预期的状态或者某种加工模式。

准备功能代码通常由字母 G 跟两位数字表示，比如 G00、G01 等；个别代码跟三位数字，比如 G158、G500 等。使用准备功能的注意事项：

① G 代码的冲突。准备功能的目的是从两种或多种操作模式中选择一种。数控机床控制系统通过对准备功能分组来辨别它们，每个组称为 G 代码组。任何 G 代码都将自动取代同组中的另一 G 代码。如果在同一程序段中使用相互冲突的代码，那么后一个代码有效。

② G 代码的续效性。当一个指令第一次在程序中出现就一直有效，这一续效性特征可用术语"模态"来描述。G 代码分模态代码和非模态代码。采用模态的目的就是为了避免编程模式不必要的重复使用。当模态组中的一个 G 代码被使用时，它会一直保留一种模式，直到被同组中的另一个 G 代码替代才会转变成相应的另一种模式。

③ 在同一个程序段中可以使用若干个（不超过五个）准备功能，只要彼此没有逻辑冲突。

④ 在 G00~G99 这 100 个指令乃至超出此范围的其他 G 指令中，有些代码在国际标准（ISO）或原机械工业部标准中并没有指定其功能，这些代码主要用于将来修改标准时指定新功能。还有一些代码，即使在修改标准时也永不指定其功能，这些代码可由机床设计者根据需要定义其功能，但必须在机床的出厂说明书中予以说明。

SIEMENS 系统的基本 G 指令及含义见表 3-6。

▫ 表 3-6 基本 G 指令及含义

地址	含义	说明	编程格式
G0	快速点定位	运动指令，模态有效	G00 X__Z__;
G1	直线插补	插补方式，模态有效	G01 X__Z__F__;
G2	顺时针圆弧插补	插补方式，模态有效	G02 X__Z__I__K__F__; 圆心和终点 G02 X__Z__CR=__F__; 半径和终点 G02 AR=__I__K__F__; 张角和圆心 G02 AR=__X__Z__F__; 张角和终点
G3	逆时针圆弧插补	插补方式，模态有效	G03 X__Z__I__K__F__; 圆心和终点 G03 X__Z__CR=__F__; 半径和终点 G03 AR=__I__K__F__; 张角和圆心 G03 AR=__X__Z__F__; 张角和终点
G5	中间点圆弧插补	插补方式，模态有效	G05 X__Z__IX=__KZ=__F__;
G33	恒螺距的螺纹切削	插补方式，模态有效	G33 X__Z__K（I）__;
G4	暂停	程序段方式有效	G04 F__ 或 G04 S__;
G74	回参考点		G74 X__Z__;

地址	含义	说明	编程格式
G75	回固定点		G75 X__Z__;
G158	可编程的零点偏置	写存储器，程序段方式有效	G158 X__Z__;
G25	主轴转速下限	写存储器，程序段方式有效	G25 S__;
G26	主轴转速上限	写存储器，程序段方式有效	G26 S__;
G18[①]	Z/X 平面	模态有效	
G40[①]	刀尖半径补偿取消	模态有效	
G41	刀尖半径补偿 左补偿	模态有效	G41 X__Z__;
G42	刀尖半径补偿 右补偿	模态有效	G42 X__Z__;
G500	取消可设定零点偏置	模态有效	
G54	第一可设定零点偏置	模态有效	
G55	第二可设定零点偏置	模态有效	
G56	第三可设定零点偏置	模态有效	
G57	第四可设定零点偏置	模态有效	
G53	按程序段方式取消可设定零点偏置	程序段方式有效	
G60[①]	准确定位	定位性能，模态有效	
G64	连续路径方式		
G9	准确定位，单程序段有效	程序段方式有效	
G601	在 G60、G9 方式下准确定位，精	准停窗口，模态有效	
G602	在 G60、G9 方式下准确定位，粗	准停窗口，模态有效	
G70	英制尺寸	英制/公制设置，模态有效	
G71[①]	公制尺寸	英制/公制设置，模态有效	
G90[①]	绝对尺寸	绝对/增量设置，模态有效	
G91	增量尺寸	绝对/增量设置，模态有效	
G94	进给率 F，单位 mm/min		G94 F__;
G95[①]	主轴进给率 F，单位 mm/r		G95 F__;
G96	恒定切削速度（F 单位 mm/r，S 单位 m/min）	模态有效	G96 S__LIMS=__F__;
G97[①]	取消恒定切削速度，即恒转速	模态有效	G97 S__;
G450[①]	圆弧过渡	模态有效	
G451	等距线的交点	模态有效	
G22	半径尺寸	半径/直径设置，模态有效	
G23[①]	直径尺寸	半径/直径设置，模态有效	

① 在程序启动时生效。

下面对常用 G 指令进行简单介绍。

（1）G0：快速线性移动

① 功能　轴快速移动，G0 用于快速定位刀具，没有对工件进行加工。可以在几个轴上同时执行快速移动，由此产生一线性轨迹。机床数据中规定每个坐标轴快速移动速度的最大值，一个坐标轴运行时就以此速度快速移动。如果快速移动同时在两个轴上执行，则移动两个轴可能的最大速度。

编程格式: G0 X__ Z__

② 说明　用 G0 快速移动时在地址 F 编程的进给速度无效。G0 是模态代码，一直有效，直到被 G 功能组中其他的指令（G1、G2、G3 等）取代为止。目标点的位置坐标（X, Z）可以用绝对位置数据（G90）、增量位置数据（G91）输入。

G 功能组中还有其他的 G 指令用于定位功能。在用 G60 准确定位时，可以在窗口下选择不同的精度，另外用于准确定位还有一个程序段方式有效指令 G9，在进行准确定位时请注意选择。

（2）G1：带进给速度的线性插补

① 功能　刀具以直线从起始点移动到目标点，以地址 F 下编程的进给速度运行。所有的坐标轴可同时运行。

编程格式: G1 X__ Z__

② 说明　G1 一直有效，直到被 G 功能组中其他的指令（G0、G2 等）取代为止。目标点的位置坐标（X, Z）可以用绝对位置数据（G90）增量位置数据（G91）输入。另外，进给速度由 F 指令决定，F 指令也是模态指令，可由 G0 指令取消。如果在 G1 程序段之前的程序段没有 F 指令，而现有的 G1 程序段中也没有 F 指令，则机床不运动。

（3）G2/G3：圆弧插补

① 功能　刀具以圆弧轨迹从起始点移动到终点，方向由 G 指令确定。其中，G2 为顺时针方向；G3 为逆时针方向。在地址 F 下编程的进给速度决定圆弧插补速度。圆弧可以按下述不同的编程格式表示。

圆心坐标和终点坐标: G2 X__ Z__ I__ K__
半径和终点坐标:　　 G2 X__ Z__ CR__
圆心和张角:　　　　 G2 I__ K__ AR__
张角和终点坐标:　　 G2 X__ Z__ AR__

② 说明　G2 和 G3 一直有效，直到被 G 功能组中其他的指令（G0、G1 等）取代为止。采用绝对值编程时，X、Z 表示圆弧终点在工件坐标系中的坐标值；采用增量值编程时，X、Z 表示圆弧终点相对于圆弧起点的增量值。

用半径 CR 方式编程时，由于在同一个半径 CR 的情况下，从圆弧的起点到终点有两种可能的圆弧，因此在编程时规定，圆心角小于或等于 180° 的圆弧 CR 值为正；圆心角大于 180° 的圆弧 CR 值为负。

圆心坐标 I、K 为圆弧起点到圆弧中心所作矢量分别在 Y 轴、Z 轴方向上的分矢量，当分矢量与坐标轴的方向一致时为 "+" 号，反之取为 "−" 号。

插补圆弧尺寸必须在一定的公差范围之内。系统比较圆弧起始点和终点处的半径，如果其值在公差范围之内，则可精确设定圆心；若超出公差范围，则给出报警。公差值可通过机床数据设定。

（4）CIP：通过中间点进行圆弧插补

① 功能　如果不知道圆弧的圆心、半径或张角，但已知圆弧轮廓上三个点的坐标，则可以使用 CIP 功能。

通过起始点和终点之间的中间点位置确定圆弧的方向。CIP 一直有效，直到被 G 功能组中其他的指令（G0、G1、G2 等）取代为止。

编程格式：CIP X__ Z__ I1=_ K1=_

② 说明　可设定的位置数据输入 G90 或 G91 指令对终点和中间点有效。

③ 编程示例（图 3-40）

```
N5 G90 Z17 X20
N10 CIP Z57 X20 I1=40 K1=37
```

（5）G33：恒螺距螺纹切削

① 功能　用 G33 功能可以加工下述各种类型的恒螺距螺纹，圆柱螺纹；圆锥螺纹；外螺纹/内螺纹；单螺纹和多重螺纹；多段连续螺纹。

编程格式：G33 X__ Z__ I__ K__ SF=_

前提条件是主轴上有位移测量系统。G33一直有效，直到被 G 功能组中其他的指令（G0、G1、G2、G3 等）取代为止。

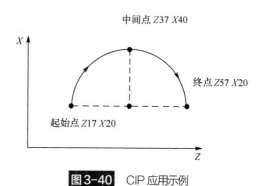

图 3-40　CIP 应用示例

注意：螺纹长度中要考虑导入空刀量和退出空刀量（图 3-41）。

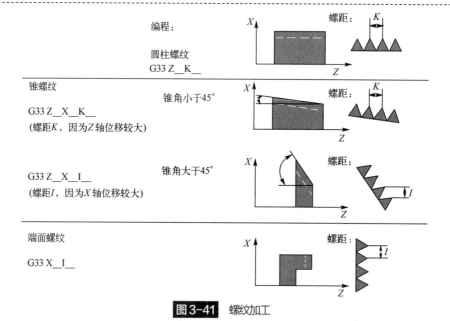

图 3-41　螺纹加工

在具有两个坐标轴尺寸的圆锥螺纹加工中，螺距地址 I 或 K 下必须设置较大位移（较大螺纹长度）的螺纹尺寸，另一个较小的螺距尺寸不用给出。

② 说明　右旋和左旋螺纹由主轴旋转方向 M3 和 M4 确定（M3 为右旋，M4 为左旋）。在地址 S 下编程主轴转速，此转速可以调整。

起始点偏移 SF=__

在加工螺纹中，切削位置偏移以后以及在加工多头螺纹时均要求起始点偏移一位置。在 G33

螺纹加工中, 在地址 SF 下编程起始点偏移量 (绝对位置)。如果没有编程起始点偏移量, 则设定数据中的值有效。

注意: 编程的 SF 值也始终登记到设定数据中。

如果多个螺纹段连续编程, 则起始点偏移只在第一个螺纹段中有效, 也只有在这里才适用此参数 (图 3-42)。

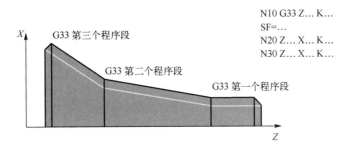

N10 G33 Z... K...
SF=...
N20 Z... X... K...
N30 Z... X... K...

X
G33 第三个程序段
G33 第二个程序段
G33 第一个程序段
Z

图 3-42 多段连续螺纹加工示例

在 G33 螺纹切削中, 轴速度由主轴转速和螺距的大小确定。在此 F 下编程的进给速度保持存储状态, 但机床数据中规定的轴最大速度 (快速定位) 不允许超出。

注意: 在螺纹加工期间, 主轴修调开关必须保持不变; 进给修调开关无效。

(6) G4: 暂停

① 功能 通过在两个程序段之间插入一个 G4 程序段, 可以使加工中断给定的时间, 比如自由切削。G4 程序段 (含地址 F 或 S) 只对自身程序段有效, 并暂停所给定的时间。在此之前编程的进给量 F 和主轴转速 S 保持存储状态。

编程格式:

```
G4 F__; 暂停时间 (s)
G4 S__; 暂停主轴转速
```

② 说明 G4 S__只有在受控主轴情况下才有效。G4 指令是非模态代码, 只对自身程序段有效。

(7) G74: 回参考点

① 功能 用 G74 指令实现 NC 程序中回参考点功能, 每个轴的方向和速度存储在机床数据中。机床参考点也是机床的一个固定点, 其固定位置由 Z 向和 X 向的机械挡块来确定。当发出回参考点的指令时, 装在纵向和横向滑板上的行程开关碰到相应的挡块后, 由数控系统控制滑板停止运动, 完成回参考点的操作。

编程格式: G74 X1=0 Z1=0

② 说明 G74 需要一独立程序段, 并按程序段方式有效。在 G74 之后的程序段中原先 "插补方式" 组中的 G 指令 (G0、G1、G2 等) 将再次生效。

注意: 程序段中, X 和 Z 下编程的数值不识别。

(8) G75: 返回固定点

① 功能 用 G75 可以返回到机床中某个固定点, 比如换刀点。固定点位置固定地存储在机床数据中, 它不会产生偏移。每个轴的返回速度就是其快速移动速度。

编程格式：G75 X1=0 Z1=0

② 说明　G75 需要一独立程序段，并按程序段方式有效。在 G75 之后的程序段中原先"插补方式"组中的 G 指令（G0、G1、G2 等）将再次生效。

注意： 程序段中 X 和 Z 下编程的数值不识别。

（9）G25/G26：主轴转速下/上限

① 功能　通过在程序中写入 G25 或 G26 指令和地址 S 下的转速，可以限制特定情况下主轴的极限值范围。与此同时，原来设定数据中的数据被覆盖。

G25 或 G26 指令均要求一独立的程序段，原先编程的转速 S 保持存储状态。

编程格式：

G25 S__；限制主轴转速下限

G26 S__；限制主轴转速上限

② 说明　主轴转速的最高极限值在机床数据中设定。通过面板操作可以激活用于其他极限情况的设定参数。在车床中，对于 G96 功能——恒定切削速度，还可以附加编程一个转速最高极限。

（10）G40：取消刀尖半径补偿

① 功能　用 G40 取消刀尖半径补偿，此状态也是编程开始时所处的状态。G40 之前的程序段刀具以正常方式结束（结束时补偿矢量垂直于轨迹终点处切线），与起始角无关。在运行 G40 程序段之后，刀尖到达编程终点。在选择 G40 程序段编程终点时要始终确保不会发生碰撞。

编程格式：G40 X__ Z__

② 说明　只有在线性插补（G0、G1）情况下才可以取消补偿运行。编程两个坐标轴，如果只给出一个坐标轴的尺寸，则第二个坐标轴自动以在此之前最后编程的尺寸赋值。

（11）G41/G42：刀尖半径补偿

① 功能　刀具必须有相应的 D 号才能有效。刀尖半径补偿通过 G41/G42 生效。控制器自动计算出当前刀具运行所产生的与编程轮廓等距离的刀具轨迹。必须处于 G18 有效状态。

编程格式：

G41 X__ Z__；在工件轮廓左边刀补有效

G42 X__ Z__；在工件轮廓右边刀补有效

注意： 只有在线性插补时（G0、G1）才可以进行 G41/G42 的选择。编程两个坐标轴，如果只给出一个坐标轴的尺寸，则第二个坐标轴自动地以最后编程的尺寸赋值。

② 说明　通常情况下，在 G41/G42 程序段之后紧接着工件轮廓的第一个程序段。但轮廓描述可以由其中某一个没有位移参数（比如只有 M 指令）的程序段中断。

以 G42 为例，刀尖位置如图 3-43 所示时进行刀尖半径补偿的程序如下。

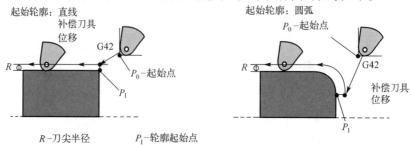

图3-43　G42 应用示例

```
N10 T__ F__;
N15 X__ Z__;                      P_0 起始点
N20 G1 G42 X__ Z__;               工件轮廓右边补偿，P_1
N30 X__ Z__;                      起始轮廓，圆弧或直线
```

（12）G54～G57、G500、G53：工件装夹 ——可设定的零点偏置

① 功能　可设定的零点偏置给出工件零点在机床坐标系中的位置（工件零点以机床零点为基准偏移）。

当工件装夹到机床上后求出偏移量，并通过操作面板输入到规定的数据区。程序可以选择相应的 G 功能 G54～G57 激活此值。

② 说明

G54——第一可设定零点偏置。

G55——第二可设定零点偏置。

G56——第三可设定零点偏置。

G57——第四可设定零点偏置。

G500——取消可设定零点偏置。

G53——按程序段方式取消可设定零点偏置。

（13）G9：准确定位

① 功能　针对程序段转换时不同的性能要求提供 G9 功能用于准确定位。

② 说明　指令 G9 仅对自身程序段有效。

（14）G71/G70：公制尺寸/英制尺寸

① 功能　工件所标注尺寸的尺寸系统可能不同于系统设定的尺寸系统（英制或公制），但这些尺寸可以直接输入到程序中，系统会完成尺寸的转换工作。其中，G70 为英制尺寸；G71 为公制尺寸。

② 说明　系统根据所设定的状态把所有的几何值转换为公制尺寸或英制尺寸（这里刀具补偿值和可设定零点偏置值也作为几何尺寸）。同样，进给速度 F 的单位分别为 mm/min 或 in/min。基本状态可以通过机床数据设定。本说明中所给出的例子均以基本状态为公制尺寸作为前提条件。

用 G70 或 G71 编程所有与工件直接相关的几何数据。比如：在 G0、G1、G2、G3、G33 功能下的位置数据 X，Z；插补参数 I，K（也包括螺距）；圆弧半径 CR；可编程的零点偏置（G158）。

其他与工件没有直接关系的几何数值，如进给速度、刀具补偿、可设定的零点偏置等，均与 G70/G71 的编程无关。

（15）G90/G91：绝对/增量位置数据

① 功能　G90 和 G91 指令分别对应绝对位置数据输入和增量位置数据输入。其中 G90 表示坐标系中目标点的坐标尺寸，G91 表示待运行的位移量。G90/G91 适用于所有坐标轴。这两个指令不决定到终点位置的轨迹，轨迹由 G 功能组中的其他 G 功能指令决定（G0、G1、G2、G3 等）。其中，G90 为绝对尺寸；G91 为增量尺寸。

② 说明　绝对位置数据输入 G90：在绝对位置数据输入中尺寸取决于当前坐标系（工件坐标系或机床坐标系）的零点位置。零点偏置有以下几种情况：可编程零点偏置、可设定零点偏置或者没有零点偏置。程序启动后 G90 适用于所有坐标轴，并且一直有效，直到在后面

的程序段中由 G91（增量位置数据输入）替代为止（模态有效）。

增量位置数据输入 G91：在增量位置数据输入中，尺寸表示待运行的轴位移。移动的方向由坐标符号决定。G91 适用于所有坐标轴，并且可以在后面的程序段中由 G90（绝对位置数据输入）替换。只有在线性插补（G0、G1）情况下才可以取消补偿运行。编程两个坐标轴，如果只给出一个坐标轴的尺寸，则第二个坐标轴自动以在此之前最后编程的尺寸赋值。

（16）G94/G95：进给速度

① 功能　指令 G94/G95 分别从不同的单位定义了进给速度。

编程格式：

```
G94  F__;    单位 mm/min
G95  F__;    单位 mm/r
```

② 说明　F 是所希望的进给速度。系统默认的设置为 G95，且 G94/G95 更换时要求写入一个新的地址 F。

（17）G96/G97：恒定切削速度生效/取消

① 功能　恒定切削速度生效/取消。前提条件是主轴为受控主轴。

② 说明　G96 功能生效以后，主轴转速随着当前加工工件直径（横向坐标轴）的变化而变化，从而始终保证刀具切削点处编程的切削速度 S 为常数（主轴转速×直径=常数）。

从 G96 程序段开始，地址 S 下的转速值作为切削速度处理。G96 为模态有效，直到被 G 功能组中一个其他 G 指令（G94、G95、G97）替代为止。

编程格式：

```
G96  S__  LIMS=__  F__;    恒定切削生效
G97                        ；取消恒定切削速度
```

G96 参数含义见表 3-7。

□ 表 3-7　G96 参数含义

参数	说明
S	切削速度，单位 m/min
LIMS	主轴转速上限，只在 G96 中生效
F	旋转进给速度，单位 mm/r，与 G95 中一样

> **提示：** 此处进给速度始终为旋转进给速度，单位为 mm/r。如果在此之前为 G94 有效而非 G95 有效，则必须重新写入一合适的地址 F 值。

用 G0 进行快速移动时不可以改变转速。此外，如果以快速运行回轮廓，并且下一个程序段中含有插补方式指令 G1 或 G2、G3、G5（轮廓程序段），则在用 G0 快速移动的同时已经调整用于下面进行轮廓插补的主轴转速。

用 G97 指令取消"恒定切削速度"功能。如果 G97 生效，则地址 S 下的数值又恢复为 G97 指令中 S 所指定的转速，单位为 r/min。如果没有重新写地址 S，则主轴以原先 G96 功能生效时的转速旋转。

> **注意：** G96 功能也可以用 G94 或 G95 指令（同一个 G 功能组）取消。在这种情况下，如果没有写入新的地址 S，则主轴按在此之前最后编程的主轴转速 S 旋转。

（18）DIAMOF/DIAMON：半径/直径数据尺寸

① 功能　车床中加工零件时通常把 X 轴（横向坐标轴）的位置数据作为直径数据编程，控制器把所输入的数值设定为直径尺寸，这仅限于 X 轴。程序中在需要时也可以转换为半径尺寸。

编程格式：

DIAMOF；半径数据尺寸
DIAMON；直径数据尺寸

② 说明　用 DIAMOF/DIAMON 指令把 X 轴方向的终点坐标作为半径数据尺寸或直径数据尺寸处理。显示工件坐标系中相应的实际值。

3.4.2 SIEMENS 数控系统的基本 M 指令

数控程序中的地址 M 表示辅助功能，该指令与控制系统插补器运算无关，一般书写在程序段的后面，是加工过程中对一些辅助功能动作进行操作控制用的工艺性指令，例如：机床主轴的启动、停止、变换；冷却液的开关；刀具的更换；部件的夹紧或松开等。

一般情况下，辅助功能代码是在地址 M 后跟两位数字表示。

使用辅助功能代码时应注意以下问题。

① 一个程序段中只能使用一个 M 功能指令。

② 单独一个 M 功能指令可以作为一句程序段。

③ 由于数控系统的不同，以及机床生产厂家的不同，其 M 代码的功能也不尽相同，甚至有些 M 代码与 ISO 标准代码的含义也不相同，因此，一方面我们迫切需要对数控代码进行标准化，另一方面，我们在进行数控编程时，一定要按照机床说明书的规定进行。

④ M 功能的续效性单段有效：M0、M1、M2、M17、M30 等；持续有效：M3、M4、M5、M8、M9 等。

SIEMENS 数控系统的基本 M 指令及含义见表 3-8。

⊡ 表 3-8　SIEMENS 数控系统的基本 M 指令及含义

指令	含义
M0	程序暂停，可以按"启动"加工继续执行
M1	程序有条件停止
M2	程序结束，在程序的最后一段被写入
M3	主轴顺时针转
M4	主轴逆时针转
M5	主轴停
M6	更换刀具。机床数据有效时用 M6 直接更换刀具，其他情况下直接用 T 指令进行
M7、M8	冷却液开
M9	冷却液关
M17	子程序结束
M30	纸带结束
M40	自动变换齿轮级
M41 ~ M45	齿轮级 1 ~ 5

（1）M 指令功能

① 功能　利用辅助功能 M 可以设定一些开关操作，如"打开/关闭冷却液"等。除少数 M 功能被数控系统生产厂家固定地设定了某些功能之外，其余部分均可供机床生产厂家自由设定。

在一个程序段中最多可以有 5 个 M 功能。

编程格式：M__

② 说明　M 功能在坐标轴运行程序段中的作用情况：如果 M0、M1、M2 功能位于一个有坐标轴运行指令的程序段中，则只有在坐标轴运行之后这些功能才会有效；对于 M3、M4、M5 功能，则在坐标轴运行之前信号就传送到内部的接口控制器中，只有当受控主轴按 M3 或 M4 启动之后，才开始坐标轴运行，在执行 M5 指令时并不等待主轴停止，坐标轴已经在主轴停止之前开始运动；其他 M 功能信号与坐标轴运行信号一起输出到内部接口控制器上。如果有意在坐标轴运行之前或之后编程一个 M 功能，则需插入一个独立的 M 功能程序段。

（2）计算参数 R

① 功能　要使一个 NC 程序不仅仅适用于特定数值下的一次加工，或者必须计算出数值，这两种情况均可以使用计算参数，可以在程序运行时由控制器计算或设定所需要的数值；也可以通过操作面板设定参数数值。如果参数已经赋值，则它们可以在程序中对由变量确定的地址进行赋值。

编程格式：R0=__ ~R249=__

② 说明　一共有 250 个计算参数可供使用。

R0~R99：可以自由使用。

R100~R249：加工循环传递参数。

如果没有用到加工循环，则这部分计算参数也同样可以自由使用。

可以在以下数值范围内给计算参数赋值：±（0.0000001~99999999）（8 位，带符号和小数点），在取整数值时可以去除小数点。正号可以一直省去。

用指数表示法可以赋值更大的数值范围：±（10^{-300} ~ 10^{+300}）。

最大符号数：10（包括符号和小数点）

指数值范围：–300~+300

> **注意：** 一个程序段中可以有多个赋值语句；也可以用计算表达式赋值。

给其他的地址：通过给其他的 NC 地址分配计算参数或参数表达式，可以增加 NC 程序的通用性。可以用数值。

赋值：算术表达式或 R 参数对任意 NC 地址赋值，但对地址 N、G 和 L 例外。赋值时在地址符之后写入符号"="。赋值语句也可以赋值一负号。给坐标轴地址（运行指令）赋值时，要求有一独立的程序段。例如"N10 G0 X=R2；"给 X 轴赋值。

3.4.3　SIEMENS 数控系统的基本 T 指令

SIEMENS 数控系统的基本 T 指令及含义见表 3-9。

▫ 表 3-9　SIEMENS 数控系统的基本 T 指令及含义

指令	含义	赋值
D 指令	刀具补偿号	0~9 不带符号
T 指令	刀具号	1~32000 整数

（1）T指令

① 功能　T指令可以选择工具。在此，是用T指令直接更换刀具还是仅仅进行刀具的预选，这必须要在机床数据中确定。

用T指令直接更换刀具（比如车床中常用的刀具转塔刀架），或者仅用T指令预选刀具，另外还要用M6指令才可进行刀具的更换（参见"辅助功能M"）。

编程格式：T__；　刀具号1~32000

② 说明　系统中最多同时存储10把刀具。

（2）刀具补偿号D

① 功能　一个刀具可以匹配从1到9几个不同补偿的数据组（用于多个切削刃）。用D及其相应的序号可以编程一个专门的切削刃。

编程格式：D__；刀具补偿号1~9

> **注意**：如果没有编写D指令，则D1自动生效。如果编程D0，则刀具补偿值无效。

② 说明　系统最多可以同时存储30个刀具补偿数据组。刀具调用后，刀具长度补偿立即生效；如果没有编程D号，则D1值自动生效。先编程的长度补偿先执行，对应的坐标轴也先运行。刀具半径补偿必须与G41/G42一起执行。

（3）补偿存储器

在补偿存储器中有如下内容：几何尺寸、长度和半径。

① 几何尺寸　由许多分量组成：基本尺寸和磨损尺寸。控制器处理这些分量，计算并得到最后尺寸（比如总和长度、总和半径）。在激活补偿存储器时这些最终尺寸有效。

由刀具类型指令和G17、G18指令确定如何在坐标轴中计算出这些尺寸值。

由刀具类型可以确定需要哪些几何参数以及怎样进行计算（钻头或车刀），且仅以百位数的不同进行区分。

类型　$2xy$：钻头；

类型　$5xy$：车刀。

xy可以为任意参数，用户可以根据自己的需要进行设定。

在刀具类型为$5xy$（车刀）时还需给出刀尖位置参数。

② 刀具参数　在DP__的位置上填上相应的刀具参数的数值。适用哪些参数，则取决于刀具类型。不需要的刀具参数填上数值零。刀具参数见表3-10。

在引入中心孔钻削概念时必须转换到G17，钻头的长度补偿为Z轴方向。在钻削结束之后用G18转换回车刀正常的补偿。

⊡ 表3-10　刀具参数

刀具类型	DP1	
刀尖位置	DP2	
	基本尺寸	磨损尺寸
长度1	DP3	DP12
长度2	DP4	DP13
半径	DP6	DP15

3.4.4 SIEMENS 数控系统的基本参数指令

常用参数指令含义见表3-11。

☐ **表3-11 SIEMENS 数控系统的基本参数含义**

地址	含义	赋值	说明
I 指令	插补参数	±0.001~999.999 X轴尺寸螺纹：0.001~200000000	X轴尺寸，在 G2/G3 中为圆心坐标；在 G33 中表示螺距大小
K 指令	插补参数	如 I 指令	Z轴尺寸，在 G2/G3 中为圆心坐标；在 G33 中表示螺距大小
S 指令	主轴转速	0.001~99999.999	主轴单位为 r/min，在 G4 中作为暂停时间
X 指令	坐标轴	±0.001~99999.999	位移信息
Z 指令	坐标轴	±0.001~99999.999	位移信息
STOPRE	停止解码	无	只有在 STOPRE 之前的程序段结束之后才译码下一个程序段
F 指令	进给速度	0.001~999999.999	刀具/工件的进给速度，对应 G94 或 G95，单位：mm/min 或 mm/r
AR	圆弧插补张角	0.00001~359.99999	单位为(°)，参见 G2、G3
CHF	倒角	0.001~999999.999	在两个轮廓间插入给定的倒角
CR	圆弧插补半径	0.010~99999.999	在 G2/G3 中确定圆弧
IX	中间点坐标	±0.001~99999.999	X轴尺寸，参见 G5
KZ	中间点坐标	±0.001~99999.999	Z轴尺寸，参见 G5
RND	倒圆	0.01~99999.999	在两个轮廓间插入过渡圆弧
SF	G33 中螺纹加工切入点	0.001~359.999	G33 中螺纹切入角度偏移量
SPOS	主轴定位	0.0000~359.9999	单位为（°），主轴在给定位置停止
R0~R249	计算参数	±0.0000001~99999999 或指数表示 ±10^{-300}~10^{+300}	R0 ~ R99 可以自由使用，R100 ~ R249 作为加工循环中传送参数

下面介绍几种常用参数及其使用。

（1）SPOS：主轴定位功能

① 前提条件　主轴必须设计成可以进行位置控制运行。

② 功能　SPOS 可以把主轴定位到一个确定的转角位置，然后主轴通过位置控制保持在这一位置。定位运行速度在机床数据中规定。从主轴旋转状态（顺时针旋转/逆时针旋转）进行定位时定位运行方向保持不变；从静止状态进行定位时定位运行按最短位移进行，方向从起始点位置到终点位置。

③ 说明　主轴首次运行时，也就是说，测量系统还没有进行同步时，定位运行方向在机床数据中规定。主轴定位运行可以与同一程序段中的坐标轴运行同时发生。当两种运行都结束以后，此程序段才结束。

（2）倒圆、倒角

① 功能　在一个轮廓拐角处可以插入倒角或倒圆，其指令与加工拐角的轴运动指令一起写入到程序段中。

编程格式：

```
CHF=__  ；插入倒角，数值为倒角长度
RND=__  ；插入倒圆，数值为倒圆半径
```

CHF 在直线轮廓之间、圆弧轮廓之间以及直线轮廓和圆弧轮廓之间切入一直线并倒去棱角。RND 在直线轮廓之间、圆弧轮廓之间以及直线轮廓和圆弧轮廓之间切入一圆弧，圆弧与轮廓进行切线过渡。

② 说明　如果其中一个程序段轮廓长度不够，则在倒圆或倒角时会自动削减编程值。如果几个连续编程的程序段中有不含坐标轴移动指令的程序段，则不可以进行倒角、倒圆。

（3）进给速度 F

① 功能　进给速度 F 是刀具轨迹速度，它是所有移动坐标轴速度的矢量和。坐标轴速度是刀具轨迹速度在坐标轴上的分量。进给速度 F 在 G1、G2、G3、G5 插补方式中生效，并且一直有效，直到被一个新的地址 F 取代为止。

进给速度 F 的单位由 G 功能确定，即 G94 和 G95。

编程格式：

```
G94     ；直线进给速度，单位是 mm/min；
G95     ；旋转进给速度，单位是 mm/r（只有主轴旋转才有意义）。
```

② 说明　对于车床，G94 和 G95 的作用会扩展到恒定切削速度 G96 和 G97 功能，它们还会对主轴转速 S 产生影响。G94 和 G95 更换时要求写入一个新地址 F。

（4）主轴转速 S：旋转方向

① 功能　当机床具有受控主轴时，主轴的转速可以编程在地址 S 下，单位是 r/min。旋转方向与主轴运动起始点和终点通过 M 指令规定（参见"辅助功能 M"）。

```
编程格式：S__
```

提示：在 S 值取整情况下可以去除小数点后面的数据，比如 S270。

② 说明　只有在主轴启动之后，坐标轴才开始运行。如果在程序段中不仅有 M3 或 M4 指令，而且还写有坐标轴运行指令，则 M3 或 M4 指令在坐标轴运行之前生效。

3.4.5　SIEMENS 数控系统的跳转指令集

常见的跳转指令有标记符、绝对跳转和有条件跳转，下面将依次进行介绍。

（1）标记符

① 功能　标记符用于标记程序中所跳转的目标程序段，用跳转功能可以实现程序运行分支。

② 说明　标记符可以自由选取，但必须由 2～8 个字母或数字组成，其中开始两个符号必须是字母或下划线。跳转目标程序段中标记符后面必须为冒号。标记符位于程序段段首。如果程序段有段号，则标记符紧跟着段号。

在一个程序中，标记符不能有其他意义。

（2）绝对跳转

① 功能　NC 程序在运行时，以写入时的顺序执行程序段。

② 说明　程序在运行时可以通过插入程序跳转指令改变执行顺序，跳转目标只能是有标

记符的程序段，此程序段必须位于该程序之内。绝对跳转指令必须占用一个独立的程序段。

编程格式：

| GOTOF | Label; | 向前跳转（程序结束方向） |
| GOTOB | Label; | 向后跳转（程序开始方向） |

Label：所选的标记符。

（3）有条件跳转

① 功能　NC 程序在运行时，以写入时的顺序执行程序段。

② 说明　程序在运行时可以通过插入程序跳转指令改变执行顺序，用 IF 条件语句表示有条件跳转，如果满足跳转条件（也就是值不等于零）则进行跳转。跳转目标只能是有标记符的程序段，此程序段必须位于该程序之内。有条件跳转指令要求一个独立的程序段。

编程格式：

| IF 条件 GOTOF Label; | 向前跳转（程序结束方向） |
| IF 条件 GOTOB Label; | 向后跳转（程序开始方向） |

Label：所选的标记符。

条件：作为条件的计算参数、计算表达式。

比较运算的运算符有如下几种。

==：等于

<>：不等于

>：　大于

<：　小于

>=：大于或等于

<=：小于或等于

比较运算结果有两种，一种为"满足"，一种为"不满足"。"不满足"时运算结果为零。

3.4.6　SIEMENS 数控系统的子程序指令

用子程序编写经常重复进行的加工，比如某一确定的轮廓形状。子程序位于主程序重复的地方，在需要时进行调用、运行。

（1）子程序

子程序的结构与主程序的结构一样，在子程序中也是在最后一个程序段中用 M2 结束子程序运行。子程序结束后返回主程序。除了用 M2 外，还可以用 RET 指令结束子程序。RET 要求占用一个独立的程序段。

为了方便选择某一子程序，必须给子程序取一个程序名。程序名可以自由选取，但必须符合以下规定：开始两个符号必须是字母；其他符号为字母，数字或下划线；最多 16 个字母；没有分隔符。

例如 ZC01 等，即尽可能使其与加工对象要素及特征联系起来，便于管理。另外，在确定子程序名时，为了区别于主程序，还可以使用地址字 L，需要注意的是，其后的值可以有 7 位。

下面介绍常用的子程序调用指令。

（2）子程序调用

在一个程序（主程序和子程序）中，可以直接用程序名调用子程序。子程序调用要求占用一个独立的程序段。编程示例如下。

```
N10 L785;          调用子程序 L785
N20 LRAHMEN7;      调用子程序 LRAHMEN7
```

P 指令：如果要求多次连续地执行某一子程序，则在编程时就必须在所调用子程序的程序名后地址 P 下写明调用次数，最大次数可以为 9999（P1~P9999）。编程示例如下。

```
N10 L785 P3 ;      调用子程序 L785，运行三次
```

3.4.7 SIEMENS 数控系统的循环指令集

常用 SIEMENS 数控系统的循环指令见表 3-12。

▫ 表3-12 常用循环指令

指令	含义	指令	含义
CYCLE81	钻孔循环	CYCLE 93	凹槽切削循环
CYCLE82	锪孔循环	CYCLE 94	退刀槽切削循环
CYCLE 83	深孔钻削	CYCLE 95	毛坯切削循环
CYCLE 84	带补偿夹具切削螺纹	CYCLE 97	螺纹车削循环
CYCLE 85	镗孔		

下面介绍几种常用的指令。

（1）CYCLE93：凹槽切削循环

① 功能　用于切削圆柱形工件上的内外槽加工，可加工纵向和横向分布的、对称的、不对称的凹槽。

调用：CYCLE93（SPD，SPL，WIDG，DIAG，STA1，ANG1，ANG2，RCO1，RCO2，RCI1，RCI2，FAL1，FAL2，IDEP，DTB，VARI）。

具体参数含义见表 3-13。使用示例如图 3-44 所示。

▫ 表3-13 CYCLE93 参数含义

参数	含义	参数	含义
SPD	横向坐标轴 X 的起始点	RCO2	槽沿倒圆/倒角 2，外部，在另一边
SPL	纵向坐标轴 Z 的起始点	RCI1	槽底倒圆/倒角 1，内部：在 SPD 和 SPL 确定的起始点一边
WIDG	切槽宽度	RCI2	槽底倒圆/倒角 2，内部，在另一边
DIAG	切槽深度	FAL1	槽底精加工余量
STA1	轮廓和纵向轴之间的夹角，数值范围 0°~180°	FAL2	侧面精加工余量
ANG1	侧面角 1，在切槽一边，由起始点决定，数值范围 0°~89.999°。在 SPD 和 SPL 确定的起始点一边	IDEP	进给深度
ANG2	侧面角 2，在切槽另一边，由起始点决定，数值范围 0°~89.999°	DTB	槽底停顿时间
RCO1	槽沿倒圆/倒角 1，外部，在 SPD 和 SPL 确定的起始点一边	VARI	加工类型，数值 1~8 和 11~18

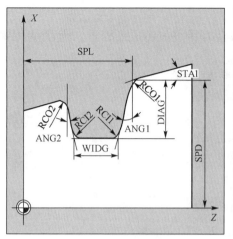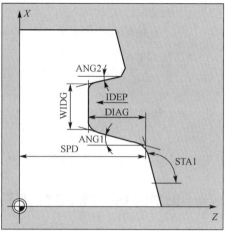

图 3-44 CYCLE93 循环加工槽型及参数

② 循环的时序过程

a. 用 G0 回到循环内部计算出的加工起始点。

b. 切深进给:沿槽深平行方向进行粗加工直至槽底,同时留出精加工余量;每次执行一个 IDEP 切深之后退出 1mm,以便于断屑。

c. 切宽进给:一次切深完成并退出后,在垂直切深进给方向进行切宽进给,其后将重复切深加工过程。

d. 如果在 ANG1 或 ANG2 下编程了角度值,即加工的是斜侧面槽,则分别使用切刀左右两刀尖沿两侧面进行斜侧面粗加工。如果槽宽较大,则分几步沿槽宽进行进给。

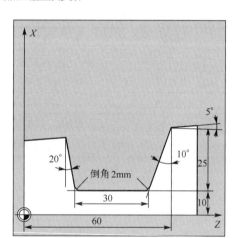

图 3-45 CYCLE93 应用示例

e. 从槽沿到槽中心平行于轮廓,分别以切刀左右两刀尖从槽两侧边到槽中心进行精加工。

③ 编程示例(图 3-45) 使用 CYCLE93 循环进行纵向槽加工,起始点位($X35$,$Z60$)。

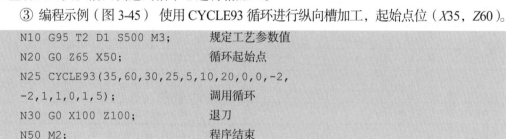

```
N10 G95 T2 D1 S500 M3;          规定工艺参数值
N20 G0 Z65 X50;                 循环起始点
N25 CYCLE93(35,60,30,25,5,10,20,0,0,-2,
-2,1,1,0,1,5);                  调用循环
N30 G0 X100 Z100;               退刀
N50 M2;                         程序结束
```

(2)CYCLE95:毛坯切削循环

① 功能 用于在坐标轴平行方向加工由子程序编程的轮廓,可以实现粗加工、精加工和粗精加工。粗加工时沿轴向加工到轮廓交点处自动清除轮廓余角。精加工时,循环内部可以自动激活刀尖半径补偿。

调用:CYCLE95(NPP,MID,FALZ,FALX,FAL,FF1,FF2,FF3,VARI,DT,DAM,_VRT)。

具体参数含义见表 3-14。

表3-14 CYCLE95 参数含义

参数	含义	参数	含义
NPP	轮廓子程序名称	FF2	进入凹凸切削时的进给速度
MID	切入深度	FF3	精加工进给速度
FALZ	在纵向轴的精加工余量	VARI	加工类型，范围1~12
FALX	在横向轴的精加工余量	DT	粗加工时用于断屑的停顿时间
FAL	也可根据轮廓定义精加工余量	DAM	粗加工因断屑而中断时所经过的路径长度
FF1	非退刀槽加工进给速度	_VRT	粗加工的退刀量

VARI 加工类型如表 3-15 所示。

表3-15 CYCLE95 参数 VARI 的意义

VARI 数字	加工方向	加工部位	加工性质
1	纵向	外部	粗加工
2	横向	外部	粗加工
3	纵向	内部	粗加工
4	横向	内部	粗加工
5	纵向	外部	精加工
6	横向	外部	精加工
7	纵向	内部	精加工
8	横向	内部	精加工
9	纵向	外部	综合加工
10	横向	外部	综合加工
11	纵向	内部	综合加工
12	横向	内部	综合加工

② 循环的时序过程

a. 内部计算出到当前深度的各轴进给量，并用 G0 回到进刀深度。

b. 使用 G1 按 FF1 设定的进给速度切削到轴向粗加工的终点。

c. 使用 G1/G2/G3，按 FF1 设定的进给速度沿轮廓+精加工余量进行平行于轮廓切削。

d. 各轴向使用 G0 退回到_VRT 下编程的退出量。

e. 重复上述过程，直至完成粗加工的最终深度。

③ 编程示例（图 3-46） 使用 CYCLE95 循环进行毛坯切削加工，最大进刀深度 4mm，精加

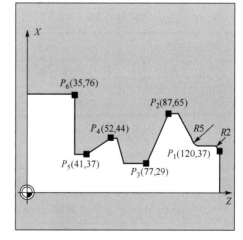

图3-46 CYCLE95 应用示例

工余量 0.4mm，循环选择纵向、外部、综合加工方式，起始点位（X150，Z180）。

```
N10 G95 T2 D1 S500 M3 F04;                         规定工艺参数值
```

第 3 章 数控车床加工编程基础 **069**

```
N20 G0 X150 Z180;                                        循环起始点
N25 CYCLE95("ZCX1",4,,,0.4,0.4,0.3,0.15,9,,,2);          调用循环
N30 G0 X200 Z180;                                        退刀
N50 M2;                                                  主程序结束

ZCX1;                                                    轮廓子程序
N10 G1 X74 Z120;
N20 X37;
N30 G3 X39 Z118 CR=2;
N40 G1 Z103;
N50 G2 X40.7 Z100.63 CR=5;
N60 G1 X65 Z81;
N70 Z65;
N80 X29 Z77;
N90 Z67;
N100 X44 Z47;
N110 Z52;
N120 X37 Z41;
N130 Z35;
N140 X76;
N150 Z0;
N160 X152;
N170 X152;
N180 M2;
```

（3）CYCLE97：螺纹车削循环

① 功能　使用 CYCLE97 可以加工纵向和横向的圆柱或圆锥恒螺距外螺纹和内螺纹，并且既可加工单头螺纹也可以加工多头螺纹。

调用：CYCLE97(PIT, MPIT, SPL, FPL, DM1, DM2, APP, ROP, TDEP, FAL, IANG, NSP, NRC, NID, VARI, NUMT)。

CYCLE97 具体参数含义见表 3-16。

▣ 表 3-16　CYCLE97 参数含义

参数	含义	参数	含义
PIT	螺纹螺距值	TDEP	螺纹深度
MPIT	由螺纹规格派生螺距值	FAL	精加工余量
SPL	螺纹起始点的纵向 Z 坐标	IANG	切深切入角
FPL	螺纹终止点的纵向 Z 坐标	NSP	首圈螺纹起始点偏移
DM1	螺纹起始点直径	NRC	粗加工切削次数
DM2	螺纹终止点直径	NID	停顿次数
APP	空刀导入量	VARI	螺纹加工类型，1~4
ROP	空刀导出量	NUMT	螺纹头数

VARI 加工类型如表 3-17 所示。

VARI 的数值	加工部位	进给方式
1	外部	恒定背吃刀量
2	内部	恒定背吃刀量
3	外部	恒定切削面积
4	内部	恒定切削面积

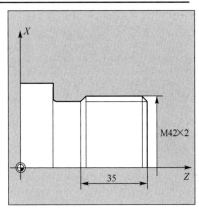

② 循环的时序过程　循环开始之前所到达的位置可以是任意的,但须保证每次从该位置出发无碰撞地回到所编程的螺纹起始点+空刀导入量处进行循环加工时不发生刀具碰撞。

a. 用 G0 回到第一条螺纹线空刀导入量的起始处。

b. 按照参数 VARI 定义的加工类型进行粗加工进刀。

c. 根据编程的粗切削次数重复螺纹切削。

d. 用 G33 切削精加工余量。

e. 根据停顿次数重复此操作。

图 3-47　CYCLE97 应用示例

③ 编程示例(图 3-47)　使用 CYCLE97 循环进行双头螺纹加工,起始点位(X10,Z110)。

```
N10  G95 T2 D1 S500 M3;                                 规定工艺参数值
N20  G0 X110 Z10;                                       循环起始点
N25  CYCLE97(2,0,65,30,42,42,5,5,1.3,0.1,-30,0,5,2,3,2); 调用循环
N30  G0 X110 Z10;                                       退刀
N50  M2;                                                程序结束
```

（4）CYCLE81：钻孔循环

① 功能　刀具以编程的主轴速度和进给速度钻孔,直至到达给定的最终钻削深度。在到达最终钻削深度时可以编程一个停留时间。退刀时以快速移动速度进行。

调用：CYCLE81(RTP,RFP,SDIS,DP,DPR)。

具体参数含义见表 3-18。

□ 表 3-18　CYCLE81 参数含义

参数	含义	参数	含义
RTP	退回平面（绝对平面 G90）	DP	最后钻深（绝对值）
RFP	参考平面（绝对平面 G90）	DPR	相对于参考平面的最后钻孔深度
SDIS	安全距离		

② 循环的时序过程

a. 用 G0 回到安全间隙之前的参考平面处。

b. 按照调用程序段中编程的进给速度以 G1 进行钻削,执行此深度停留时间。

c. 以 G0 退刀,回到退回平面。

③ 编程示例（图 3-48）　使用 CYCLE81 循环钻孔,钻孔轴为 Z 轴。

```
N10 G54 G17 G90;          坐标系定义
N15 S300 M3 T3 D2 F0.2;   工艺参数设定
N20 G1 Z110;              接近返回平面
N25 X40 Y120;             接近初始钻孔
                          位置
N30 CYCLE81(110,100,2,35) ;
                          调用循环
N35 Y30;
N40 CYCLE81(120,110,2,35) ;
                          调用循环
N45 X90;
N50 CYCLE81(120,110,2,65);
                          调用循环
N55 M2;                   程序结束
```

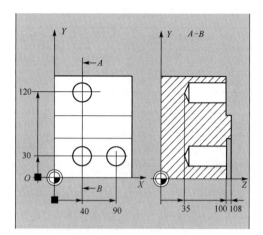

图3-48 CYCLE81 应用示例

（5）CYCLE82：锪孔循环

① 功能　刀具以编程的主轴速度和进给速度钻孔，直至到达给定的最终钻削深度。在到达最终钻削深度时可以编程一个停留时间。退刀时以快速移动速度进行。

调用：CYCLE82(RTP,RFP,SDIS,DP,DPR,DTB)。

具体参数含义见表 3-19。

▣ 表3-19　CYCLE82 参数含义

参数	含义	参数	含义
RTP	退回平面（绝对平面）	DP	最后钻深（绝对值）
RFP	参考平面（绝对平面）	DPR	相对于参考平面的最后钻孔深度
SDIS	安全距离	DTB	在此钻削深度停留时间

② 循环的时序过程

a. 用 G0 回到被提前了一个安全距离量的参考平面处。

b. 按照调用程序段中编程的进给速度以 G1 进行钻削。

c. 执行此深度停留时间。

d. 以 G0 退刀，回到退回平面。

③ 编程示例（图 3-49）　使用 CYCLE82 循环，程序在 *XY* 平面加工深度为 75mm 的孔，在孔底停留时间 2s，钻孔坐标轴方向安全距离为 2mm。循环结束后刀具处于（*X*24，*Z*110）。

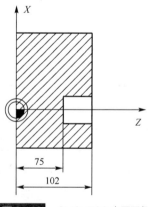

图3-49 CYCLE82 应用示例

```
N10 G0 G18 G90 F500 T2 D1 S500 M4; 规定一些参数值
N20 Z110 X24;                回到钻孔位
N25 CYCLE82(110,102,2,75,0,2);
N30 G1 Z110;
N40 M2;                      程序结束
```

第2篇

车床手动加工实例

CHECHUANG SHOUDONG
JIAGONG SHILI

第4章
FANUC 数控系统车床加工入门实例

本章将通过入门实例，来介绍 FANUC 数控系统的车床加工原理、方法与技巧。

在加工零件之前需要对零件图纸进行工艺分析，选择合适的刀具以便在加工中使用；选择合理的切削用量，以能够在保证精度的前提下，尽量提高生产效益，在数控车床中，通常会把以上的几个需确定的加工因素，用规定的图文形式记录下来，以作为机床操作者的数值依据。

4.1 简单的单头轴

加工如图 4-1 所示的零件，已知采用 $\phi45 \times 90$ 的棒料，材料为 45 钢。

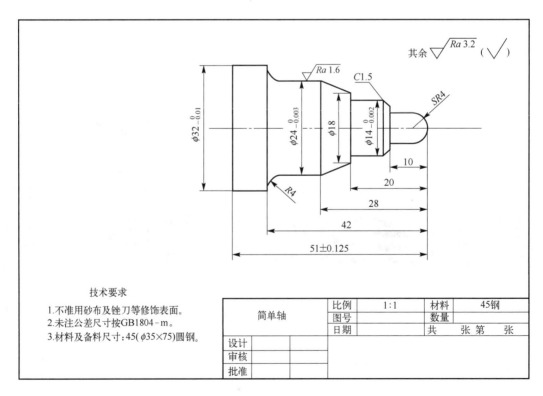

图4-1 简单轴

4.1.1 学习目标与注意事项

（1）学习目标

① 掌握数控车床加工中的快速移动指令 G00、直线插补指令 G01、圆弧插补指令 G02/G03、粗车外圆复合循环指令 G71 和精加工循环指令 G70 等。

② 掌握车床加工中的 G94、G95，设定 F 指令进给量单位。

③ 掌握车床加工中的 T、D 换刀和刀补指令。

（2）注意事项

① 确认车刀安装的刀位和程序中的刀号是否一致。

② 灵活运用修调按钮，调节主轴和进给速度。

③ 为了保证对刀精度，自动加工前，应试切一刀，以检验对刀精度；或粗车后暂停，检查尺寸的精度。

④ 在运行开始时，注意起刀点必须设置在远离工件的安全位置，保持刀具与工件间的距离。

4.1.2 工艺分析与加工方案

（1）分析零件工艺性能

由图 4-1 可看出，该零件外形结构并不复杂，但零件的轨迹精度要求高，其总体结构主要包括锥面、圆柱面、球面等。加工轮廓由直线、圆弧等构成。加工尺寸有公差要求。圆柱面 $\phi24$ 的粗糙度为 $Ra1.6\mu m$，其余面要求为 $Ra3.2\mu m$。尺寸标注完整，轮廓描述清楚。

（2）选用毛坯或明确来料状况

毛坯为圆钢，材料 45 钢，零件材料切削性能较好。

（3）选用数控机床

加工轮廓由直线和圆弧组成，所需刀具不多，用两轴联动数控车床可以成形。

（4）确定装夹方案

① 夹具。对于短轴类零件，用三爪卡盘自定心夹持 $\phi35$ 外圆，使工件伸出卡盘 70mm（应将机床的限位距离考虑进去），共限制 4 个自由度，一次装夹完成粗精加工。三爪自定心卡盘能自动定心，工件装夹后一般不需要找正，装夹效率高。

② 定位基准。三爪卡盘自定心，故以轴线为定位基准。

（5）加工工序

① 装夹毛坯。

② 粗车外圆、圆弧并倒角。

③ 精车外圆、圆弧并倒角至要求尺寸。

④ 切断，保证零件总长。

注意事项：

a. 确认车刀安装的刀位和程序中的刀号一致。

b. 灵活运用修调按钮，调节主轴和进给速度。

c. 为了保证对刀精度，自动加工前，应试切一刀，以检验对刀精度；或粗车后暂停，检查尺寸的精度。

（6）加工工序卡

加工工序卡如表 4-1 所示。

▫ 表4-1　加工工序卡

工步	工步内容	刀号	刀具类型	切削用量			备注
				主轴转速 / (r/min)	进给速度 / (mm/r)	背吃刀量/mm	
1	车端面	T01	75°外圆车刀	500	0.05	—	手动
2	粗车外圆	T01	75°外圆车刀	500	0.2	2	自动
3	精车外圆	T02	90°外圆车刀	1000	0.05	0.25	自动
4	切断	T03	切槽刀	350	0.05	3	自动

（7）工、量、刀具清单

工、量、刀具清单如表 4-2 所示。

▫ 表4-2　工、量、刀具清单

名称	规格	精度	数量
75°外圆车刀	刀尖角 55°，YT15		1
90°外圆车刀	刀尖角 35°，YT15		1
切槽刀	2mm 刀宽		
半径规	$R1 \sim 6.5$mm，$R7 \sim 14.5$mm		1 套
游标卡尺	$0 \sim 150$mm，$0 \sim 150$mm（带表）	0.02mm	各 1
外径千分尺	$0 \sim 25$mm，$25 \sim 50$mm，$50 \sim 75$mm	0.01mm	各 1
紫铜片、垫刀片		0.5mm	若干
粗糙度样板	0.1μm、0.2μm、0.4μm、0.8μm、1.6μm、3.2μm		1

4.1.3　参考程序与注释

程序	注释
O4101；	
N10 M03 S500；	主轴正转 500r/min
N20 T0101；	选用刀具（75°外圆刀）
N30 G00 X40.0 Z5.0 M08；	快速定位到离工件还有 5mm，打开切削液
N40 G71 U2.0 R1.0；	外圆粗车纵向循环指令，每次背吃刀量为 2mm，退刀量为 1.0mm
N50 G71 P60 Q160 U0.5 W0.1 F0.2；	按 N60 ~ N160 指令的精车加工路径，X 向留精加工余量为 0.5mm，Z 向留 0.1mm，进给量 0.2mm/r，粗车加工
N60 G01 X0.0 F0.05；	X 向进给
N70 G01 Z0.0；	Z 向进给到圆弧起点
N80 G03 X8.0 Z–4.0 R4.0；	加工 $SR4$ 球面

程序	注释
N90 G01 Z−10.0;	加工 $\phi 8$ 外圆
N100 X14.0 C1.5;	倒角
N110 Z−20.0;	加工 $\phi 14$ 外圆
N120 X18.0;	加工端面
N130 X24.0 Z−28.0;	加工锥面
N140 Z−38.0;	加工 $\phi 24$ 外圆
N150 G02 X32.0 Z−42.0 R4.0;	加工顺圆
N160 G01 Z−54.0;	加工 $\phi 32$ 外圆
N170 G00 X100.0 Z100.0 T0100;	回换刀点
N180 M00;	程序暂停，可以检查一下粗加工的尺寸等
N190 T0202 M03 S1000;	换 2 号刀，主轴正转
N200 G00 X35.0 Z2.0;	快速点定位
N210 G70 P60 Q160;	精车循环
N220 G00 X100.0 Z100.0 T0200;	回换刀点
N230 M05;	主轴停转
N240 M03 S350;	主轴正转
N250 T0303;	换切断刀 3 号刀
N260 G00 X35.0 Z−54.0;	快速定位到切断位置
N270 G01 X−1.0 F0.05;	切断
N280 G00 X100.0;	刀具回 X 方向安全位置
N290 Z100.0 T0300;	刀具回 Z 方向安全位置
N300 M05 M09	主轴停止、切削液关
N310 M30	程序结束，返回主程序

4.2 简单调头轴

4.2.1 学习目标与注意事项

（1）学习目标

通过一个较为简单的短轴编程加工实例介绍，使读者熟悉程序的结构，掌握基本指令的使用，如程序名、程序内容、程序结束和主轴功能字等。

（2）注意事项

① 确认车刀安装的刀位和程序中的刀号是否一致。

② 灵活运用修调按钮，调节主轴和进给速度。

③ 为了保证对刀精度，自动加工前，应试切一刀，以检验对刀精度；或粗车后暂停，检查尺寸的精度。

④ 在运行开始时，注意起刀点必须设置在远离工件的安全位置，保持刀具与工件间的距离。

4.2.2 工艺分析与加工方案

（1）分析零件工艺性能

由图 4-2 可看出，该零件外形结构并不复杂，但零件的尺寸精度要求高， 其总体结构主要包括锥面、圆柱面、球面等。加工轮廓由直线、圆弧构成。加工尺寸有公差要求。圆柱面 $\phi33$ 的粗糙度为 $Ra1.6\mu m$，其余面要求为 $Ra3.2\mu m$。尺寸标注完整，轮廓描述清楚。

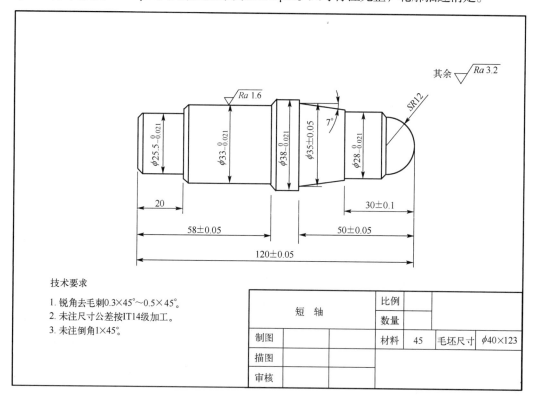

图4-2 短轴

（2）选用毛坯或明确来料状况

毛坯为圆钢，材料 45 钢，零件材料切削性能较好。

（3）选用数控机床

加工轮廓由直线和圆弧组成，所需刀具不多，用两轴联动数控车床可以成形。

（4）确定装夹方案

① 夹具。对于短轴类零件，用三爪卡盘自定心夹持 $\phi40$ 外圆，使工件伸出卡盘 70mm（应将机床的限位距离考虑进去），共限制 4 个自由度，一次装夹完成粗精加工。三爪自定心卡盘能自动定心，工件装夹后一般不需要找正，装夹效率高。

② 定位基准。三爪卡盘自定心，故以轴线为定位基准。

（5）加工工序

① 装夹毛坯。

② 粗加工左侧 $\phi25.5$、$\phi33$、$\phi38$ 台阶（注意，$\phi38$ 的台阶在 Z 方向上应多切削 2mm 左右，以方便后续调头加工）。

③ 精加工左侧台阶。

④ 调头夹持 $\phi33$ 的台阶，台阶面贴在卡爪处。粗加工另一侧台阶。

⑤ 精加工另一侧台阶，保证表面质量及尺寸精度。

（6）加工工序卡

加工工序卡如表 4-3 所示。

▫ 表 4-3 加工工序卡

工步	工步内容	刀号	刀具类型	切削用量			备注
				主轴转速 / (r/min)	进给速度 / (mm/r)	背吃刀量/mm	
1	车端面	T01	90°外圆车刀	1000	0.05	—	手动
2	粗车外圆	T01	90°外圆车刀	800	0.2	1.0	自动
3	精车外圆	T01	90°外圆车刀	1000	0.1	0.2	自动
4	调头，粗加工	T01	90°外圆车刀	800	0.2	1.0	自动
5	精加工	T01	90°外圆车刀	1000	0.1	0.2	自动

（7）工、量、刀具清单

工、量、刀具清单如表 4-4 所示。

▫ 表 4-4 工、量、刀具清单

名称	规格	精度	数量
90°外圆车刀	刀尖角 55°，刀具半径为 0.8mm，刀具方位为 3，T15		1
半径规	$R1\sim6.5$mm，$R7\sim14.5$mm		1 套
游标卡尺	0~150mm，0~150mm（带表）	0.02mm	各 1
外径千分尺	0~25mm，25~50mm，50~75mm	0.01mm	各 1
紫铜片、垫刀片		0.5mm	若干
粗糙度样板/μm	0.1、0.2、0.4、0.8、1.6、3.2		1

4.2.3 参考程序与注释

程序	注释
O0001；	
N10 M03 S800；	主轴正转 800r/min
N20 T0101 M08；	选用刀具（90°外圆刀），切削液打开
N30 G00 X40 Z5；	快速定位到离工件还有 5mm
N40 G71 U1 R0.5；	粗加工 G71：内外径粗车复合循环 U：X 方向进刀量 R：X 方向退刀量
N50 G71 P60 Q150 U0.4 W0 F0.2；	P：精加工第一段程序段号 Q：结束段号 U：X 方向精加工余量 W：Z 方向精加工余量 F：进给速度
N60 G00 X23.5 Z5；	快速移至下刀点
N70 G01 Z0 F0.1 S1000；	精加工转速提升
N80 X25.5 Z−1；	循环开始
N90 Z−20；	
N100 X31；	
N110 X33 Z−21；	
N120 Z−58；	
N130 X36；	
N140 X38 Z−59；	
N150 Z−71；	循环结束
N160 G70 P60 Q150；	精车 P：精加工第一段程序段号 Q：结束段号
N170 G00 X100 Z100；	快速退刀
N180 T0100 M05 M09；	取消刀具补偿，主轴停转，切削液关
N190 M30；	程序停止并返回开头
O0002；	
N10 M03 S800；	主轴正转 800r/min
N20 T0101 M08；	选用刀具（90°外圆刀），打开切削液
N30 G00 X40 Z5；	快速定位到离工件还有 5mm
N40 G71 U1 R0.5；	粗加工 G71：内外径粗车复合循环 U：X 方向进刀量 R：X 方向退刀量
N50 G71 P60 Q130 U0.4 W0 F0.2；	P：精加工第一段程序段号 Q：结束段号 U：X 方向精加工余量 W：Z 方向精加工余量 F：进给速度
N60 G00 X0 Z5；	快速移至下刀点
N70 G01 Z0 F0.1 S1000；	精加工转速提升
N80 G03 X24 Z−12 R12；	循环开始
N90 G01 X28 Z−13；	
N100 Z−30；	
N110 X30.09；	
N120 X35 Z−50；	

程序	注释
N130 X39;	循环结束
N140 G70 P60 Q130;	精车　P：精加工第一段程序段号　Q：结束段号
N150 G00 X100 Z100;	快速退刀
N160 T0100 M05 M09;	取消刀具补偿，主轴停转，切削液关
N170 M30;	程序停止并返回开头

4.3 台阶轴

台阶轴的零件图如图4-3所示。

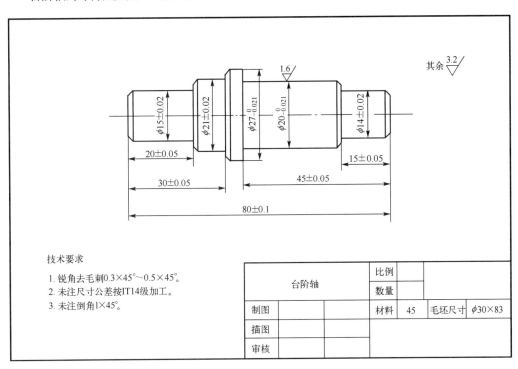

图4-3 台阶轴

4.3.1 学习目标与注意事项

（1）学习目标

熟悉多个台阶轴类零件的编程加工方法，掌握台阶轴的加工工艺与要求，使读者以后遇到类似的情况能够独立解决问题。

（2）注意事项

① 确认车刀安装的刀位和程序中的刀号是否一致。

② 灵活运用修调按钮，调节主轴和进给速度。

③ 为了保证对刀精度，自动加工前，应试切一刀，以检验对刀精度；或粗车后暂停，检查尺寸的精度。

④ 在运行开始时，注意起刀点必须设置在远离工件的安全位置，保持刀具与工件间的距离。

4.3.2　工艺分析与加工方案

（1）分析零件工艺性能

由图 4-3 可看出，该零件外形结构并不复杂，但零件的尺寸精度要求高，其总体结构主要包括锥面、圆柱面、球面等。加工尺寸有公差要求。圆柱面 $\phi 20$ 的粗糙度为 $Ra1.6\mu m$，其余面要求为 $Ra3.2\mu m$。尺寸标注完整，轮廓描述清楚。

（2）选用毛坯或明确来料状况

毛坯为 $\phi 30\times 83$ 圆钢，材料为 45 钢，零件材料切削性能较好。

（3）选用数控机床

加工轮廓由直线和圆弧组成，所需刀具不多，用两轴联动数控车床可以成形。

（4）确定装夹方案

① 夹具。对于短轴类零件，用三爪卡盘自定心夹持 $\phi 30$ 外圆，使工件伸出卡盘 55mm（应将机床的限位距离考虑进去），共限制 4 个自由度，一次装夹完成粗精加工。三爪自定心卡盘能自动定心，工件装夹后一般不需要找正，装夹效率高。

② 定位基准。三爪卡盘自定心，故以轴线为定位基准。

（5）加工工序

① 装夹毛坯。

② 粗加工左侧 $\phi 15$、$\phi 21$、$\phi 27$ 台阶（注意，小于 $\phi 27$ 的台阶在 Z 方向上应多切削 2mm 左右，以方便后续调头加工）。

③ 精加工左侧台阶。

④ 调头夹持直径 $\phi 21$ 的台阶，台阶面贴在卡爪处。粗加工另一侧台阶。

⑤ 精加工另一侧台阶，保证表面质量及尺寸精度。

（6）加工工序卡

加工工序卡如表 4-5 所示。

▫ 表4-5　加工工序卡

工步	工步内容	刀号	刀具类型	切削用量			备注
				主轴转速 /（r/min）	进给速度 /（mm/r）	背吃刀量/mm	
1	车端面	T01	90°外圆车刀	1000	0.05	—	手动
2	粗车外圆	T01	90°外圆车刀	800	0.2	1.0	自动
3	精车外圆	T01	90°外圆车刀	1000	0.1	0.25	自动
4	调头，粗加工	T01	90°外圆车刀	800	0.2	1.0	自动
5	精加工	T01	90°外圆车刀	1000	0.1	0.25	自动

（7）工、量、刀具清单

工、量、刀具清单如表4-6所示。

⊡ **表4-6 工、量、刀具清单**

名称	规格	精度	数量
90°外圆车刀	刀尖角55°，YT15		1
游标卡尺	0～150mm，0～150mm（带表）	0.02mm	各1
外径千分尺	0～25mm，25～50mm，50～75mm	0.01mm	各1
紫铜片、垫刀片		0.5mm	若干
粗糙度样板/μm	0.1、0.2、0.4、0.8、1.6、3.2		1

4.3.3 参考程序与注释

程序	注释
O0001；	
N10 M03 S800；	主轴正转 800r/min
N20 T0101 M08；	选用刀具（90°外圆刀），切削液打开
N30 G00 X30 Z5；	快速定位到离工件还有 5mm
N40 G71 U1 R0.5；	粗加工 G71：内外径粗车复合循环 U：X方向进刀量 R：X方向退刀量
N50 G71 P60 Q130 U0.5 W0 F0.2；	P：精加工第一段程序段号 Q：结束段号 U：X方向精加工余量 W：Z方向精加工余量 F：进给速度
N60 G00 X12 Z5；	快速移至下刀点
N70 G01 Z0 F0.1 S1000；	精加工转速提升
N80 X14 Z-1；	循环开始
N90 Z-15；	
N100 X18；	
N110 X20 Z-16；	
N120 Z-45；	
N130 X27；	循环结束
N140 G70 P60 Q130；	精车 P：精加工第一段程序段号 Q：结束段号
N150 G00 X100 Z100；	快速退刀
N160 T0100 M05 M09；	取消刀具补偿，主轴停转，切削液关
N170 M30；	程序停止并返回开头
O0002；	
N10 M03 S800；	主轴正转 800r/min
N20 T0101 M08；	选用刀具（90°外圆刀），打开切削液
N30 G00 X30 Z5；	快速定位到离工件还有 5mm
N40 G71 U1 R0.5；	粗加工 G71：内外径粗车复合循环 U：X方向进刀量 R：X方向退刀量
N50 G71 P60 Q150 U0.5 W0 F0.2；	P：精加工第一段程序段号 Q：结束段号 U：X方向精加工余量 W：Z方向精加工余量 F：进给速度

程序	注释
N60 G00 X13 Z5;	快速移至下刀点
N70 G01 Z0 F0.1 S1000;	精加工转速提升
N80 X15 Z−1;	循环开始
N90 Z−20;	
N100 X19;	
N110 X21 Z−21;	
N120 Z−30;	
N130 X25;	
N140 X27 Z−31;	
N150 Z−40;	循环结束
N160 G70 P60 Q150;	精车 P：精加工第一段程序段号 Q：结束段号
N170 G00 X100 Z100;	快速退刀
N180 T0100 M05 M09;	取消刀具补偿，主轴停转，切削液关
N190 M30;	程序停止并返回开头

4.4 尖轴

尖轴的零件图如图4-4所示。

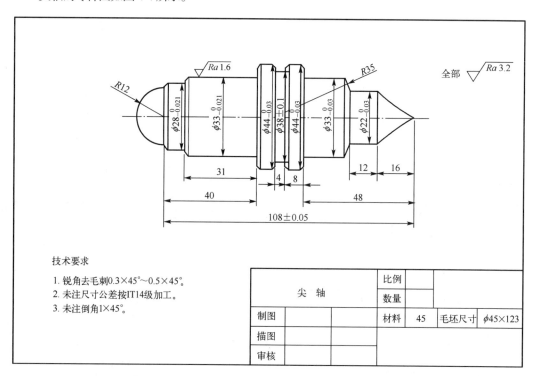

技术要求

1. 锐角去毛刺0.3×45°～0.5×45°。
2. 未注尺寸公差按IT14级加工。
3. 未注倒角1×45°。

尖　轴		比例			
		数量			
制图		材料	45	毛坯尺寸	ϕ45×123
描图					
审核					

图4-4　尖轴

4.4.1　学习目标与注意事项

（1）学习目标

熟悉尖轴零件的编程加工方法，掌握尖轴的加工工艺与要求，重点学习巩固刀具及切削参数的设置。

（2）注意事项

① 确认车刀安装的刀位和程序中的刀号是否一致。

② 灵活运用修调按钮，调节主轴和进给速度。

③ 为了保证对刀精度，自动加工前，应试切一刀，以检验对刀精度；或粗车后暂停，检查尺寸的精度。

④ 在运行开始时，注意起刀点必须设置在远离工件的安全位置，保持刀具与工件间的距离。

4.4.2　工艺分析与加工方案

（1）分析零件工艺性能

由图 4-4 可看出，该零件外形结构并不复杂，但零件的尺寸精度要求高，其总体结构主要包括锥面、圆柱面、球面等。加工尺寸有公差要求。圆柱面 $\phi33$ 的粗糙度为 $Ra1.6\mu m$，其余面要求为 $Ra3.2\mu m$。尺寸标注完整，轮廓描述清楚。

（2）选用毛坯或明确来料状况

毛坯为圆钢，材料 45 钢，零件材料切削性能较好。

（3）选用数控机床

加工轮廓由直线和圆弧组成，所需刀具不多，用两轴联动数控车床可以成形。

（4）确定装夹方案

① 夹具。对于尖轴类零件，用三爪卡盘自定心夹持 $\phi45$ 外圆，使工件伸出卡盘 60mm（应将机床的限位距离考虑进去），共限制 4 个自由度，一次装夹完成粗精加工。三爪自定心卡盘能自动定心，工件装夹后一般不需要找正，装夹效率高。

② 定位基准。三爪卡盘自定心，故以轴线为定位基准。

（5）加工工序

① 装夹毛坯。

② 粗加工左侧 $\phi28$、$\phi33$、$\phi44$ 台阶（注意，$\phi44$ 的台阶在 Z 方向上应多切削 2mm 左右，以方便后续调头加工）。

③ 精加工左侧台阶。

④ 切槽。

⑤ 调头夹持 $\phi33$ 的台阶，台阶面贴在卡爪处。粗加工另一侧台阶。

⑥ 精加工另一侧台阶，保证表面质量及尺寸精度。

（6）加工工序卡

加工工序卡如表 4-7 所示。

▣ 表4-7 加工工序卡

工步	工步内容	刀号	刀具类型	切削用量			备注
				主轴转速 / (r/min)	进给速度 / (mm/r)	背吃刀量/mm	
1	车端面	T01	90°外圆端面车刀	1000	0.05	—	手动
2	粗车外圆	T01	90°外圆端面车刀	800	0.2	1.0	自动
3	精车外圆	T01	90°外圆端面车刀	1000	0.1	0.25	自动
4	调头，粗加工	T01	90°外圆端面车刀	800	0.2	1.0	自动
5	精加工	T01	90°外圆端面车刀	1000	0.1	0.25	自动
6	切槽	T02	槽宽为4mm的切槽刀	350	0.05		自动

（7）工、量、刀具清单

工、量、刀具清单如表4-8所示。

▣ 表4-8 工、量、刀具清单

名称	规格	精度	数量
90°外圆车刀	刀尖角55°，YT15		1
半径规	R1~6.5mm，R7~14.5mm		1套
游标卡尺	0~150mm，0~150mm（带表）	0.02mm	各1
外径千分尺	0~25mm，25~50mm，50~75mm	0.01mm	各1
紫铜片、垫刀片		0.5mm	若干
粗糙度样板/μm	0.1、0.2、0.4、0.8、1.6、3.2		1

4.4.3　参考程序与注释

程序	注释
O0001;	
N10 M03 S800;	主轴正转800r/min
N20 T0101 M08;	选用刀具（90°外圆刀），切削液打开
N30 G00 X45 Z5;	快速定位离工件还有5mm
N40 G71 U1 R0.5;	粗加工　G71：内外径粗车复合循环　U：X方向进刀量　R：X方向退刀量
N50 G71 P60 Q170 U0.5 W0 F0.2;	P：精加工第一段程序段号　Q：结束段号　U：X方向精加工余量　W：Z方向精加工余量　F：进给速度
N60 G00 X0;	快速移至下刀点
N70 G01 Z0 F0.1 S1000;	精加工转速提升
N80 G03 X24 Z-12 R12;	循环开始
N90 G01 X26;	
N100 X28 Z-13;	
N110 Z-21;	

程序	注释
N120 X31;	
N130 X33 Z-22;	
N140 Z-52;	
N150 X42;	
N160 X44 Z-53;	
N170 Z-68;	循环结束
N180 G70 P60 Q170;	精车　P：精加工第一段程序段号　Q：结束段号
N190 G00 X100 Z100;	快速退刀
N200 T0100 M05 M09;	取消刀具补偿，主轴停转，切削液关
N210 M30;	程序停止并返回开头
O0002;	
N10 M03 S800;	主轴正转 800r/min
N20 T0101 M08;	选用刀具（90°外圆刀），切削液打开
N30 G00 X45 Z5;	快速定位到离工件还有 5mm
N40 G71 U1 R0.5;	粗加工　G71：内外径粗车复合循环　U：X方向进刀量　R：X方向退刀量
N50 G71 P60 Q140 U0.5 W0 F0.2;	P：精加工第一段程序段号　Q：结束段号　U：X方向精加工余量　W：Z方向精加工余量　F：进给速度
N60 G00 X0;	快速移至下刀点
N70 G01 Z0 F0.1 S1000;	精加工转速提升
N80 G01 X22 Z-16;	循环开始
N90 G01 Z-28;	
N100 G03 X33 Z-30.359 R35;	
N110 G01 Z-48;	
N120 X42;	
N130 X44 Z-49;	
N140 Z-72;	循环结束
N150 G70 P60 Q140;	精车　P：精加工第一段程序段号　Q：结束段号
N160 G00 X100 Z100;	快速退刀
N170 T0100;	取消刀具补偿
N180 T0202;	换至 2 号割槽刀
N190 M03 S350;	转速降至 350r/min
N200 G00 X45 Z-60;	快速定位至割槽部分
N210 G01 X38 F0.05;	进刀　进给速度调到 F0.05
N220 X45 F0.5;	退刀　进给速度可快些　调到 F0.5
N230 Z-61;	
N240 X44 F0.05;	进刀
N250 X38 Z-60;	

程序	注释
N260 X45 F0.5;	退刀
N270 Z–58;	
N280 X44 F0.05;	进刀
N290 X38 Z–60;	
N300 X45 F0.5;	退刀
N310 G00 X100 Z100;	快速将刀移至离工件 X100、Z100 的位置
N320 T0200 M05 M09;	取消刀具补偿，主轴停转，切削液关
N330 M30;	程序停止并返回开头

4.5 带内孔的简单轴

加工图 4-5 所示零件。毛坯为 $\phi40$ 的棒料，已钻好底孔 $\phi26$（孔深 50mm）。

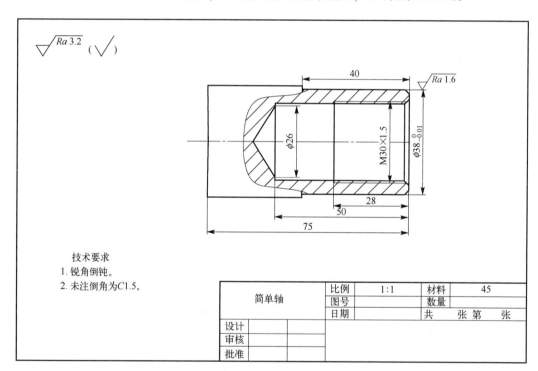

图4-5 带内孔的简单轴零件图

4.5.1 学习目标与注意事项

（1）学习目标

① 掌握数控车床加工中的快速移动指令 G00、直线插补指令 G01、粗车外圆复合循环指

令 G71 和精加工循环指令 G70 等。

②掌握车床加工中的螺纹加工指令 G92。

③掌握车床加工中的刀补指令。

（2）注意事项

① 确认车刀安装的刀位和程序中的刀号是否一致。

② 灵活运用修调按钮，调节主轴和进给速度。

③ 为了保证对刀精度，自动加工前，应试切一刀，以检验对刀精度；或粗车后暂停，检查尺寸的精度。

④ 在运行开始时，注意起刀点必须设置在远离工件的安全位置，保持刀具与工件间的距离。

4.5.2　工艺分析与加工方案

（1）分析零件工艺性能

由图 4-5 可看出，尺寸标注完整，轮廓描述清楚。该零件由外圆柱面、内孔、内螺纹及倒角构成，其中 $\phi38$ 外圆柱面直径处加工精度较高，并需加工 M30×1.5 的内螺纹。圆柱面 $\phi28$ 的粗糙度为 $Ra1.6\mu m$，其余面要求为 $Ra3.2\mu m$。

（2）选用毛坯或明确来料状况

毛坯为圆钢，材料 45 钢，零件材料切削性能较好。

（3）选用数控机床

加工轮廓由直线、螺纹组成，所需刀具不多，用两轴联动数控车床可以成形。

（4）确定装夹方案

① 夹具。对于短轴类零件，用三爪卡盘自定心夹持 $\phi40$ 外圆，使工件伸出卡盘 65mm（应将机床的限位距离考虑进去），共限制 4 个自由度，一次装夹完成粗精加工。三爪自定心卡盘能自动定心，工件装夹后一般不需要找正，装夹效率高。

② 定位基准。三爪卡盘自定心，故以轴线为定位基准。

（5）加工工序

① 装夹毛坯，手动平端面。

② 粗车外圆并倒角。

③ 精车外圆并倒角至要求尺寸。

④ 粗镗内轮廓。

⑤ 精镗内轮廓。

⑥ 车 M30 螺纹。

（6）加工工序卡

数控加工工序卡如表 4-9 所示。

◻ 表 4-9　数控加工工序卡

工步	工步内容	刀号	刀具类型	切削用量			备注
				主轴转速 / (r/min)	进给速度 / (mm/r)	背吃刀量 /mm	
1	平端面	T01	75°外圆车刀	1000	0.1		手动
2	打中心孔	T02	$\phi5mm$ 的中心钻	800	0.1	3	手动

工步	工步内容	刀号	刀具类型	切削用量			备注
				主轴转速 / (r/min)	进给速度 / (mm/r)	背吃刀量 /mm	
3	钻底孔	T03	ϕ26mm 的麻花钻	500			手动
4	粗车外轮廓	T01	75°外圆车刀	500	0.2	2.0	自动
5	精车外轮廓	T02	90°外圆车刀	1200	0.05	0.25	自动
6	粗镗内轮廓	T03	粗镗孔刀	400	0.1	0.5	自动
7	精镗内轮廓	T04	精镗孔刀	1200	0.05	0.1	自动
8	车 M30 螺纹	T05	内螺纹刀	400	1.5	0.1	自动

（7）　工、量具清单

工、量具清单如表 4-10 所示。

▣ 表 4-10　工、量具清单

名称	规格	精度	数量
中心钻	ϕ5mm		1 把
麻花钻	ϕ20mm		1 把
75°外圆车刀	YT15		1
90°外圆车刀	YT15		1
镗刀	ϕ20 mm×25mm		1 把
内螺纹刀	60°		
百分表及架子	0~10mm	0.01mm	1
游标卡尺	0~150mm, 0~150mm（带表）	0.02mm	各 1
外径千分尺	0~25mm, 25~50mm, 50~75mm	0.01mm	各 1
内径量表	18~35mm	0.01mm	1
螺纹塞规	M30	2 级	1
垫刀片			若干
粗糙度样板/μm	0.1、0.2、0.4、0.8、1.6、3.2		1

4.5.3　参考程序与注释

程序	注释
O4101；	
N10 M03 S500；	主轴正转 500r/min
N20 T0101；	选用刀具（75°外圆刀）
N30 G00 X42.0 Z2.0 M08；	快速定位到离工件还有 5mm，打开切削液
N40 G71 U2.0 R0.5；	外圆粗车循环背吃刀量 2mm，退刀量 0.5mm
N50 G71 P60 Q100 U0.5 W0.05 F0.2；	按 N50~N90 指定的精加工路径，X 向留精加工余量为 0.5mm，Z 向留精加工余量为 0.05mm，进给量 0.2mm/r，进行粗车循环加工
N60 G42 G01 X35.0 F0.05；	X 向进给
N70 G01Z0；	精加工轮廓起点

续表

程序	注释
N80 X38.0 C1.5;	倒角
N90 Z–40.0;	车外圆
N100 X42.0;	X向退刀
N110 G00 X100.0 Z100.0 T0100;	快速移动到换刀点
N120 M05;	主轴停转
N130 M00;	加工锥面
N140 T0202;	换2号刀
N150 M03 S1200;	主轴正转
N160 G00 X40.0 Z2.0 M08;	快速进刀，切削液开
N170 G70 P60 Q100;	精车循环
N180 G40 G00 X100.0 Z100.0 T0200;	快速移动到换刀点
N190 M05;	主轴停转
N200 T0303 M03 S400;	换3号镗孔刀，主轴正转
N210 G00 X24.0 Z2.0;	快速进刀至循环起点
N220 G71 U0.5 R0.3;	粗车（内孔）循环，背吃刀量0.5mm，退刀量0.3mm
N230 G71 P240 Q280 U–0.2 W0.05 F0.1;	按N240~N270指定的精加工路径，X向留精加工余量为0.2mm，Z向留精加工余量为0.05mm，进给量0.1mm/r，进行粗车循环加工
N240 G41 G00 X24.0;	快速进刀
N250 G01 Z0 F0.05;	以进给量0.05mm/r进给到镗孔起点
N260 X28.55 C1.5;	倒角
N270 Z–50.0;	车内孔
N280 X24.0;	退刀
N290 G00 Z100.0;	刀具回Z方向安全位置
N300 X100.0 T0300;	刀具回X方向安全位置
N310 M05;	主轴停转
N320 M00;	加工锥面
N330 T0404;	换4号刀，精镗内轮廓
N340 M03 S1200;	主轴正转
N350 G00 X24.0 Z2.0 M08;	快速进刀，切削液开
N360 G70 P240 Q280;	精车循环
N370 G40 G00 Z100.0;	Z轴快速回换刀点
N380 X100 T0400 M05;	X轴快速回换刀点
N390 T0505 M03 S400;	换05号螺纹刀，主轴正转400r/min
N400 G00 X26.0 Z7.0;	快速进刀至螺纹循环起点
N410 G92 X28.85 Z–28.0 F1.5;	第一刀切螺纹
N420 X29.45;	第二刀切螺纹
N430 X29.85;	第三刀切螺纹
N440 X30.0;	第四刀切螺纹
N440 X30.0;	螺纹精加工
N450 G00 X100 Z100 T0500;	回换刀点

程序	注释
N300 M05 M09；	主轴停止、切削液关
N310 M30；	程序结束，返回主程序

4.6 球头轴

球头轴的零件图如图4-6所示。

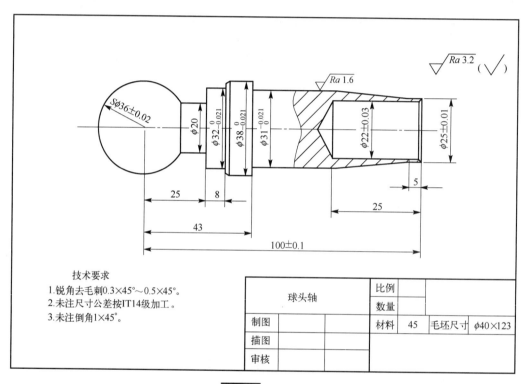

图4-6 球头轴

4.6.1 学习目标与注意事项

（1）学习目标

熟悉球头轴类零件的编程加工方法，掌握球头轴的加工工艺与要求，认真理解其加工程序与详细注释。

（2）注意事项

① 确认车刀安装的刀位和程序中的刀号是否一致。

② 灵活运用修调按钮，调节主轴和进给速度。

③ 为了保证对刀精度，自动加工前，应试切一刀，以检验对刀精度；或粗车后暂停，检查尺寸的精度。

④ 在运行开始时，注意起刀点必须设置在远离工件的安全位置，保持刀具与工件间的距离。

4.6.2　工艺分析与加工方案

（1）分析零件工艺性能

由图 4-6 可看出，该零件外形结构并不复杂，但零件的尺寸精度要求高，其总体结构主要包括锥面、圆柱面、球面等。加工尺寸有公差要求。圆柱面 $\phi31$ 的粗糙度为 $Ra1.6\mu m$，其余面要求为 $Ra3.2\mu m$。尺寸标注完整，轮廓描述清楚。

（2）选用毛坯或明确来料状况

毛坯为 $\phi40 \times 123$ 圆钢，材料 45 钢，零件材料切削性能较好。

（3）选用数控机床

加工轮廓由直线和圆弧组成，所需刀具不多，用两轴联动数控车床可以成形。

（4）确定装夹方案

① 夹具。对于尖轴类零件，用三爪卡盘自定心夹持 $\phi40$ 外圆，使工件伸出卡盘 65mm（应将机床的限位距离考虑进去），共限制 4 个自由度，一次装夹完成粗精加工。三爪自定心卡盘能自动定心，工件装夹后一般不需要找正，装夹效率高。

② 定位基准。三爪卡盘自定心，故以轴线为定位基准。

（5）加工工序

① 装夹毛坯。

② 平端面。

③ 打中心孔。

④ 钻 $\phi20$ 的底孔。

⑤ 镗孔 $\phi22$。

⑥ 粗加工右侧 $\phi25$、$\phi32$、$\phi38$ 台阶（注意，$\phi38$ 的台阶在 Z 方向上应多切削 2mm 左右，以方便后续调头加工）。

⑦ 精加工右侧台阶。

⑧ 调头夹持 $\phi31$ 的台阶，台阶面贴在卡爪处。粗加工零件的左侧。

⑨ 精加工零件的左侧，保证表面质量及尺寸精度。

（6）加工工序卡

加工工序卡如表 4-11 所示。

◻ 表4-11　加工工序卡

工步	工步内容	刀号	刀具类型	切削用量			备注
				主轴转速 / (r/min)	进给速度 / (mm/r)	背吃刀量 /mm	
1	车端面	T01	30°机夹车刀	1000	0.05	—	手动
2	打中心孔	T02	$\phi5mm$ 的中心钻	800	0.1	3	手动
3	钻底孔	T03	$\phi20mm$ 的麻花钻	500		2	手动
4	粗镗孔	T04	镗刀	800	0.1	1	自动
5	精镗孔	T04	镗刀	1000	0.08	0.15	自动
6	粗车右侧外轮廓	T01	30°机夹车刀	800	0.2	1.0	自动
7	精车右侧外轮廓	T01	30°机夹车刀	1000	0.1	0.25	自动

工步	工步内容	刀号	刀具类型	切削用量			备注
				主轴转速 /（r/min）	进给速度 /（mm/r）	背吃刀量 /mm	
8	调头，粗加工左侧外轮廓	T01	30°机夹车刀	800	0.2	1.43	自动
9	精加工左侧外轮廓	T01	30°机夹车刀	1000	0.1	0.25	自动

（7）工、量、刀具清单

工、量、刀具清单如表 4-12 所示。

⊡ 表 4-12 工、量、刀具清单

名称	规格	精度	数量
中心钻	φ5mm		1 把
麻花钻	φ20mm		1 把
镗刀	φ22mm×25mm		1 把
30°机夹车刀			1 把
半径规	R1~6.5mm，R7~14.5mm		1 套
游标卡尺	0~150mm，0~150mm（带表）	0.02mm	各 1
外径千分尺	0~25mm，25~50mm，50~75mm	0.01mm	各 1
紫铜片、垫刀片	0.5mm		若干
粗糙度样板/μm	0.1、0.2、0.4、0.8、1.6、3.2		1

4.6.3 参考程序与注释

程序	注释
O0001；	
N10 M03 S800；	主轴正转 转速 800r/min
N20 T0404 M08；	选用 4 号镗孔刀，切削液打开
N30 G00 X20 Z5；	快速定位到离工件还有 5mm
N40 G71 U1 R0.5；	粗加工 G71：内外径粗车复合循环 U：X 方向进刀量 R：X 方向退刀量
N50 G71 P60 Q90 U−0.3 W0 F0.1；	P：精加工第一段程序段号 Q：结束段号 U：X 方向精加工余量 W：Z 方向精加工余量 F：进给速度
N60 G00 X24；	快速移至下刀点
N70 G01 Z0 F0.08 S1000；	精加工转速提升 因为是镗孔，刀具本身是进入工件里面，所以进给调至 F0.08
N80 X22 Z−1；	循环开始
N90 Z−25；	循环结束
N100 G70 P60 Q90；	精车 P：精加工第一段程序段号 Q：结束段号
N110 G00 X100 Z100；	快速退刀
N120 T0400；	取消刀具补偿
N130 T0101；	换至 1 号 30°机夹刀

程序	注释
N140 G00 X40 Z5;	快速定位到离工件还有 5mm
N150 G71 U1 R0.5;	粗加工　G71：内外径粗车复合循环　U：X方向进刀量　R：X方向退刀量
N160 G71 P170 Q230 U0.5 W0 F0.2;	P：精加工第一段程序段号　Q：结束段号　U：X方向精加工余量　W：Z方向精加工余量　F：进给速度
N170 G00 X25;	快速移至下刀点
N180 G01 Z0 F0.1 S1000;	精加工转速提升
N190 Z-5;	循环开始
N200 X31 Z-25;	
N210 Z-57;	
N220 X38;	
N230 Z-66;	循环结束
N240 G70 P170 Q230;	精车　P：精加工第一段程序段号　Q：结束段号
N250 G00 X100 Z100;	快速退刀
N260 T0100 M05 M09;	取消刀具补偿，主轴停转，切削液关
N270 M30;	程序停止并返回开头
O0002;	
N10 M03 S800;	主轴正转 800r/min
N20 T0101 M08;	选用 1 号 30° 机夹刀，切削液打开
N30 G00 X40 Z5;	快速定位到离工件还有 5mm
N40 G73 U10 W0 R7;	G73：轮廓粗加工复合循环　U：X方向总退刀量=（毛坯-加工最小尺寸）/2　W：Z方向总退刀量=0　R：粗切循环次数
N50 G73 P60 Q130 U0.5 W0.1 F0.2;	P：精加工第一段程序段号　Q：结束段号　U：X方向精加工余量　W：Z方向精加工余量　F：进给速度
N60 G00 X0;	快速移至下刀点
N70 G01 Z0 F0.1 S1000;	精加工转速提升
N80 G03 X20 Z-32.967 R8;	循环开始
N90 G01 Z-43;	
N100 X32;	
N110 Z-51;	
N120 X36;	
N130 X38 Z-53;	循环结束
N140 G70 P60 Q130;	精车　P：精加工第一段程序段号　Q：结束段号
N150 G00 X100 Z100;	快速退刀
N160 T0100 M05 M09;	取消刀具补偿，主轴停转，切削液关
N170 M30;	程序停止并返回开头

4.7　槽轴

槽轴的零件图如图 4-7 所示。

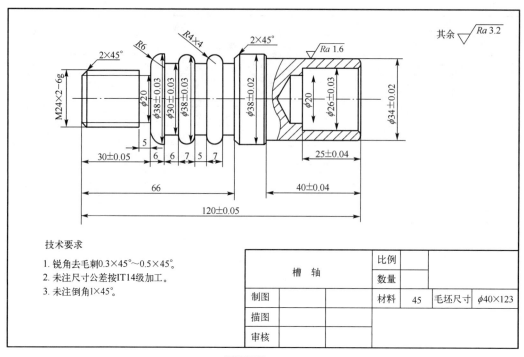

技术要求

1. 锐角去毛刺0.3×45°～0.5×45°。
2. 未注尺寸公差按IT14级加工。
3. 未注倒角1×45°。

槽　轴		比例		
		数量		
制图		材料	45	毛坯尺寸 $\phi40\times123$
描图				
审核				

图 4-7　槽轴

4.7.1　学习目标与注意事项

（1）学习目标

掌握具有多个槽的轴类零件的编程加工方法，熟悉其加工工艺与设置过程。

（2）注意事项

① 确认车刀安装的刀位和程序中的刀号是否一致。

② 灵活运用修调按钮，调节主轴和进给速度。

③ 为了保证对刀精度，自动加工前，应试切一刀，以检验对刀精度；或粗车后暂停，检查尺寸的精度。

④ 在运行开始时，注意起刀点必须设置在远离工件的安全位置，保持刀具与工件间的距离。

4.7.2　工艺分析与加工方案

（1）分析零件工艺性能

由图 4-7 可看出，该零件外形结构并不复杂，但零件的尺寸精度要求高，其总体结构主要包括锥面、圆柱面、槽、圆弧面、螺纹等。加工尺寸有公差要求。圆柱面 $\phi34$ 的粗糙度为 $Ra1.6\mu m$，其余面要求为 $Ra3.2\mu m$。尺寸标注完整，轮廓描述清楚。

（2）选用毛坯或明确来料状况

毛坯为 $\phi40\times123$ 圆钢，材料 45 钢，零件材料切削性能较好。

（3）选用数控机床

加工轮廓由直线和圆弧组成，用两轴联动数控车床可以成形。

（4）确定装夹方案

① 夹具。对于槽轴类零件，用三爪卡盘自定心夹持 $\phi40$ 外圆，使工件伸出卡盘 85mm（应将机床的限位距离考虑进去），共限制 4 个自由度，一次装夹完成粗精加工。三爪自定心卡盘能自动定心，工件装夹后一般不需要找正，装夹效率高。

② 定位基准。三爪卡盘自定心，故以轴线为定位基准。

（5）加工工序

① 装夹毛坯。

② 平端面。

③ 打中心孔。

④ 钻 $\phi20$ 的底孔。

⑤ 镗孔 $\phi26$。

⑥ 粗加工右侧 $\phi34$、$\phi38$ 台阶（注意，$\phi38$ 的台阶在 Z 方向上应多切削 2mm 左右，以方便后续调头加工）。

⑦ 精加工右侧。

⑧ 调头夹持 $\phi34$ 的台阶，台阶面贴在卡爪处。粗加工零件的左侧。

⑨ 精加工左侧 $\phi24$、$\phi38$ 台阶。

⑩ 切槽、倒角、倒圆。

⑪ 车削螺纹 M24 × 2-6g。

⑫ 保证表面质量及尺寸精度。

（6）加工工序卡

加工工序卡如表 4-13 所示。

□ 表 4-13 加工工序卡

工步	工步内容	刀号	刀具类型	切削用量			备注
				主轴转速 / (r/min)	进给速度 / (mm/r)	背吃刀量/mm	
1	车端面	T01	90° 外圆车刀	1000	0.05	—	手动
2	打中心孔	T02	$\phi5$mm 的中心钻	800	0.1	3	手动
3	钻底孔	T03	$\phi20$mm 的麻花钻	500			手动
4	粗镗孔	T04	镗刀	800	0.1	1	自动
5	精镗孔	T04	镗刀	1000	0.08	0.15	自动
6	粗车右侧外轮廓	T01	90° 外圆车刀	800	0.2	1.0	自动
7	精车右侧外轮廓	T01	90° 外圆车刀	1000	0.1	0.5	自动
8	调头，粗加工左侧外轮廓	T01	90° 外圆车刀	800	0.2	1	自动
9	精加工左侧外轮廓	T01	90° 外圆车刀	1000	0.1	0.25	自动
10	切槽、倒角、倒圆	T05	4mm 切槽刀	350	0.05		自动
11	切螺纹	T06	螺纹刀	350	2		自动

（7）工、量、刀具清单

工、量、刀具清单如表 4-14 所示。

☑ **表4-14 工、量、刀具清单**

名称	规格	精度	数量
中心钻	ϕ5mm		1 把
麻花钻	ϕ20mm，118°		1 把
镗刀	ϕ26mm×25mm		1 把
90°外圆车刀	刀尖角55°，刀具半径为0.8mm，刀具方位为3，YT15		1 把
切槽刀	刀宽为4mm的切槽刀		1 把
螺纹刀	60°螺纹刀		1 把
半径规	R1~6.5mm，R7~14.5mm		1 套
游标卡尺	0~150mm，0~150mm（带表）	0.02mm	各1
外径千分尺	0~25mm，25~50mm，50~75mm	0.01mm	各1
紫铜片、垫刀片	0.5mm		若干
粗糙度样板/μm	0.1、0.2、0.4、0.8、1.6、3.2		1

4.7.3 参考程序与注释

程序	注释
O0001；	
N10 M03 S800；	主轴正转800r/min
N20 T0404 M08；	选用4号镗孔刀，切削液打开
N30 G00 X20 Z5；	快速定位到离工件还有5mm
N40 G71 U1 R1；	粗加工 G71：内外径粗车复合循环 U：X方向进刀量 R：X方向退刀量
N50 G71 P60 Q100 U−0.3 W0 F0.1；	P：精加工第一段程序段号 Q：结束段号 U：X方向精加工余量 W：Z方向精加工余量 F：进给速度
N60 G00 X32；	快速移至下刀点
N70 G01 Z0 F0.08 S1000；	精加工转速提升 因为是镗孔，刀具本身是进入工件里面，所以进给调至F0.08
N80 X26 Z−1；	循环开始
N90 Z−25；	
N100 X20；	循环结束
N110 G70 P60 Q100；	精车 P：精加工第一段程序段号 Q：结束段号
N120 G00 X100 Z100；	快速退刀
N130 T0400；	取消刀具补偿
N140 T0101；	换至1号90°外圆刀
N150 G00 X40 Z5 S800；	快速定位到离工件还有5mm，主轴转速为800r/min
N160 G71 U1 R0.5；	粗加工 G71：内外径粗车复合循环 U：X方向进刀量 R：X方向退刀量

程序	注释
N170 G71 P180 Q240 U0.5 W0 F0.2;	P：精加工第一段程序段号　Q：结束段号　U：X 方向精加工余量　W：Z 方向精加工余量　F：进给速度
N180 G00 X32;	快速移至下刀点
N190 G01 Z0 F0.1 S1000;	精加工转速提升
N200 G00 X34 Z−1;	循环开始
N210 Z−40;	
N220 X36;	
N230 X38 Z−41;	
N240 Z−55;	循环结束
N250 G70 P180 Q240;	精车　P：精加工第一段程序段号　Q：结束段号
N260 G00 X100 Z100;	快速退刀
N270 T0100 M05 M09;	取消刀具补偿，主轴停转，切削液关
N280 M30;	程序停止并返回开头
O0002；	
N10 M03 S800;	主轴正转 800r/min
N20 T0101;	选用刀具（90° 外圆刀）
N30 G00 X40 Z5;	快速定位到离工件还有 5mm
N40 G71 U1 R0.5;	粗加工　G71：内外径粗车复合循环　U：X 方向进刀量　R：X 方向退刀量
N50 G71 P60 Q90 U0.5 W0 F0.2;	P：精加工第一段程序段号　Q：结束段号　U：X 方向精加工余量　W：Z 方向精加工余量　F：进给速度
N60 G00 X23.8;	快速移至下刀点
N70 G01 Z0 F0.1 S1000;	精加工转速提升
N80 X24 Z−1;	循环开始
N90 Z−30;	循环结束
N100 G70 P60 Q90;	精车　P：精加工第一段程序段号　Q：结束段号
N110 G00 X100 Z100;	快速退刀
N120 T0100;	取消刀具补偿
N130 T0505;	换至 5 号 4mm 割槽刀
N135 M03 S350;	转速降至 350r/min
N140 G00 X27 Z−30;	快速定位至割槽部分
N150 G01 X20 F0.05;	进刀　进给速度调到 F0.05
N160 X27 F0.5;	退刀　进给速度可快些　调到 F0.5
N170 Z−29;	
N180 X20 F0.05;	进刀
N190 X39 F0.5;	退刀
N200 Z−42;	

程序	注释
N210 X30 F0.05;	进刀
N220 X39 F0.5;	退刀
N230 Z−40;	
N240 X30 F0.05;	进刀
N250 X39 F0.5;	退刀
N260 Z−54;	
N270 X30 F0.05;	进刀
N280 X39 F0.5;	退刀
N290 Z−53;	
N300 X30 F0.05;	进刀
N310 X39 F0.5;	退刀
N320 Z−66;	
N340 X30 F0.05;	进刀
N350 X39 F0.5;	退刀
N360 Z−65;	
N370 X30 F0.05;	进刀
N380 X40 F0.5;	退刀
N390 Z−68;	
N395 X38 F0.05;	进刀
N400 X30 Z−66;	倒角
N410 X40 F0.5;	退刀
N420 Z−57.5;	
N430 G02 X30 Z−54 R4;	倒圆
N440 G01 X40 F0.5;	退刀
N450 G03 X30 Z−61 R4;	倒圆
N460 G01 X40 F0.5;	退刀
N470 Z−45.5;	
N480 G02 X30 Z−41 R4;	倒圆
N490 G01 X40 F0.5;	退刀
N500 Z−45.5;	
N510 G03 X30 Z−49 R4;	倒圆
N520 G01 X40 F0.5;	退刀
N530 Z−36;	
N540 G02 X20 Z−32 R6;	倒圆
N550 G01 X40 F0.5;	退刀
N560 G00 X100 Z100;	快速将刀移至离工件 X100、Z100 的位置
N570 T0500;	取消刀具补偿
N580 T0606;	换至 6 号 60° 螺纹刀
N590 G00 X26 Z−5;	快速定位到需切削螺纹部分
N600 G92 X23.5 Z−26 F2;	螺纹切削循环 X：螺纹小径 Z：螺纹长度 F：螺纹螺距
N610 X23;	循环开始

程序	注释
N620 X22.7;	
N630 X22.4;	
N640 X22.1;	
N650 X22;	
N660 X21.8;	
N670 X21.6;	
N680 X21.5;	
N690 X21.4;	
N700 X21.4;	循环结束
N710 G00 X100 Z100;	快速退刀
N720 T0600 M05 M09;	取消刀具补偿，主轴停转，切削液关
N730 M30;	程序停止并返回开头

4.8 螺纹轴

螺纹轴的零件图如图 4-8 所示。

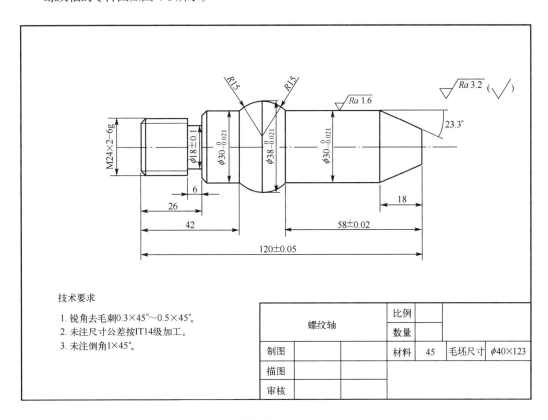

图4-8 螺纹轴

4.8.1 学习目标与注意事项

（1）学习目标

分析螺纹轴的零件结构，熟悉螺纹轴的加工工艺，重点掌握螺纹轴的编程加工方法与思路。

（2）注意事项

① 确认车刀安装的刀位和程序中的刀号是否一致。

② 灵活运用修调按钮，调节主轴和进给速度。

③ 为了保证对刀精度，自动加工前，应试切一刀，以检验对刀精度；或粗车后暂停，检查尺寸的精度。

④ 在运行开始时，注意起刀点必须设置在远离工件的安全位置，保持刀具与工件间的距离。

4.8.2 工艺分析与加工方案

（1）分析零件工艺性能

由图 4-8 可看出，该零件外形结构并不复杂，但零件的尺寸精度要求高，其总体结构主要包括锥面、圆柱面、槽、圆弧面、螺纹等。加工尺寸有公差要求。圆柱面 $\phi30$ 的粗糙度为 $Ra1.6\mu m$，其余面要求为 $Ra3.2\mu m$。尺寸标注完整，轮廓描述清楚。

（2）选用毛坯或明确来料状况

毛坯为 $\phi40\times123$ 圆钢，材料 45 钢，零件材料切削性能较好。

（3）选用数控机床

加工轮廓由直线和圆弧组成，用两轴联动数控车床可以成形。

（4）确定装夹方案

① 夹具。对于螺纹轴类零件，用三爪卡盘自定心夹持 $\phi40$ 外圆，使工件伸出卡盘 85mm（应将机床的限位距离考虑进去），共限制 4 个自由度，一次装夹完成粗精加工。三爪自定心卡盘能自动定心，工件装夹后一般不需要找正，装夹效率高。

② 定位基准。三爪卡盘自定心，故以轴线为定位基准。

（5）加工工序

① 装夹毛坯。

② 平端面。

③ 粗加工右侧锥面、$\phi30$ 台阶、$\phi38$ 的圆弧面。

④ 精加工零件右侧。

⑤ 调头夹持 $\phi30$ 的台阶，台阶面贴在卡爪处。粗加工零件的左侧。

⑥ 精加工零件左侧 $\phi24$、$\phi30$ 等轮廓。

⑦ 切槽 $\phi18\times6$。

⑧ 车削螺纹 M24×2-7h。

⑨ 保证表面质量及尺寸精度。

（6）加工工序卡

加工工序卡如表4-15所示。

▣ 表4-15 加工工序卡

工步	工步内容	刀号	刀具类型	切削用量			备注
				主轴转速 /（r/min）	进给速度 /（mm/r）	背吃刀量/mm	
1	车端面	T01	90°外圆车刀	1000	0.05	—	手动
2	粗车右侧外轮廓	T01	90°外圆车刀	800	0.2	1.0	自动
3	精车右侧外轮廓	T01	90°外圆车刀	1000	0.1	0.25	自动
4	调头，粗加工左侧外轮廓	T01	90°外圆车刀	800	0.2	1.0	自动
5	精加工左侧外轮廓	T01	90°外圆车刀	1000	0.1	0.25	自动
6	切槽	T02	4mm 切槽刀	350	0.05		自动
7	切螺纹	T03	螺纹刀	400	2		自动

（7）工、量、刀具清单

工、量、刀具清单如表4-16所示。

▣ 表4-16 工、量、刀具清单

名称	规格	精度	数量
90°外圆车刀	刀尖角55°，刀具半径为0.8mm，刀具方位为3，YT15		1 把
切槽刀	刀宽为4mm的切槽刀		1 把
螺纹刀	60°螺纹刀		1 把
半径规	R1~6.5mm，R7~14.5mm		1 套
游标卡尺	0~150mm，0~150mm（带表）	0.02mm	各1
外径千分尺	0~25mm，25~50mm，50~75mm	0.01mm	各1
紫铜片、垫刀片	0.5mm		若干
粗糙度样板/μm	0.1、0.2、0.4、0.8、1.6、3.2		1

4.8.3 参考程序与注释

程序	注释
O0001；	
N10 M03 S800；	主轴正转 800r/min
N20 T0101 M08；	选用刀具（90°外圆刀），切削液打开
N30 G00 X40 Z5；	快速定位到离工件还有 5mm
N40 G71 U1 R0.5；	粗加工 G71：内外径粗车复合循环 U：X 方向进刀量 R：X 方向退刀量
N50 G71 P60 Q100 U0.5 W0 F0.2；	P：精加工第一段程序段号 Q：结束段号 U：X 方向精加工余量 W：Z 方向精加工余量 F：进给速度

程序	注释
N60 G00 X14.496 Z5;	快速移至下刀点
N70 G01 Z0 F0.1 S1000;	精加工转速提升
N80 X30 Z-18;	循环开始
N90 Z-58;	
N100 G03 X38 Z-69 R15;	循环结束
N110 G70 P60 Q100;	精车　P：精加工第一段程序段号　Q：结束段号
N120 G00 X100 Z100;	快速退刀
N130 T0100 M05 M09;	取消刀具补偿，主轴停转，切削液关
N140 M30;	程序停止并返回开头
O0002;	
N10 M03 S800;	主轴正转 800r/min
N20 T0101;	选用刀具（90°外圆刀）
N30 G00 X40 Z5;	快速定位到离工件还有 5mm
N40 G71 U1 R0.5;	粗加工　G71：内外径粗车复合循环　U：X方向进刀量　R：X方向退刀量
N50 G71 P60 Q110 U0.5 W0 F0.2;	P：精加工第一段程序段号　Q：结束段号　U：X方向精加工余量　W：Z方向精加工余量　F：进给速度
N60 G00 X21.8 Z5;	快速移至下刀点
N70 G01 Z0 F0.1 S1000;	精加工转速提升
N80 X23.8 Z-26;	循环开始
N90 X28;	
N100 X30 Z-27;	
N110 Z-42;	
N120 G02 X38 Z-53 R15;	
N125 G01 Z-54;	循环结束
N130 G70 P60 Q110;	精车　P：精加工第一段程序段号　Q：结束段号
N140 G00 X100 Z100;	快速退刀
N150 T0100;	取消刀具补偿
N160 T0202;	换至 2 号 4mm 割槽刀
N170 M03 S350;	转速降至 350r/min
N180 G00 X32 Z-26;	快速定位至割槽部分
N190 G01 X18 F0.05;	进刀　进给速度调到 F0.05
N200 X32 F0.5;	退刀　进给速度可快些　调到 F0.5
N210 Z-24;	
N220 X18 F0.05;	进刀
N230 X32 F0.5;	退刀
N240 X26 Z-28;	
N250 X30 Z-27;	
N260 G00 X100 Z100;	
N270 T0200;	取消刀具补偿
N280 T0303 M03 S400;	换至 3 号 60°螺纹刀，主轴正转
N290 G00 X26 Z5;	快速定位到需切削螺纹部分

程序	注释
N300 G92 X23.5 Z–20 F2；	G92：螺纹切削循环　X：螺纹小径　Z：螺纹长度　F：螺纹螺距
N310 X23；	循环开始
N320 X22.7；	
N330 X22.3；	
N340 X22；	
N350 X21.8；	
N360 X21.6；	
N370 X21.5；	
N380 X21.4；	
N390 X21.4；	循环结束
N400 G00 X100 Z100；	快速退刀
N410 T0300 M05 M09；	取消刀具补偿，主轴停转，切削液关
N420 M30；	程序停止并返回开头

4.9 双头螺纹轴

双头螺纹轴的零件图如图 4-9 所示。

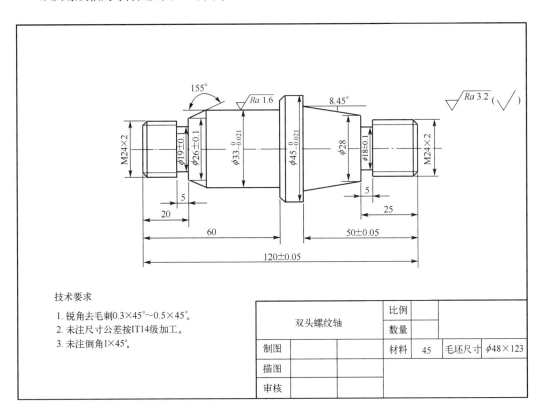

图4-9　双头螺纹轴

4.9.1　学习目标与注意事项

（1）学习目标

与 4.8 节的实例特点进行联系比较，熟悉双头螺纹轴的加工工艺与要求， 掌握双头螺纹轴类零件的编程加工方法，对加工程序与注释进行重点理解和巩固。

（2）注意事项

① 确认车刀安装的刀位和程序中的刀号是否一致。

② 灵活运用修调按钮，调节主轴和进给速度。

③ 为了保证对刀精度，自动加工前，应试切一刀，以检验对刀精度；或粗车后暂停，检查尺寸的精度。

④ 在运行开始时，注意起刀点必须设置在远离工件的安全位置，保持刀具与工件间的距离。

4.9.2　工艺分析与加工方案

（1）分析零件工艺性能

由图 4-9 可看出，该零件外形结构并不复杂，但零件的尺寸精度要求高， 其总体结构主要包括锥面、圆柱面、槽、螺纹等。加工尺寸有公差要求。圆柱面 $\phi33$ 的粗糙度为 $Ra1.6\mu m$，其余面要求为 $Ra3.2\mu m$。尺寸标注完整，轮廓描述清楚。

（2）选用毛坯或明确来料状况

毛坯为 $\phi48\times123$ 圆钢，材料 45 钢，零件材料切削性能较好。

（3）选用数控机床

加工轮廓由直线和圆弧组成，用两轴联动数控车床可以成形。

（4）确定装夹方案

① 夹具。对于螺纹轴类零件，用三爪卡盘自定心夹持 $\phi48$ 外圆，使工件伸出卡盘 80mm（应将机床的限位距离考虑进去），共限制 4 个自由度，一次装夹完成粗精加工。三爪自定心卡盘能自动定心，工件装夹后一般不需要找正，装夹效率高。

② 定位基准。三爪卡盘自定心，故以轴线为定位基准。

（5）加工工序

① 装夹毛坯。

② 平端面。

③ 粗加工左 $\phi24$、锥面、$\phi33$、$\phi45$ 台阶（注意，$\phi24$ 的外圆因为要加工螺纹，所以在 X 方向多切削 0.2mm，$\phi45$ 的外圆在 Z 方向应多切削 2mm，方便调头时加工）。

④ 精加工零件左侧。

⑤ 切槽 $\phi19\times5$。

⑥ 加工左侧螺纹 M24。

⑦ 调头夹持 $\phi33$ 的台阶，台阶面贴在卡爪处。粗加工零件右侧。

⑧ 精加工零件右侧。

⑨ 切槽 $\phi18\times5$。

⑩ 加工右侧螺纹 M24。

⑪ 保证表面质量及尺寸精度。

（6）加工工序卡

加工工序卡如表 4-17 所示。

表 4-17　加工工序卡

工步	工步内容	刀号	刀具类型	切削用量			备注
				主轴转速 / (r/min)	进给速度 / (mm/r)	背吃刀量/mm	
1	车端面	T01	90°外圆车刀	1000	0.05	—	手动
2	粗车左侧外轮廓	T01	90°外圆车刀	800	0.2	1.0	自动
3	精车左侧外轮廓	T01	90°外圆车刀	1000	0.1	0.25	自动
4	切槽 ϕ19mm×5mm	T02	4mm 切槽刀	350	0.05		自动
5	加工螺纹 M24	T03	60°螺纹刀	400	2		自动
6	调头，粗加工右侧外轮廓	T01	90°外圆车刀	800	0.2	1	自动
7	精加工右侧外轮廓	T01	90°外圆车刀	1000	0.1	0.25	自动
8	切槽 ϕ18mm×5mm	T02	4mm 切槽刀	350	0.05		自动
9	加工右侧螺纹 M24	T03	60°螺纹刀	400	2		自动

（7）工、量、刀具清单

工、量、刀具清单如表 4-18 所示。

表 4-18　工、量、刀具清单

名称	规格	精度	数量
90°外圆车刀	刀尖角 55°，YT15		1 把
切槽刀	刀宽为 4mm 的切槽刀		1 把
螺纹刀	60°螺纹刀		1 把
半径规	R1~6.5mm，R7~14.5mm		1 套
游标卡尺	0~150mm，0~150mm（带表）	0.02mm	各 1
外径千分尺	0~25mm，25~50mm，50~75mm	0.01mm	各 1
紫铜片、垫刀片	0.5mm		若干
粗糙度样板/μm	0.1、0.2、0.4、0.8、1.6、3.2		1

4.9.3　参考程序与注释

程序	注释
O0001;	
N10 M03 S800;	主轴正转 800r/min
N20 T0101 M08;	选用刀具（90°外圆刀），切削液打开

程序	注释
N30 G00 X48 Z5;	快速定位到离工件还有 5mm
N40 G71 U1 R0.5;	粗加工 G71：内外径粗车复合循环 U：X 方向进刀量 R：X 方向退刀量
N50 G71 P60 Q150 U0.5 W0 F0.2;	P：精加工第一段程序段号 Q：结束段号 U：X 方向精加工余量 W：Z 方向精加工余量 F：进给速度
N60 G00 X21.8;	快速移至下刀点
N70 G01 Z0 F0.1 S1000;	精加工转速提升
N80 X23.8 Z−1;	循环开始
N90 Z−20;	
N100 X26;	
N110 X33 Z−27.5;	
N120 Z−60;	
N130 X43;	
N140 X45 Z−61;	
N150 Z−71;	循环结束
N160 G70 P60 Q150;	精车 P：精加工第一段程序段号 Q：结束段号
N170 G00 X100 Z100;	快速退刀
N180 T0100;	取消刀具补偿
N190 T0202;	换至 2 号 4mm 割槽刀
N200 M03 S350;	转速降至 350r/min
N210 G00 X25 Z−20;	快速定位至割槽部分
N220 G01 X19 F0.05;	进刀 进给速度调到 F0.05
N230 X27 F0.5;	退刀 进给速度可快些 调到 F0.5
N240 Z−19;	
N250 X19 F0.05;	进刀
N260 X27 F0.5;	退刀
N270 G00 X100 Z100;	快速将刀移至离工件 X100、Z100 的位置
N280 T0200;	取消刀具补偿
N290 T0303;	换至 3 号 60° 螺纹刀
N300 M03 S400;	正转 400r/min
N310 G00 X26 Z5;	快速定位到需切削螺纹部分
N320 G92 X23.5 Z−17 F2;	G92：螺纹切削循环 X：螺纹小径 Z：螺纹长度 F：螺纹螺距
N330 X23;	循环开始
N340 X22.5;	
N350 X22.1;	
N360 X21.8;	
N370 X21.6;	
N380 X21.5;	

程序	注释
N390 X21.4;	
N400 X21.4;	循环结束
N410 G00 X100 Z100;	快速退刀
N420 T0300 M05 M09;	取消刀具补偿，主轴停转，切削液关
N430 M30;	程序停止并返回开头
O0002;	
N10 M03 S800;	主轴正转 800r/min
N20 T0101 M08;	选用刀具（90°外圆刀），切削液打开
N30 G00 X48 Z5;	快速定位到离工件还有 5mm
N40 G71 U1 R0.5;	粗加工 G71：内外径粗车复合循环 U：X 方向进刀量 R：X 方向退刀量
N50 G71 P60 Q110 U0.5 W0 F0.2;	P：精加工第一段程序段号 Q：结束段号 U：X 方向精加工余量 W：Z 方向精加工余量 F：进给速度
N60 G00 X21.8;	快速移至下刀点
N70 G01 Z0 F0.1 S1000;	精加工转速提升
N80 X23.8 Z−1;	循环开始
N90 Z−25;	
N100 X28;	
N110 X35.428 Z−50;	循环结束
N120 G70 P60 Q110;	精车 P：精加工第一段程序段号 Q：结束段号
N130 G00 X100 Z100;	快速退刀
N140 T0100;	取消刀具补偿
N150 T0202;	换至 2 号 4mm 割槽刀
N160 M03 S350;	转速降至 350r/min
N170 G00 X29 Z−25;	快速定位至割槽部分
N180 G01 X18 F0.05;	进刀 进给速度调到 F0.05
N190 X26 F0.5;	退刀 进给速度可快些 调到 F0.5
N200 Z−24;	
N210 X18 F0.05;	进刀
N220 X26 F0.5;	退刀
N230 G00 X100 Z100;	快速将刀移至离工件 X100、Z100 的位置
N240 T0200;	取消刀具补偿
N250 T0303;	换至 3 号 60° 螺纹刀
N260 M03 S400;	正转 800r/min
N270 G00 X26 Z5;	快速定位到需切削螺纹部分
N280 G92 X23.5 Z−21 F2;	G92：螺纹切削循环 X：螺纹小径 Z：螺纹长度 F：螺纹螺距
N290 X23;	循环开始
N300 X22.5;	
N310 X22.1;	
N320 X21.8;	
N330 X21.6;	

程序	注释
N340 X21.5;	
N350 X21.4;	
N360 X21.4;	循环结束
N370 G00 X100 Z100;	快速退刀
N380 T0300 M05 M09;	取消刀具补偿，主轴停转，切削液关
N390 M30;	程序停止并返回开头

4.10 组合形体螺纹轴

组合形体螺纹轴的零件图如图 4-10 所示。

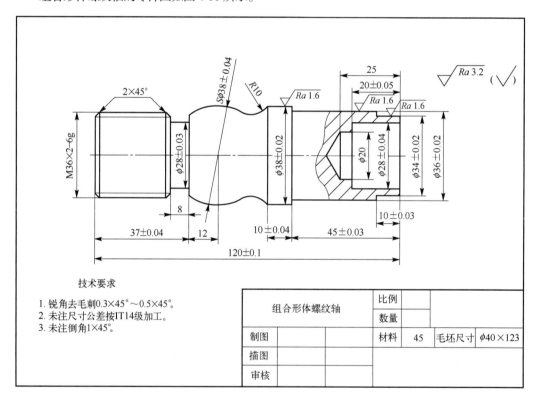

图4-10 组合形体螺纹轴

4.10.1 学习目标与注意事项

（1）学习目标

复习数控车加工的各个要素，学习对具有各种元素要求的组合形体螺纹轴类零件的编程加工实现方法，熟悉掌握组合形体螺纹轴的加工工艺与要求，能够完成中等复杂零件的加工任务。

（2）注意事项

① 确认车刀安装的刀位和程序中的刀号是否一致。

② 灵活运用修调按钮，调节主轴和进给速度。

③ 为了保证对刀精度，自动加工前，应试切一刀，以检验对刀精度；或粗车后暂停，检查尺寸的精度。

④ 在运行开始时，注意起刀点必须设置在远离工件的安全位置，保持刀具与工件间的距离。

4.10.2　工艺分析与加工方案

（1）分析零件工艺性能

由图 4-10 可看出，该零件外形结构并不复杂，但零件的尺寸精度要求高，其总体结构主要包括锥面、圆柱面、槽、螺纹等。加工尺寸有公差要求。圆柱面 $\phi 38$、$\phi 36$、$\phi 34$ 的粗糙度为 $Ra1.6\mu m$，其余面要求为 $Ra3.2\mu m$。尺寸标注完整，轮廓描述清楚。

（2）选用毛坯或明确来料状况

毛坯为 $\phi 40 \times 123$ 圆钢，材料 45 钢，零件材料切削性能较好。

（3）选用数控机床

加工轮廓由直线和圆弧组成，用两轴联动数控车床可以成形。

（4）确定装夹方案

① 夹具。对于螺纹轴类零件，用三爪卡盘自定心夹持 $\phi 40$ 外圆，使工件伸出卡盘 60mm（应将机床的限位距离考虑进去），共限制 4 个自由度，一次装夹完成粗精加工。三爪自定心卡盘能自动定心，工件装夹后一般不需要找正，装夹效率高。

② 定位基准。三爪卡盘自定心，故以轴线为定位基准。

（5）加工工序

① 装夹毛坯。

② 平端面。

③ 打中心孔。

④ 钻 $\phi 20$ 的底孔。

⑤ 镗孔 $\phi 28$。

⑥ 粗加工右侧 $\phi 34$、$\phi 36$、$\phi 38$ 台阶面（注意，$\phi 38$ 的外圆在 Z 方向应多切削 2mm，方便调头时加工）。

⑦ 精加工零件右侧。

⑧ 调头夹持 $\phi 36$ 的台阶，台阶面贴在卡爪处。粗加工零件左侧。

⑨ 精加工零件右侧（注意，$\phi 36$ 的台阶在 Y 方向上应多切削 0.2mm，因为要加工螺纹）。

⑩ 切槽 $\phi 28 \times 8$。

⑪ 加工左侧螺纹 M36×2–6g。

⑫ 保证表面质量及尺寸精度。

（6）加工工序卡

加工工序卡如表 4-19 所示。

表4-19 加工工序卡

工步	工步内容	刀号	刀具类型	切削用量			备注
				主轴转速 /（r/min）	进给速度 /（mm/r）	背吃刀量/mm	
1	车端面	T01	90°外圆车刀	1000	0.05	—	手动
2	打中心孔	T02	ϕ5mm 的中心钻	800	0.1	3	手动
3	钻底孔	T03	ϕ20mm 的麻花钻	500			手动
4	粗镗孔	T04	镗刀	350	0.1	1	自动
5	精镗孔	T04	镗刀	1000	0.08	0.15	自动
6	粗车右侧外轮廓	T01	90°外圆车刀	800	0.2	1.0	自动
7	精车右侧外轮廓	T01	90°外圆车刀	1000	0.1	0.25	自动
8	调头，粗加工左侧外轮廓	T01	90°外圆车刀	500	0.2	1	自动
9	精加工左侧外轮廓	T01	90°外圆车刀	1000	0.1	0.25	自动
10	切槽	T05	4mm 切槽刀	350	0.05		自动
11	切螺纹	T06	螺纹刀	400	2		自动

（7）工、量、刀具清单

工、量、刀具清单如表4-20所示。

表4-20 工、量、刀具清单

名称	规格	精度	数量
中心钻	ϕ5mm		1 把
麻花钻	ϕ20mm，118°		1 把
镗刀	ϕ28mm×25mm		1 把
90°外圆车刀	刀尖角 55°，YT15		1 把
切槽刀	刀宽为 4mm 的切槽刀		1 把
螺纹刀	60°螺纹刀		1 把
半径规	R1~6.5mm，R7~14.5mm		1 套
游标卡尺	0~150mm，0~150mm（带表）	0.02mm	各 1
外径千分尺	0~25mm，25~50mm，50~75mm	0.01mm	各 1
紫铜片、垫刀片	0.5mm		若干
粗糙度样板/μm	0.1、0.2、0.4、0.8、1.6、3.2		1

4.10.3 参考程序与注释

程序	注释
O0001；	
N10 M03 S800；	主轴正转 800r/min

程序	注释
N20 T0404 M08;	选用 4 号刀（镗孔刀），切削液打开
M30 G00 X20 Z5;	快速定位到离工件还有 5mm
N40 G71 U1 R1;	粗加工 G71：内外径粗车复合循环 U：X 方向进刀量 R：X 方向退刀量
N50 G71 P60 Q80 U-0.3 W0 F0.1;	P：精加工第一段程序段号 Q：结束段号 U：X 方向精加工余量 W：Z 方向精加工余量 F：进给速度
N60 G00 X28 Z5;	快速移至下刀点
N70 G01 Z0 F0.08 S1000;	精加工转速提升 因为是镗孔，刀具本身是进入工件里面，所以进给调至 F0.08
N80 X28 Z-20;	循环
N90 G70 P60 Q80;	精车 P：精加工第一段程序段号 Q：结束段号
N100 G00 X100 Z100;	快速退刀
N110 T0400;	取消刀具补偿
N120 T0101;	换至 1 号 90°外圆刀
N130 M03 S800;	转速 800r/min
N140 G00 X40 Z5;	快速定位到离工件还有 5mm
N150 G71 U1 R0.5;	粗加工 G71：内外径粗车复合循环 U：X 方向进刀量 R：X 方向退刀量
N160 G71 P170 Q220 U0.5 W0 F0.2;	P：精加工第一段程序段号 Q：结束段号 U：X 方向精加工余量 W：Z 方向精加工余量 F：进给速度
N170 G00 X34 Z5;	快速移至下刀点
N180 G01 Z0 F0.1 S1000;	精加工转速提升
N190 X34 Z-10;	循环开始
N200 Z-45;	
N210 X38;	
N220 Z-56;	循环结束
N230 G70 P170 Q220;	精车 P：精加工第一段程序段号 Q：结束段号
N240 G00 X100 Z100;	快速退刀
N250 T0100 M05 M09;	取消刀具补偿，主轴停转，切削液关
N260 M30;	程序停止并返回开头
O0002;	
N10 M03 S800;	主轴正转 800r/min
N20 T0101 M08;	选用刀具（90°外圆刀），切削液打开
N30 G00 X40 Z5;	快速定位到离工件还有 5mm
N40 G71 U1 R0.5;	粗加工 G71：内外径粗车复合循环 U：X 方向进刀量 R：X 方向退刀量
N50 G71 P60 Q130 U0.5 W0 F0.2;	P：精加工第一段程序段号 Q：结束段号 U：X 方向精加工余量 W：Z 方向精加工余量 F：进给速度
N60 G00 X31.8 Z5;	快速移至下刀点
N70 G01 Z0 F0.1 S1000;	精加工转速提升
N80 X35.8 Z-2;	循环开始
N90 Z-29;	
N100 X29.462 Z-37;	
N110 X29.462 Z-55.683 R19;	

程序	注释
N120 G02 X38 Z–65 R10;	
N130 G01 X40;	循环结束
N140 G70 P60 Q130;	精车　P：精加工第一段程序段号　Q：结束段号
N150 G00 X100 Z100;	快速退刀
N160 T0100;	取消刀具补偿
N170 T0505;	换至 5 号 4mm 割槽刀
N175 M03 S350	转速降至 350r/min
N180 G00 X37 Z–37;	快速定位至割槽部分
N190 G01 X28 F0.05;	进刀　进给速度调到 F0.05
N200 X37 F0.5;	退刀　进给速度可快些　调到 F0.5
N210 Z–35;	
N220 X28 F0.05;	进刀
N230 X37 F0.5;	退刀
N240 Z–33;	
N250 X28 F0.05;	进刀
N260 X37 F0.5;	退刀
N270 Z–31;	
N280 X35.8 F0.05;	进刀
N290 X31.8 Z–33;	
N300 X38 F0.5;	退刀
N310 G00 X100 Z100;	快速将刀移至离工件 X100、Z100 的位置
N320 T0500;	取消刀具补偿
N330 T0606 M03 S400;	换至 6 号 60° 螺纹刀
N340 G00 X38 Z5;	快速定位到需切削螺纹部分
N350 G92 X35.3 Z–31 F2;	G92：螺纹切削循环　X：螺纹小径　Z：螺纹长度　F：螺纹螺距
N360 X34.8;	循环开始
N370 X3.4;	
N380 X34;	
N390 X33.7;	
N400 X33.5;	
N410 X33.4;	
N420 X33.4;	循环结束
N430 G00 X100 Z100;	快速退刀
N440 T0600 M05 M09;	取消刀具补偿，主轴停转，切削液关
N450 M30;	程序停止并返回开头

第5章
FANUC 数控系统车床加工提高实例

学习了 FANUC 数控系统车床加工的入门实例后，本章内容将更上一层楼，结合提高实例，来讲解 FANUC 数控系统车床加工的应用流程、工艺分析与编程方法。

5.1 轴套双配件

轴套双配件零件图及装配图如图 5-1 所示，毛坯为 $\phi60 \times 65$ 和 $\phi60 \times 95$ 的 45 钢，要求分析其加工工艺并编写其数控车加工程序。

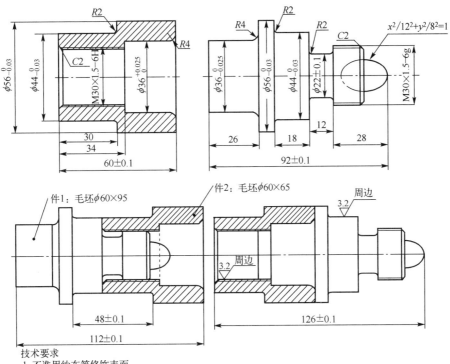

技术要求
1. 不准用纱布等修饰表面。
2. 未注尺寸公差按GB1804-m加工。
3. 未注倒角C1。
4. 配合面≥60%。

图5-1 轴套双配件零件图及装配图

5.1.1 学习目标与注意事项

（1）学习目标

① 用宏程序加工椭圆半球。

② 内、外螺纹的切削方法。

③ 内、外螺纹及圆柱面的配合。

（2）注意事项

加工内、外螺纹时，不同的系统有不同的螺纹加工固定循环程序，而不同程序的螺纹车削方式也各不相同，在加工过程中一定要注意合理选择。加工内、外螺纹时，还应特别注意每次吃刀深度的合理选择。如果选择不当，则容易产生"崩刃"和"扎刀"等事故。

5.1.2 组合件1工艺分析与加工方案

（1）分析零件工艺性能

由图 5-1 可看出，零件 1 是个调头件，右侧是个椭圆半球，需要用宏程序对其编程。其总体结构主要包括椭圆球面、圆柱面、槽、螺纹等。加工尺寸有公差要求。尺寸标注完整，轮廓描述清楚。

车外螺纹时，车刀挤压会使螺纹大径尺寸胀大，所以车螺纹前大径一般应比基本尺寸小 0.2~0.4mm（约 0.13P），车好螺纹后牙顶处有 0.125P 的宽度。同理，车削三角形内螺纹时，内孔直径会缩小，所以车削内螺纹前的孔径要比内螺纹小径略大些。

（2）选用毛坯或明确来料状况

毛坯为 ϕ60×95 圆钢，材料 45 钢，零件材料切削性能较好。

（3）选用数控机床

加工轮廓由直线和圆弧组成，用两轴联动数控车床可以成形。

（4）确定装夹方案

① 夹具。对于螺纹轴类零件，用三爪卡盘自定心夹持 ϕ60 外圆，使工件伸出卡盘 45mm（应将机床的限位距离考虑进去），共限制 4 个自由度，一次装夹完成粗精加工。三爪自定心卡盘能自动定心，工件装夹后一般不需要找正，装夹效率高。

② 定位基准。三爪卡盘自定心，故以轴线为定位基准。

（5）加工工序

① 装夹毛坯。

② 平端面。

③ 粗加工左侧 ϕ36 圆柱面、$R4$ 倒圆面、ϕ56 圆柱面（注意，ϕ56 的外圆在 Z 方向应多切削 2mm，方便调头时加工）。

④ 精加工零件左侧。

⑤ 调头夹持 ϕ36 的台阶，台阶面贴在卡爪处。粗加工零件右侧。

⑥ 精加工零件右侧（注意，ϕ30 的台阶在 Y 方向上应多切削 0.2mm，因为要加工螺纹）。

⑦ 切槽 ϕ22 × 12。

⑧ 加工右侧螺纹 M30×1.5–6g。

⑨ 保证表面质量及尺寸精度。

（6）加工工序卡

加工工序卡如表 5-1 所示。

⊡ **表 5-1 零件 1 加工工序卡**

工步	工步内容	刀号	刀具类型	切削用量			备注
				主轴转速 / (r/min)	进给速度 / (mm/min)	背吃刀量/mm	
1	车端面	T01	93°外圆车刀	800	50	—	手动
2	粗车左侧外轮廓	T01	93°外圆车刀	800	200	1	自动
3	精车左侧外轮廓	T01	93°外圆车刀	1200	100	0.25	自动
4	调头，粗加工右侧外轮廓	T01	93°外圆车刀	800	200	1.5	自动
5	精加工右侧外轮廓	T01	93°外圆车刀	1200	100	0.25	自动
6	切槽	T02	4mm 切槽刀	500	50		自动
7	切螺纹	T03	螺纹刀	500	1.5		自动

5.1.3 组合件 2 工艺分析与加工方案

（1）分析零件工艺性能

由图 5-1 可看出，零件 2 的外轮廓是个台阶面，内轮廓需要加工内螺纹。加工尺寸有公差要求。尺寸标注完整，轮廓描述清楚。

车外螺纹时，车刀挤压会使螺纹大径尺寸胀大，所以车螺纹前大径一般应比基本尺寸小 0.2~0.4mm（约 0.13P），车好螺纹后牙顶处有 0.125P 的宽度。同理，车削三角形内螺纹时，内孔直径会缩小，所以车削内螺纹前的孔径要比内螺纹小径略大些。

（2）选用毛坯或明确来料状况

毛坯为 $\phi60×65$ 圆钢，材料 45 钢，零件材料切削性能较好。

（3）选用数控机床

加工轮廓由直线和圆弧组成，用两轴联动数控车床可以成形。

（4）确定装夹方案

① 夹具。对于螺纹轴类零件，用三爪卡盘自定心夹持 $\phi60$ 外圆，使工件伸出卡盘 45mm（应将机床的限位距离考虑进去），共限制 4 个自由度，一次装夹完成粗精加工。三爪自定心卡盘能自动定心，工件装夹后一般不需要找正，装夹效率高。

② 定位基准。三爪卡盘自定心，故以轴线为定位基准。

（5）加工工序

① 装夹毛坯。

② 平端面。

③ 粗、精加工零件 2 右侧 $\phi56$ 外圆（注意，$\phi56$ 的台阶在 Z 方向上应多切削 2mm 左右，以方便后续调头加工）。

④ 打中心孔。

⑤ 钻 $\phi 20$ 的底孔。

⑥ 镗削右端内轮廓。

⑦ 调头夹持 $\phi 56$ 的外圆。

⑧ 粗加工零件 2 左侧外轮廓。

⑨ 精加工零件 2 左侧。

⑩ 粗加工左侧 $\phi 36$ 圆柱面、$R4$ 倒圆面、$\phi 56$ 圆柱面（注意，$\phi 56$ 的外圆在 Z 方向应多切削 2mm，方便调头时加工）。

⑪ 精加工零件左侧。

⑫ 粗镗左侧内轮廓。

⑬ 精镗左侧内轮廓（注意，$\phi 30$ 的台阶在 Y 方向上应多切削 0.2mm，因为要加工螺纹）。

⑭ 加工左侧内螺纹 M30×1.5–6H。

⑮ 保证表面质量及尺寸精度。

（6）加工工序卡

加工工序卡如表 5-2 所示。

◻ 表 5-2 零件 2 加工工序卡

工步	工步内容	刀号	刀具类型	切削用量			备注
				主轴转速 / (r/min)	进给速度 / (mm/min)	背吃刀量/mm	
1	车端面	T01	93°外圆车刀	1000	50	—	手动
2	打中心孔	T02	$\phi 5$mm 的中心钻	800	100	3	手动
3	钻底孔	T03	$\phi 20$mm 的麻花钻	500	50	3	手动
4	粗加工右侧外轮廓	T01	93°外圆车刀	800	200	1.5	自动
5	精加工右侧外轮廓	T01	93°外圆车刀	1200	100	1	自动
6	粗镗孔	T04	镗刀	800	200	1.5	自动
7	精镗孔	T04	镗刀	1200	100	0.25	自动
8	调头，加工左侧外圆	T01	93°外圆车刀	800	200	1.0	自动
9	精车右侧外轮廓	T01	30°机夹车刀	1000	100	0.25	自动
10	粗加工左侧内轮廓	T04	镗刀	800	200	1.5	自动
11	精加工左侧内轮廓	T04	镗刀	1200	100	0.25	自动
12	加工内螺纹	T05	内螺纹车刀	500	1.5		自动

（7）工、量、刀具清单

工、量、刀具清单见表 5-3。

◻ 表 5-3 工、量、刀具清单

名称	规格	数量	备注
游标卡尺	0~150mm （0.02mm）	1	
千分尺	0~25mm，25~50mm，50~75mm（0.01mm）	各 1	

名称	规格	数量	备注
万能量角器	0~320°（2′）	1	
螺纹塞规	M30×1.5-6H	1	
百分表	0~10mm（0.01mm）	1	
磁性表座		1	
R 规	R7~14.5mm，R15~25mm	1	
椭圆样板	长轴24mm，短轴16mm	1	
内径量表	18~35mm（0.01mm）	1	
塞尺	0.02~1mm	1 副	
外圆车刀	93°，45°	各1	
不重磨外圆车刀	R 型、V 型、T 型、S 型刀片	各1	选用
内、外螺纹车刀	三角形螺纹	各1	
外切槽刀	刀宽 4mm	各1	
内孔车刀	φ20mm 盲孔、φ20mm 通孔	各1	
麻花钻	φ10mm、φ20mm、φ24mm	各1	
中心钻	φ5mm		
辅具	莫氏钻套、钻夹头、活络顶尖	各1	
其他	铜棒、铜皮、毛刷等常用工具		选用
	计算机、计算器、编程用书等		

5.1.4 程序清单与注释

参考程序		注释	参考程序		注释
	O5101；	件 1 左端加工程序	N140	M05；	
N10	G98 G40；		N150	M00；	
N20	M03 S800 F200；		N160	M03 S1200 F100；	
N30	T0101 M08；		N170	T0101；	
N40	G00 X62 Z2；		N180	G00 X62 Z2；	
N50	G71 U2 R1；	粗加工件 1 左端	N190	G70 P70 Q120 F100；	精加工件 1 左端
N60	G71 P70 Q120 U0.5 W0.1 F200；		N200	G00 X100 Z200 T0100 M05 M09；	
N70	G00 X36；		N210	M30；	
N80	G01 Z-22；			O5102；	件 1 右端加工程序
N90	G02 X44 W-4 R4；		N10	G98 G40；	
N100	G01 X56 C1；		N20	M03 S800 F200；	
N110	Z-36；		N30	T0101 M08；	
N120	X60；		N40	G00 X62 Z2；	
N130	G00 X100 Z200；		N50	G73 U14 W2 R10；	

参考程序	注释	参考程序	注释
N60	G73 P70 Q210 U0.5 W0.1 F200;		N390	G00 X35;	
N70	G00 X0;		N400	Z-32;	
N80	G01 Z0;		N410	G01 X26;	
N90	#1=12;		N420	G02 X22 W-2 R2;	
N100	#2=8*SQRT[12*12-#1*#1]/12;		N430	G00 X35;	
N110	G01 X[2*#2] Z[#1-12];		N440	Z-40;	
N120	#1=#1-0.5;		N450	G01 X26;	
N130	IF [#1 GE 0] GOTO100;		N460	G03 X22 W2 R2;	
N140	G01 X26;		N470	G00 X35;	
N150	X30 W-2;		N480	G00 X100 Z200;	
N160	G01 Z-40;		N490	M05;	
N170	X44 C1;		N500	M00;	
N180	W-16;		N510	M03 S500;	
N190	G02 X48 W-2 R2;		N520	T0303;	
N200	G01 X56 C1;		N530	G00 X35 Z-9;	
N210	X60;		N540	G76 P010160 Q80;	
N220	G00 X100 Z200;		N550	G76 X28.05 Z-30 R0 P975 Q350 F1.5;	
N230	M05;		N560	G00 X100 Z200 T0300 M05 M09;	
N240	M00;		N570	M30;	
N250	M03 S1200 F100;			O5103;	件2右端加工程序
N260	T0101;		N10	G98 G40;	
N270	G00 X62 Z2;		N20	M03 S800 F200;	
N280	G70 P70 Q210 F100;		N30	T0101;	
N290	G00 X100 Z200 T0100;		N40	G00 X62 Z2;	
N300	M05;		N50	G90 X58 Z-33 F200;	
N310	M00;		N60	X56 S1200 F100;	
N320	M03 S500 F50;		N70	G00 X54;	
N330	T0202;	刀宽为4mm	N80	G01 Z0;	
N340	G00 X35 Z-34;		N90	X56 W-1;	
N350	G01 X22;		N100	G00 X100 Z200;	
N360	G00 X35;		N110	M05;	
N370	W-4;		N120	M00;	
N380	G01 X22;		N130	M03 S800 F200;	

参考程序		注释	参考程序		注释
N140	T0404;		N130	G02 X48 W−2 R2;	
N150	G00 X22 Z5;		N140	G01 X56 C1;	
N160	G71 U1.5 R0.5;		N150	G00 X100 Z200 T0100;	
N170	G71 P170 Q210 U−0.5 W0.1 F200;		N160	M05;	
N180	G00 X44;		N170	M00;	
N190	G01 Z0;		N180	M03 S800 F200;	
N200	G02 X36 W−4 R4;		N190	T0404 M08;	
N210	G01 Z−26;		N200	G00 X22 Z5;	
N220	X24;		N210	G71 U1.5 R0.5;	
N230	G00 Z200;		N220	G71 P230 Q260 U−0.5 W0.1 F200;	
N240	M05;		N230	G00 X32.38;	
N250	M00;		N240	X28.38 W−2;	
N260	M03 S1200 F100;		N250	Z−35;	
N270	T0404;		N260	X24;	
N280	G00 X62 Z2;		N270	G00 Z200;	
N290	G70 P170 Q210 F100;		N280	M05;	
N300	G00 Z200;		N290	M00;	
N310	M30;		N300	M03 S1200 F100;	
	O5104;	*件2左端加工程序*	N310	T0404;	
N10	G98 G40;		N320	G00 X24 Z2;	
N20	M03 S800 F200;		N330	G70 P230 Q260 F100;	
N30	T0101 M08;		N340	G00 Z200 T0400;	
N40	G00 X62 Z2;		N360	M05;	
N50	G90 X56 Z−30 F200;		N370	M00;	
N60	X52;		N380	M03 S500;	
N70	X48;		N390	T0505;	
N80	X45 Z−28;		N400	G00 X26 Z5;	
N90	G00 X42;		N410	G76 P010160 Q80;	
N100	G01 Z0;		N420	G76 X30.05 Z−35 R0 P975 Q350 F1.5;	
N110	X44 W−1;		N430	G00 X100 Z200 T0500 M05 M09	
N120	Z−28;		N440	M30;	

5.2 梯形螺纹轴

梯形螺纹轴零件如图 5-2 所示，毛坯为 $\phi50 \times 150$ 的 45 钢，要求分析其加工工艺并编写其数控车加工程序。

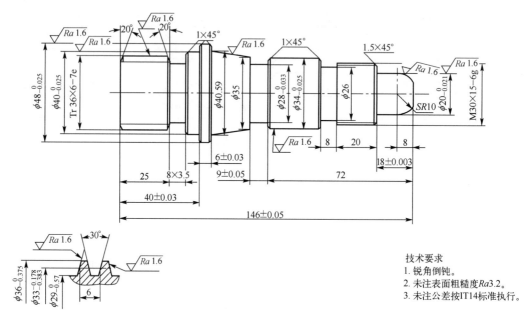

技术要求
1. 锐角倒钝。
2. 未注表面粗糙度 Ra3.2。
3. 未注公差按 IT14 标准执行。

图5-2 梯形螺纹轴零件图

5.2.1 学习目标与注意事项

（1）学习目标
① 梯形螺纹的尺寸计算；
② 梯形螺纹的测量。

（2）注意事项

加工梯形螺纹时，宜采用单独的程序段，以便于修改 Z 向刀具偏置后重新进行加工。另外，对于槽加工过程中的倒角，FANUC 系统中的 G75 指令不具有槽口倒角功能，需重新编写指令进行槽口倒角。

5.2.2 工艺分析与加工方案

（1）加工难点分析

① 梯形螺纹的尺寸计算　梯形螺纹的代号用字母"Tr"及公称直径×螺距表示，单位均为 mm。左旋螺纹需在尺寸规格之后加注"LH"，右旋则不用标注。

国家标准规定，公制梯形螺纹的牙型角为 30°。梯形螺纹的牙型如图 5-3 所示。

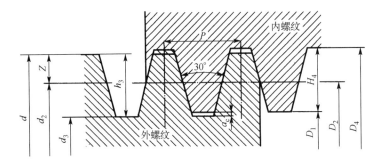

图5-3 梯形螺纹的牙型

② 梯形螺纹的测量　梯形螺纹的测量常用三针测量法，如图 5-4 所示。测量时所用的三根圆柱形量针，是由量具厂专门制造的。在没有量针的情况下，也可用三根直径相等的优质钢丝或新的钻头柄部代替。测量时，把三根量针放置在螺纹两侧相对应的螺旋槽内，用千分尺量出两边量针顶点之间的距离 M。根据 M 值可计算出螺纹中径的实际尺寸。三针测量时，M 值和中径的计算公式如下。

$$M = d_2 + 4.864d_D - 1.866P$$

式中　M——三针测量时的理论值；

d_D——测量用量针的直径。

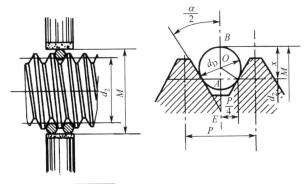

图5-4 三针法测量梯形螺纹中径

（2）加工方案分析

① 加工零件右端。

② 掉头装夹，加工左端梯形螺纹。

（3）加工工序卡

加工工序卡如表 5-4 所示。

☐ **表5-4　加工工序卡**

工步	工步内容	刀号	刀具类型	切削用量			备注
				主轴转速 / (r/min)	进给速度 / (mm/min)	背吃刀量 /mm	
1	车端面	T01	90°外圆车刀	1000	50	—	手动

工步	工步内容	刀号	刀具类型	切削用量			备注
				主轴转速 /（r/min）	进给速度 /（mm/min）	背吃刀量 /mm	
2	粗车右侧外轮廓	T01	93°外圆车刀	800	200	2.0	自动
3	精车左侧外轮廓	T01	90°外圆车刀	1200	100	0.25	自动
4	粗切槽 ϕ28mm×9mm，倒角	T02	4mm 切槽刀	500	50	2.95	自动
5	精切槽 ϕ28mm×9mm	T02	4mm 切槽刀	500	30	0.1	自动
6	切槽 ϕ26mm×8mm	T02	4mm 切槽刀	500	30	3	自动
7	加工螺纹 M30×1.5	T03	60°螺纹刀	500	1.5		自动
8	调头，粗加工左侧外轮廓	T01	93°外圆车刀	800	200	2	自动
9	精加工左侧外轮廓	T01	93°外圆车刀	1200	100	0.25	自动
10	切槽 ϕ29mm×8mm	T03	4mm 切槽刀	500	50	3.5	自动
11	加工左侧梯形螺纹	T04	梯形螺纹刀	100	6		自动

5.2.3 工、量、刀具清单

加工梯形螺纹轴的工、量、刀具清单见表 5-5。

表 5-5 加工梯形螺纹轴的工、量、刀具清单

名称	规格	数量	备注
游标卡尺	0~150mm（0.02mm）	1	
千分尺	0~25mm、25~50mm、50~75mm（0.01mm）	各 1	
万能量角器	0~320°（2′）	1	
螺纹塞规	M30×1.5-6H	1	
百分表	0~10mm（0.01mm）	1	
磁性表座		1	
R 规	R7~14.5mm，R15~25mm	1	
内径量表	18~35mm（0.01mm）	1	
塞尺	0.02~1mm	1 副	
外圆车刀	93°，45°	各 1	
不重磨外圆车刀	R 型、V 型、T 型、S 型刀片	各 1	选用
外螺纹车刀	三角形螺纹	1	
外切槽刀	刀宽 4mm	1	
梯形螺纹刀	P=6mm	1	
辅具	莫氏钻套、钻夹头、活络顶尖	各 1	
其他	铜棒、铜皮、毛刷等常用工具		选用
	计算机、计算器、编程用书等		

5.2.4 程序清单与注释

参考程序		注释	参考程序		注释
	O5201；	右端加工程序	N330	G01 X28.1；	
N10	G98 G40；		N340	G00 X36；	
N20	M03 S800 F200；		N350	W4；	
N30	T0101 M08；		N360	G01 X28.1；	
N40	G00 X52 Z2；		N370	G00 X36；	
N50	G71 U2 R1；		N380	W2；	
N60	G71 P70 Q190 U0.5 W0.1 F200；		N390	G01 X34；	
N70	G00 X12；		N400	X32 W−1；	
N80	G01 Z0；		N410	X28；	
N90	G03 X20 Z−8 R10；		N420	Z−81 F30；	
N100	G01 Z−18；		N430	G00 X36；	
N110	X30 C1.5；		N440	Z−46；	
N120	Z−46；		N450	G01 X26.1；	
N130	X34 C1；		N460	G00 X36；	
N140	Z−81；		N470	W4；	
N150	X35；		N480	G01 X26；	
N160	X40.59 Z−100；		N490	W−4；	
N170	X48 C1；		N500	G00 X100；	
N180	W−7；		N510	Z200 T0200；	
N190	X50；		N520	M05；	
N200	G00 X100 Z200；		N530	M00；	
N210	M05；		N540	M03 S500；	
N220	M00；		N550	T0303；	
N230	M03 S1200 F100；		N560	G00 X35 Z−13；	
N240	T0101；		N570	G76 P010160 Q80；	
N250	G00 X52 Z2；		N580	G76 X28.05 Z−30 R0 P975 Q350 F1.5；	
N260	G70 P70 Q190 F100；		N590	G00 X100 Z200 T0300 M05 M09；	
N270	G00 X100 Z200 T0100；		N600	M30；	
N280	M05；			O5202；	左端加工程序
N290	M00；		N10	G98 G40；	
N300	M03 S500 F50；		N20	M03 S800 F200；	
N310	T0202；	刀宽为4mm	N30	T0101 M08；	
N320	G00 X36 Z−81；		N40	G00 X62 Z2；	

参考程序		注释	参考程序		注释
N50	G71 U2 R1；	粗加工外圆	N290	W4；	
N60	G71 P70 Q140 U0.5 W0.1 F200；		N300	G01 X29 F50；	
N70	G00 X29；		N310	W-4；	
N80	G01 Z0；		N320	G00 X29 Z-29；	
N90	X36 W-1.27；		N330	G01 X36 W1.27；	
N100	Z-33；		N340	G00 X100 Z100；	
N110	X40 C1；		N350	T0303；	
N120	Z-40；		N360	M05；	
N130	X48 C1；		N370	M00；	
N140	X50；		N380	M03 S100；	加工梯形螺纹
N150	G00 X100 Z200；		N390	T0404；	
N160	M05；		N400	G00 X40 Z10；	
N170	M00；		N410	#1=0.1；	
N180	M03 S1200 F100；		N420	#2=0.05；	
N190	T0101；		N430	G92 X[36-#1] Z-25 F6；	
N200	G00 X52 Z2；		N440	G00 Z10；	
N210	G70 P70 Q140 F100；	粗加工外圆	N450	#1=#1+0.1；	
N220	G00 X100 Z200；		N460	IF [#1 LE 6] GOTO300；	
N230	T0100；		N470	G92 X[30-#2] Z-25 6；	
N240	M03 S500；		N480	G00 Z10；	
N250	T0303；		N490	#2=#2+0.05；	
N260	G00 X45 Z-33；		N500	IF [#2 LE 1] GOTO340；	
N270	G01 X29 F50；		N510	G00 X100 Z200；	
N280	G00 X45；		N520	M30；	

5.3 螺纹轴套配合件

螺纹轴套配合件零件图如图 5-5 所示，毛坯为 $\phi 60 \times 80$ 和 $\phi 60 \times 45$ 的 45 钢，要求分析其加工工艺并编写其数控车加工程序。

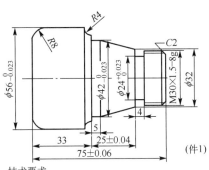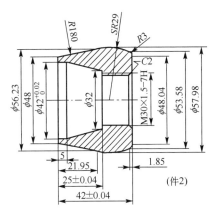

技术要求
1. 不准用砂布等修饰表面。
2. 未给定尺寸公差按GB1804-m加工检验。
3. 未注倒角按C1加工。
4. 圆锥配合面接触面积大于70%，双边间隙小于0.06mm。
5. 加工表面粗糙度全部Ra3.2。

图5-5 螺纹轴套配合件零件图

5.3.1 学习目标与注意事项

（1）学习目标
① 螺纹与圆锥配合件加工方法。
② 刀补在锥面加工中的应用。
（2）注意事项
由于刀尖圆弧半径补偿对圆柱和端面尺寸没有影响，而对圆锥和圆弧表面尺寸有较大影响。所以在本例加工中，由于涉及圆锥面的配合加工，所以在加工圆锥面时必须采用刀具半径补偿功能。

5.3.2 工艺分析与加工方案

（1）加工难点分析
① 刀尖圆弧半径补偿　在理想状态下，总是将尖形车刀的刀位点假想成一个点，该点即为假想刀尖（图5-6中的 O 点），在对刀时也以假想刀尖进行对刀。但实际加工中的车刀，由于工艺或其他要求，刀尖往往不是一个理想的点，而是一段圆弧（如图5-6中的 BC 圆弧），这时的刀位点为刀尖圆弧的圆心。为确保工件轮廓形状，加工时不允许刀具刀尖圆弧的圆心运动轨迹与被加工工件轮廓重合，而应与工件轮廓偏置一个半径值，这种偏置称为刀尖圆弧半径补偿。
② 刀尖圆弧半径补偿指令格式

```
G41 G01/G00 X__ Z__ F__ （刀尖圆弧半径左补偿）
G42 G01/G00 X__ Z__ F__ （刀尖圆弧半径右补偿）
```

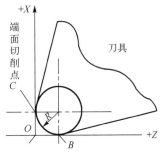

图5-6 假想刀尖示意

③ 刀尖圆弧半径补偿注意事项

a. 刀具半径补偿模式的建立与取消程序段只能在 G00 或 G01 移动指令模式下才有效。

b. G41/G42 不带参数，其补偿号由 T 指令指定。该刀尖圆弧半径补偿号与刀具偏置补偿号对应。

c. 采用切线切入方式或法线切入方式建立或取消刀补。

d. 为了防止在刀具半径补偿建立与取消过程中刀具产生过切现象，在建立与取消补偿时，程序段的起始位置与终点位置最好与补偿方向在同一侧。

e. 在刀具补偿模式下，一般不允许存在连续两段以上的补偿平面内非移动指令，否则刀具会出现过切等危险动作。

f. 在选择刀尖圆弧偏置方向和刀沿位置时，要特别注意前置刀架和后置刀架的区别。

（2）加工方案分析

① 加工件 1 的左端外圆。

② 加工件 1 右端外圆，只加工到 42mm，然后切槽，加工外螺纹。

③ 加工件 2 的左端内孔，调头加工右端内孔，然后加工内螺纹。

④ 把件 1 和件 2 配合起来后，加工件 2 的外圆和件 1 的 R4 圆弧。

（3）加工工序卡

零件 1 的加工工序卡如表 5-6 所示。

□ 表5-6　零件1加工工序卡

工步	工步内容	刀号	刀具类型	切削用量			备注
				主轴转速 /（r/min）	进给速度 /（mm/min）	背吃刀量 /mm	
1	车端面	T01	93°外圆车刀	1000	50	—	手动
2	粗车左侧外轮廓	T01	93°外圆车刀	800	200	2.0	自动
3	精车左侧外轮廓	T01	93°外圆车刀	1200	100	0.5	自动
4	调头，粗加工右侧外轮廓	T01	93°外圆车刀	800	200	2	自动
5	精加工右侧外轮廓	T01	93°外圆车刀	1200	100	0.5	自动
6	切槽 φ24mm×4mm	T02	4mm 切槽刀	500	50	3.0	自动
7	加工右侧螺纹	T03	60°螺纹刀	500	1.5		自动

零件 2 的加工工序卡如表 5-7 所示。

□ 表5-7　零件2加工工序卡

工步	工步内容	刀号	刀具类型	切削用量			备注
				主轴转速 /（r/min）	进给速度 /（mm/min）	背吃刀量 /mm	
1	平端面	T01	93°外圆车刀				手动
2	打中心孔	T02	φ5mm 的中心钻	800		3	手动
3	钻底孔	T03	φ26mm 的麻花钻	500			手动

工步	工步内容	刀号	刀具类型	切削用量			备注
				主轴转速 / (r/min)	进给速度 / (mm/min)	背吃刀量 /mm	
4	粗镗零件 2 左侧内轮廓	T04	内孔车刀	800	200	1.5	自动
5	精镗零件 2 左侧内轮廓	T04	内孔车刀	1200	100	0.5	自动
6	调头粗镗零件 2 右侧内轮廓	T04	内孔车刀	800	200	1.5	自动
7	精镗零件 2 右侧内轮廓	T04	内孔车刀	1200	100	0.5	自动
8	车零件 2 的 M30 内螺纹	T05	内螺纹刀	500	1.5		自动

零件 1 和 2 配合后的加工工序卡如表 5-8 所示。

□ 表 5-8　加工工序卡

工步	工步内容	刀号	刀具类型	切削用量			备注
				主轴转速 / (r/min)	进给速度 / (mm/min)	背吃刀量 /mm	
1	粗车零件 2 外轮廓和零件 1 的 R4 圆弧	T01	93° 外圆车刀	800	200	2	自动
2	精车零件 2 外轮廓和零件 1 的 R4 圆弧	T01	93° 外圆车刀	1200	100	0.5	自动

5.3.3　工、量、刀具清单

加工螺纹轴套相配件的工、量、刀具清单见表 5-9。

□ 表 5-9　加工螺纹轴套相配件的工、量、刀具清单

名称	规格	数量	备注
游标卡尺	0~150mm (0.02mm)	1	
千分尺	0~25mm，25~50mm，50~75mm (0.01mm)	各 1	
万能量角器	0~320° (2')	1	
螺纹塞规	M30 × 1.5~6H	1	
百分表	0~10mm (0.01mm)	1	
磁性表座		1	
R 规	R7~14.5mm，R15~25mm	1	
内径量表	18~35mm (0.01mm)	1	
塞尺	0.02~1mm	1 副	
外圆车刀	93°，45°	各 1	
不重磨外圆车刀	R 型、V 型、T 型、S 型刀片	各 1	选用
内、外螺纹车刀	三角形螺纹	各 1	

名称	规格	数量	备注
内、外切槽刀	刀宽 4mm	各 1	
内孔车刀	ϕ20mm 盲孔、ϕ20mm 通孔	各 1	
麻花钻	中心钻、ϕ10mm、ϕ20mm、ϕ24mm	各 1	
辅具	莫氏钻套、钻夹头、活络顶尖	各 1	
其他	铜棒、铜皮、毛刷等常用工具		选用
	计算机、计算器、编程用书等		

5.3.4 程序清单与注释

参考程序		注释	参考程序		注释
	O5301;	件一左端外圆	N10	G40 G98;	
N10	G40 G98;		N20	T0101;	
N20	T0101;		N30	M03 S800 F200;	
N30	M03 S800 F200;		N40	G00 X62 M08;	
N40	G00 X62 M08;		N50	Z2;	
N50	Z2;		N60	G71 U2 R1;	
N60	G71 U2 R1;		N70	G71 P80 Q150 U1 W0.1;	
N70	G71 P80 Q120 U1 W0.1;		N80	G00 X25.82;	
N80	G00 X40;		N90	G01 Z0;	
N90	G01 Z0;		N100	X29.82;	
N100	G03 X56 Z–8 R8;		N110	Z–17;	
N110	G01 Z–33;		N120	X32;	
N120	G01 X60;		N130	X42 W–20;	
N130	G00 X150;		N140	W–5;	
N140	Z200;		N150	G01 X60;	
N150	M05;		N160	G00 X150;	
N160	M00;		N170	Z200;	
N170	T0101;		N180	M05;	
N180	M03 S1200 F100;		N190	M00;	
N190	G42 G00 X62;		N200	T0101;	
N200	Z2;		N210	M03 S1200 F100;	
N210	G70 P80 Q120;		N220	G42 G00 X62;	
N220	G40 G00 X150;		N230	Z2;	
N230	Z200 T0100 M05 M09;		N240	G70 P80 Q150;	
N240	M30;		N250	G40 G00 X150;	
	O5302;	件一右端外圆	N260	Z200;	

参考程序		注释	参考程序		注释
N270	M05；		N130	X28.38 C2；	
N280	M00；		N140	W−1；	
N290	T0202；		N150	G01 X24；	
N300	M03 S500 F50；		N160	G00 Z200；	
N310	G00 X33；		N170	M05；	
N320	Z2；		N180	M00；	
N330	Z−17；		N190	T0404；	
N340	G01 X24；		N200	M03 S1200 F100；	
N350	X33；		N210	G41 G00 X22；	
N360	G00 X150；		N220	Z2；	
N370	Z200；		N230	G70 P80 Q150；	
N380	T0303；		N240	G40 G00 Z200 T0400 M05 M09；	
N390	M03 S500；		N250	M30；	
N400	G00 X32；		O5304；		件二右端内孔
N410	Z5；		N10	G40 G98；	
N420	G76 P10160 Q80 R0.1；		N20	T0404；	
N430	G76 X28.05 Z−14 R0 P975 Q350 F1.5；		N30	M03 S800 F200；	
N440	G00 X150；		N40	G00 X22 M08；	
N450	Z200 T0300 M05 M09；		N50	Z2；	
N460	M30；		N60	G71 U1.5 R1；	
O5303；		件二左端内孔	N70	G71 P80 Q120 U−1 W0.1；	
N10	G40 G98；		N80	G00 X32.38；	
N20	T0404；		N90	G01 Z0；	
N30	M03 S800 F200；		N100	X28.38 Z−2；	
N40	G00 X22 M08；		N110	Z−19；	
N50	Z2；		N120	X24；	
N60	G71 U1.5 R1；		N130	G00 Z200；	
N70	G71 P80 Q150 U−1 W0.1；		N140	M05；	
N80	G00 X43；		N150	M00；	
N90	G01 Z0；		N160	T0404；	
N100	X42 Z−0.5；		N170	M03 S1200 F100；	
N110	Z−5；		N180	G41 G00 X22；	
N120	X32 Z−25；		N190	Z2；	

参考程序		注释	参考程序		注释
N200	G70 P80 Q120;		N80	G00 X48.04;	
N210	G40 G00 Z200 T0400;		N90	G01 Z0;	
N220	M05;		N100	G03 X53.58 Z-1.85 R3;	
N230	M00;		N110	G03 X56.23 Z-20.05 R29;	
N240	T0505;		N120	G02 X48 Z-42 R180;	
N250	M03 S500;		N130	G02 X56 W-4 R4;	
N260	G00 X27;		N140	G01 X60;	
N270	Z5;		N150	G00 X150;	
N280	G76 P10160 Q80 R-0.1;		N160	Z200;	
N290	G76 X30.05 Z-19 R0 P975 Q350 F1.5;		N170	M05;	
N300	G00 X100 Z200 T0500 M05 M09;		N180	M00;	
N310	M30;		N190	T0101;	
	O5305;	配合加工	N200	M03 S1200 F100;	
N10	G40 G98;		N210	G42 G00 X62;	
N20	T0101;		N220	Z2;	
N30	M03 S800 F200;		N230	G70 P80 Q140;	
N40	G00 X62 M08;		N240	G40 G00 X150;	
N50	Z2;		N250	Z200 T0100 M05 M09;	
N60	G71 U2 R1;		N260	M30;	
N70	G71 P80 Q140 U1 W0.1;				

5.4 端面槽加工件

端面槽加工件零件图如图 5-7 所示，毛坯为 $\phi80 \times 35$ 的 45 钢，要求分析其加工工艺并编写其数控车加工程序。

5.4.1 学习目标与注意事项

（1）学习目标
① 端面槽刀的使用方法。
② 端面槽程序的编制。
（2）注意事项
① G74 指令各参数的含义。

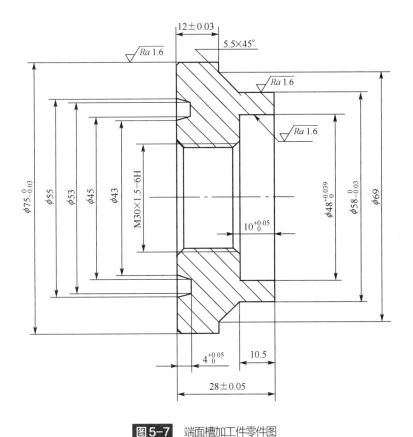

图 5-7 端面槽加工件零件图

② 端面槽加工中精加工余量的确定方法。

5.4.2 工艺分析与加工方案

（1）加工难点分析

端面槽加工可用 G74 指令，它的含义是 Z 向切槽循环。它的加工路线为从起点轴向（Z 轴）进给、回退、再进给……直至切削到与切削终点 Z 轴坐标相同的位置，然后径向退刀、轴向回退至与起点 Z 轴坐标相同的位置，完成一次轴向切削循环；径向再次进刀后，进行下一次轴向切削循环；切削到切削终点后，返回起点，轴向切槽复合循环完成。G74 的径向进刀和轴向进刀方向由切削终点 X（U）、Z（W）与起点的相对位置决定，此指令用于在工件端面加工环形槽或中心深孔，轴向断续切削起到断屑、及时排屑的作用。

（2）加工方案分析

① 加工工件右端外圆和内孔。

② 掉头加工左端端面槽。

③ 加工左端外圆和内孔。

（3）加工工序卡

端面槽零件的加工工序卡如表 5-10 所示。

▣ 表 5-10 加工工序卡

工步	工步内容	刀号	刀具类型	切削用量			备注
				主轴转速 /（r/min）	进给速度 /（mm/min）	背吃刀量/mm	
1	车端面	T01	93°外圆车刀	1000	50	—	手动
2	粗车右侧外轮廓	T01	93°外圆车刀	800	200	2.0	自动
3	精车右侧外轮廓	T01	93°外圆车刀	1200	100	0.5	自动
4	打中心孔	T02	φ5mm 的中心钻	800		3	手动
5	钻底孔	T03	φ26mm 的麻花钻	500			手动
6	粗镗零件右侧内轮廓	T04	内孔车刀	800	200	1.5	自动
7	精镗零件右侧内轮廓	T04	内孔车刀	1200	100	0.5	自动
8	调头，加工左侧端面槽	T06	端面槽刀	50	20		自动
9	粗加工左侧外轮廓	T01	93°外圆车刀	800	200	2	自动
10	精加工左侧外轮廓	T01	93°外圆车刀	1200	100	0.5	自动
11	粗加工左侧内轮廓	T04	内孔车刀	800	200	1.5	自动
12	精加工左侧内轮廓	T04	内孔车刀	1200	100	0.5	自动
13	加工左侧内螺纹	T05	60°螺纹刀	500	1.5		自动

5.4.3　工、量、刀具清单

加工端面槽加工件的工、量、刀具清单见表 5-11。

▣ 表 5-11　加工端面槽加工件的工、量、刀具清单

名称	规格	数量	备注
游标卡尺	0~150mm（0.02mm）	1	
千分尺	0~25mm，25~50mm，50~75mm （0.01mm）	各 1	
万能量角器	0~320°（2′）	1	
螺纹塞规	M30×1.5-6H	1	
百分表	0~10mm（0.01mm）	1	
磁性表座		1	
R 规	R7~14.5mm，R15~25mm	1	
内径量表	18~35mm（0.01mm）	1	
塞尺	0.02~1mm	1 副	
外圆车刀	93°，45°	各 1	
不重磨外圆车刀	R 型、V 型、T 型、S 型刀片	各 1	选用
内螺纹车刀	三角形螺纹	1	
端面槽刀	加工半径 R18~52mm	1	
内孔车刀	φ20mm 盲孔、φ20mm 通孔	各 1	

名称	规格	数量	备注
麻花钻	中心钻，ϕ10mm、ϕ20mm、ϕ24mm	各1	
辅具	莫氏钻套、钻夹头、活络顶尖	各1	
其他	铜棒、铜皮、毛刷等常用工具		选用
	计算机、计算器、编程用书等		

5.4.4 程序清单与注释

参考程序		注释	参考程序		注释
O5401；		加工右端外圆	O5402；		加工右端内孔
N10	G40 G98；		N10	G40 G98；	
N20	T0101；		N20	T0404；	
N30	M03 S800 F200；		N30	M03 S800 F200；	
N40	G00 X82 M08；		N40	G00 X22 M08；	
N50	Z2；		N50	Z2；	
N60	G71 U2 R1；		N60	G71 U1.5 R1；	
N70	G71 P80 Q150 U1 W0.1；		N70	G71 P80 Q140 U–1 W0.1；	
N80	G00 X57；		N80	G00 X47；	
N90	G01 Z0；		N90	G01 Z0；	
N100	X58 Z–0.5；		N100	X46 Z–0.5；	
N110	Z–10.5；		N110	Z–10；	
N120	X69 Z–26；		N120	X28.38 C2；	
N130	X73；		N130	W–1；	
N140	X77 W–2；		N140	X24；	
N150	G01 X80；		N150	G00 Z200；	
N160	G00 X150；		N160	M05；	
N170	Z200；		N170	M00；	
N180	M05；		N180	T0404；	
N190	M00；		N190	M03 S1200 F100；	
N200	T0101；		N200	G41 G00 X22；	
N210	M03 S1200 F100；		N210	Z2；	
N220	G42 G00 X82；		N220	G70 P80 Q140；	
N230	Z2；		N230	G40 G00 Z200 T0400 M05 M09；	
N240	G70 P80 Q150；		N240	M30；	
N250	G40 G00 X150；		O5403；		加工左端端面槽
N260	Z200 T0100 M05 M09；		N10	G40 G98；	
N270	M30；		N20	T0606；	

参考程序		注释	参考程序		注释
N30	M03 S500 F20;		N210	G70 P80 Q120;	
N40	G00 X47 M08;		N220	G40 G00 X150;	
N50	Z2;		N230	Z200 T0100 M05 M09;	
N60	G74 R2;		N240	M30;	
N70	G74 X45 Z-4 P2000 Q1200 F20;			O5405;	加工内孔和内螺纹
N80	G01 Z2;		N10	G40 G98;	
N90	X45;		N20	T0404;	
N100	Z0;		N30	M03 S800 F200;	
N110	X43 Z-4;		N40	G00 X22 M08;	
N120	Z2;		N50	Z2;	
N130	X49;		N60	G71 U1.5 R1;	
N140	X47 Z-4;		N70	G71 P80 Q120 U-1 W0.1;	
N150	Z2;		N80	G00 X32.38;	
N160	G00 Z200 T0600 M05 M09;		N90	G01 Z0;	
N170	M30;		N100	X28.38 Z-2;	
	O5404;	加工左端外圆	N110	Z-19;	
N10	G40 G98;		N120	X24;	
N20	T0101;		N130	G00 Z200;	
N30	M03 S800 F200;		N140	M05;	
N40	G00 X82 M08;		N150	M00;	
N50	Z2;		N160	T0404;	
N60	G71 U2 R1;		N170	M03 S1200 F100;	
N70	G71 P80 Q120 U1 W0.1;		N180	G41 G00 X22;	
N80	G00 X73;		N190	Z2;	
N90	G01 Z0;		N200	G70 P80 Q120;	
N100	X75 Z-1;		N210	G40 G00 Z200 T0400;	
N110	Z-13;		N220	M05;	
N120	G01 X80;		N230	M00;	
N130	G00 X150;		N240	T0505;	
N140	Z200;		N250	M03 S500;	
N150	M05;		N260	G00 X27;	
N160	M00;		N270	Z5;	
N170	T0101;		N280	G76 P10160 Q80 R-0.1;	
N180	M03 S1200 F100;		N290	G76 X30.05 Z-19 R0 P975 Q350 F1.5;	
N190	G42 G00 X82;		N300	G00 Z200 T0500 M05 M09;	
N200	Z2;		N310	M30;	

第6章
FANUC 数控系统车床加工经典实例

本章将介绍 3 个经典类型的 FANUC 数控系统车床加工实例，零件模型以配合件为主，加工难度较高，读者学习时，应重点掌握其加工方案和刀具参数设置，以确保最终加工效果。

6.1 偏心配合件

偏心配合件零件图及装配图如图 6-1 所示，毛坯为 $\phi 70 \times 135$ 和 $\phi 70 \times 35$ 的 45 钢，要求分析其加工工艺并编写其数控车加工程序。

6.1.1 学习目标与注意事项

（1）学习目标
① 偏心件的加工方法。
② 偏心件的配合。
（2）注意事项
① 三爪自定心卡盘垫片厚度的确定。
② 四爪单动卡盘车偏心件的装夹。

6.1.2 工艺分析与加工方案

（1）加工难点分析
① 偏心轴套的概念　在机械传动中，常采用曲柄滑块机构来实现回转运动转变为直线运动或直线运动转变为回转运动，在实际生产中常见的偏心轴、曲柄等就是其具体应用的实例。外圆和外圆的轴线或内孔与外圆的轴线平行但不重合（彼此偏离一定距离）的工件，称为偏心工件。外圆与外圆偏心的工件称为偏心轴，如图 6-2（a）所示；内孔与外圆偏心的工件称为偏心套，如图 6-2（b）所示。平行轴线间的距离称为偏心距。
② 三爪自定心卡盘垫片厚度的确定　其加工方法如图 6-3 所示，在三爪中的任意一个卡爪与工件接触面之间，垫上一块预先选好的垫片，使工件轴线相对车床主轴轴线产生位移，并使位移距离等于工件的偏心距，垫片厚度可按下列公式计算。

$$x = 1.5e + K \qquad K \approx 1.5\Delta e$$

式中　x——垫片厚度；

e——偏心距；

K——偏心距修正值，正负值可按实测结果确定；

Δ*e*——试切后，实测偏心距误差。

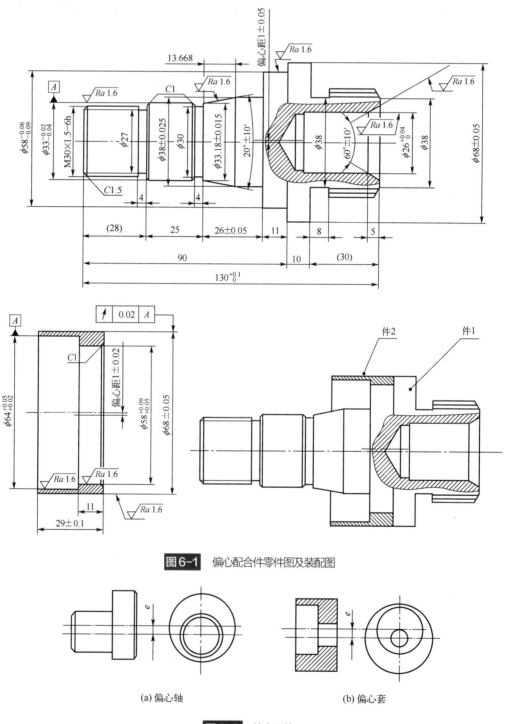

图6-1 偏心配合件零件图及装配图

(a) 偏心轴   (b) 偏心套

图6-2 偏心工件

（2）加工方案分析

① 先加工轴件左端至 79mm 长位置，然后依次加工槽和螺纹，然后再次装夹右端，打表调偏心，然后车 ϕ58 偏心外圆。

② 调头装夹锥面后 ϕ38 外圆，加工原右端外圆和内孔。

③ 加工套件，在此之前，可以先将轴上车一外螺纹、孔件车一内螺纹，以便配合加工套件外圆。外圆加工完毕，再加工偏心的内孔直径，然后加工 ϕ64 的内孔尺寸。

（3）选择刀具与切削用量

刀具与切削用量参数见表 6-1。

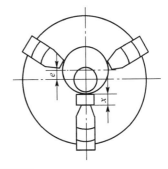

图6-3 在三爪自定心卡盘上车偏心工件

⊡ **表6-1　刀具与切削用量参数**

刀具号	刀具名称	背吃刀量/mm	转速/r·min⁻¹	进给速度/mm·min⁻¹
T0101	外圆车刀（粗）	2	800	200
	外圆车刀（精）	0.5	1200	100
T0202	外切槽刀		500	50
T0303	外螺纹刀		500	
T0404	内孔车刀（粗）	1.5	800	200
	内孔车刀（精）	0.25	1200	100

6.1.3　工、量、刀具清单

加工偏心配合件的工、量、刀具清单见表 6-2。

⊡ **表6-2　加工偏心配合件的工、量、刀具清单**

名称	规格	数量	备注
游标卡尺	0~150mm（0.02mm）	1	
千分尺	0~25mm，25~50mm，50~75mm（0.01mm）	各1	
万能量角器	0~320°（2′）	1	
螺纹塞规	M30×1.5-6H	1	
百分表	0~10mm（0.01mm）	1	
磁性表座		1	
R规	R7~14.5mm，R15~25mm	1	
内径量表	18~35mm（0.01mm）	1	
塞尺	0.02~1mm	1副	
外圆车刀	93°，45°	各1	
不重磨外圆车刀	R型、V型、T型、S型刀片	各1	选用
内、外螺纹车刀	三角形螺纹	各1	

名称	规格	数量	备注
内、外切槽刀	刀宽4mm	各1	
内孔车刀	ϕ20mm盲孔、ϕ20mm通孔	各1	
麻花钻	中心钻、ϕ10mm、ϕ20mm、ϕ24mm	各1	
辅具	莫氏钻套、钻夹头、活络顶尖	各1	
	偏心垫片	若干	
其他	铜棒、铜皮、毛刷等常用工具		选用
	计算机、计算器、编程用书等		

6.1.4 程序清单与注释

参考程序		注释	参考程序		注释
	O6101;	左端外圆	N200	M03 S1200 F100 T0101;	主轴正转1200r/min，进给100mm/min
N10	G40 G98 G97;	取消刀补，分进给，恒转速	N210	G42 G00 X72 Z2;	外圆锥面加刀补
N20	M03 S800 F200;	主轴正转，转速800r/min	N220	G70 P70 Q160;	精加工循环
N30	T0101 M08;	1号刀位1号刀补	N230	G40 G00 X100 Z100 T0100 M05 M09;	取消刀补
N40	G00 X72 Z2;	棒料直径ϕ70mm、定位需大2mm	N240	M30;	程序停
N50	G71 U2 R1;	切深2mm、退刀1mm		O6102;	左端槽
N60	G71 P70 Q160 U1 W0;	余量1mm、双边	N10	G40 G98 G97;	
N70	G00 X27;	循环头，工件起始点	N20	M03 S500 F50 T0202 M08;	
N80	G01 Z0;	刀尖碰端面	N30	G00 X40 Z-28;	
N90	X29.85 Z-1.5;	进行插补	N40	G01 X27;	
N100	Z-28;		N50	X40 F150;	
N110	X33 C1;		N60	W-5;	
N120	W-25;	Z向增量编程	N70	X30 F50;	
N130	X33.18;		N80	X40 F150;	
N140	X38 W-13.668;		N90	G00 X100 Z100 T0200 M05 M09;	
N150	Z-79;		N100	M30;	
N160	G01 X60;	循环尾		O6103;	左端螺纹
N170	G00 X100 Z100;	退刀	N10	G40 G98 G97;	
N180	M5;	主轴停	N20	M03 S500 T0303 M08;	
N190	M0;	程序暂停	N30	G00 X32 Z2;	

参考程序		注释	参考程序		注释
N40	G76 P10160 Q80 R0.1;		N80	X28 Z–5;	
N50	G76 X28.05 Z–25 R0 P975 Q350 F1.5;	1.5mm 螺距，双边 1.975mm 深	N90	Z–32;	
N60	G00 X100 Z100 T0300 M05 M09;		N100	G01 X20;	
N70	M30;		N110	G00 Z200 T0400;	
	O6104;	右端孔	N120	M5;	
N10	G40 G98 G97;		N130	M0;	
N20	M03 S800 F200 T0404 M08;		N140	M03 S1200 F100 T0101;	
N30	G00 X18 Z2;		N150	G41 G00 X18 Z2;	
N40	G71 U1.5 R0.5;		N160	G70 P60 Q100;	
N50	G71 P60 Q100 U–0.5 W0.1;		N170	G40 G00 Z200 T0100 M05 M09;	
N60	G00 X31.774;		N180	M30;	
N70	G01 Z0;				

注：其余加工步骤程序调用以上程序，修改循环部分即可。

6.2 三件配合件

三件配合件零件图及装配图如图 6-4 所示，毛坯为 $\phi 60 \times 95$ 和 $\phi 60 \times 100$ 的 45 钢，要求分析其加工工艺并编写其数控车加工程序。

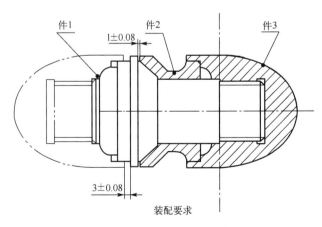

图6-4

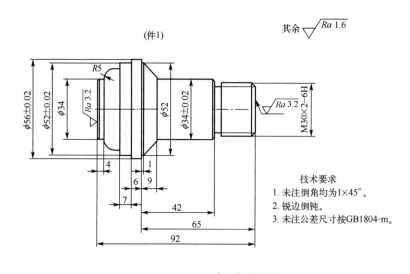

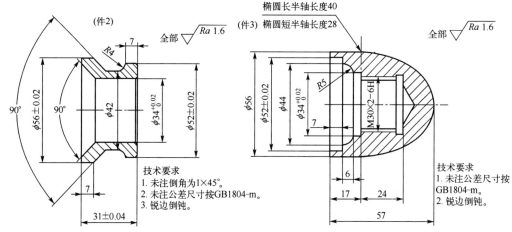

图6-4 三件配合件零件图和装配图

6.2.1 学习目标与注意事项

（1）学习目标
① 三件配合件的加工工艺。
② 配合精度的保证。
（2）注意事项
① 薄壁件的加工。
② 三件配合件的加工工艺安排。

6.2.2 工艺分析与加工方案

（1）加工难点分析
本例中，件2为一薄壁零件，对于薄壁零件的加工，是加工中一个难点部分。

① 薄壁工件的加工特点　车薄壁工件时，由于工件的刚性差，在车削过程中，可能产生以下现象。

a. 因工件薄，在夹紧力的作用下容易产生变形，从而影响工件的尺寸精度。

b. 因工件薄，切削热会引起工件热变形，从而使工件尺寸难于控制。对于线胀系数较大的金属薄壁工件，如在一次安装中连续完成半精车和精车，由切削热引起工件的热变形，会对其尺寸精度产生极大影响，有时甚至会使工件卡死在夹具上。

c. 在切削力（特别是径向切削力）的作用下，容易产生振动和变形，影响工件的尺寸精度、形位精度和表面粗糙度。

② 防止和减少薄壁工件变形的方法

a. 工件分粗、精车阶段。粗车时，由于切削余量较大，夹紧力稍大些，变形也相应大些；精车时，夹紧力可稍小些，一方面夹紧变形小，另一方面精车时还可以消除粗车时因切削力过大而产生的变形。

b. 合理选用刀具的几何参数。精车薄壁工件时，刀柄的刚度要求高，车刀的修光刃不宜过长（一般取 0.2~0.3mm），刃口要锋利。

c. 增大装夹接触面。采用开缝套筒（图 6-5）或一些特制的软卡爪。使接触面增大，让夹紧力均布在工件上，从而使工件夹紧时不易产生变形。

d. 应采用轴向夹紧夹具。车薄壁工件时，尽量不使用图 6-6（a）所示的径向夹紧法，而优先选用图 6-6（b）所示的轴向夹紧法。图 6-6（b）中，工件靠轴向夹紧套（螺纹套）的端面实现轴向夹紧，由于夹紧力 F 沿工件轴向分布，而工件轴向刚度大，不易产生夹紧变形。

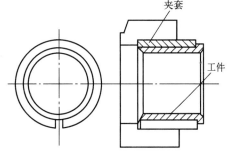

图6-5　增大装夹接触面减少工件变形

e. 增加工艺肋。有些薄壁工件在其装夹部位特制几根工艺肋（图 6-7），以增强此处刚性，使夹紧力作用在工艺肋上，以减少工件的变形，加工完毕后，再去掉工艺肋。

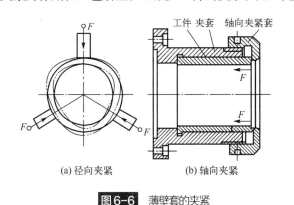

(a) 径向夹紧　　(b) 轴向夹紧

图6-6　薄壁套的夹紧

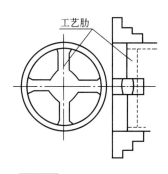

图6-7　增加工艺肋减少变形

f. 充分浇注切削液。通过充分浇注切削液，降低切削温度，减少工件热变形。

（2）加工方案分析

① 先加工轴件右端至 65mm 位置、调头装夹 ϕ34 位置车左端外圆。

② 加工套件，先加工右端 7mm 长外圆，调头装夹 7mm 长外圆加工左端外圆和内孔。

③ 加工件 3，先将内孔做完，配合前两件做椭圆外圆部分。

（3）选择刀具与切削用量

刀具与切削用量参数见表 6-3。

▣ 表6-3　刀具与切削用量参数

刀具号	刀具名称	背吃刀量/mm	转速/r·min⁻¹	进给速度/mm·min⁻¹
T0101	外圆车刀（粗）	2	800	200
	外圆车刀（精）	0.5	1200	100
T0202	外切槽刀		500	50
T0303	外螺纹刀		500	
T0404	内孔车刀（粗）	1.5	800	200
	内孔车刀（精）	0.25	1200	100
T0505	内螺纹刀		500	

6.2.3　工、量、刀具清单

加工三件配合件的工、量、刀具清单见表 6-4。

▣ 表6-4　加工三件配合件的工、量、刀具清单

名称	规格	数量	备注
游标卡尺	0~150mm（0.02mm）	1	
千分尺	0~25mm，25~50mm，50~75mm（0.01mm）	各1	
万能量角器	0~320°（2′）	1	
螺纹塞规	M30×1.5–6H	1	
百分表	0~10mm（0.01mm）	1	
磁性表座		1	
R 规	R7~14.5mm，R15~25mm	1	
椭圆样板	长轴80mm，短轴56mm	1	
内径量表	18~35mm（0.01mm）	1	
塞尺	0.02~1mm	1 副	
外圆车刀	93°，45°	各1	
不重磨外圆车刀	R 型、V 型、T 型、S 型刀片	各1	选用
内、外螺纹车刀	三角形螺纹	各1	
内、外切槽刀	刀宽4mm	各1	
内孔车刀	ϕ20mm 盲孔、ϕ20mm 通孔	各1	
麻花钻	中心钻、ϕ10mm、ϕ20mm、ϕ24mm	各1	
辅具	莫氏钻套、钻夹头、活络顶尖	各1	
其他	铜棒、铜皮、毛刷等常用工具		选用
	计算机、计算器、编程用书等		

6.2.4 程序清单与注释

	参考程序	注释		参考程序	注释
	O6201；	轴件右端外圆		O6202；	右端槽
N10	G40 G98 G97；		N10	G40 G98 G97；	
N20	M03 S800 F200；		N20	M03 S500 F50 T0202；	
N30	T0101 M08；		N30	G00 X32 Z–23；	
N40	G00 X72 Z2；	棒料直径 70mm，定位需大 2mm	N40	G01 X27；	
N50	G71 U2 R1；	切深 2mm、退刀 1mm	N50	X32 F150；	
N60	G71 P70 Q160 U1 W0；	余量 1mm、双边	N60	G00 X100 Z100；	
N70	G00 X27；	循环头	N70	M30；	
N80	G01 Z0；			O6203；	右端螺纹
N90	X29.85 Z–1.5；		N10	G40 G98 G97；	
N100	Z–23；		N20	M03 S500 T0303 M08；	
N110	X34 C1；		N30	G00 X32 Z2；	
N120	Z–54；		N40	G76 P10160 Q80 R0.1；	
N130	X38；		N50	G76 X28.05 Z–20 R0 P975 Q350 F1.5；	
N140	X52 Z–64；		N60	G00 X100 Z100；	
N150	Z–65；		N70	M30；	
N160	G01 X60；	循环尾		O6204；	套件孔
N170	G00 X100 Z100；		N10	G40 G98 G97；	
N180	M5；		N20	M03 S800 F200 T0404 M08；	
N190	M0；		N30	G00 X18 Z2；	
N200	M03 S1200 F100 T0101；		N40	G71 U1.5 R0.5；	
N210	G42 G00 X72 Z2；	外圆锥面加刀补	N50	G71 P60 Q100 U–0.5 W0.1；	
N220	G70 P70 Q160；		N60	G00 X52；	
N230	G40 G00 X100 Z100；	取消刀补	N70	G01 Z0；	
N240	M30；		N80	X34 Z–10；	

参考程序		注释	参考程序		注释
N90	Z–32;		N30	G00 X62 Z2;	
N100	G01 X20;		N40	G73 U30 R15;	余量30mm，分15 刀粗车
N110	G00 Z200;		N50	G73 P60 Q150 U1 W0.1;	
N120	M5;		N60	G00 X0;	
N130	M0;		N70	G01 Z0;	
N140	M03 S1200 F100 T0101;		N80	#1=40;	
N150	G41 G00 X18 Z2;		N90	#2=SQRT[40*40– #1*#1]/40;	
N160	G70 P60 Q100;		N100	G1 X[2*#2] Z[#1–40]	
N170	G40 G00 Z200;		N110	#1=#1–0.5;	
N180	M30;		N120	IF[#1GE0] GOTO90;	
	O6205;	内螺纹	N130	G01 X56 Z–40;	
N10	G40 G98 G97;		N140	Z–58;	
N20	M03 S500 T0505 M08;		N150	G01 X60;	
N30	G00 X27 Z2;		N160	G00 X100 Z100;	
N40	G76 P10160 Q80 R–0.1;		N170	M5;	
N50	G76 X30.02 Z–39 R0 P975 Q350 F1.5;		N180	M0;	
N60	G00 X100 Z100;		N190	M03 S1200 F100 T0101;	
N70	M30;		N200	G42 G00 X62 Z2;	
	O6206;	椭圆	N210	G70 P60 Q150;	
N10	G40 G98 G97;		N220	G00 X100 Z100;	
N20	M03 S800 F200 T0101 M08;		N230	M30;	

注：其余加工步骤程序调用以上程序，修改循环部分即可。

6.3 斜椭圆加工件

斜椭圆加工件零件图如图 6-8 所示，毛坯为 $\phi60 \times 75$ 的 45 钢，要求分析其加工工艺并编写其数控车加工程序。

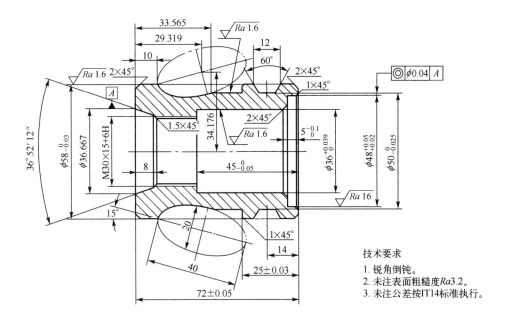

技术要求
1. 锐角倒钝。
2. 未注表面粗糙度 Ra3.2。
3. 未注公差按IT14标准执行。

图6-8 斜椭圆加工件零件图

6.3.1 学习目标与注意事项

（1）学习目标
斜椭圆的编程方法。
（2）注意事项
斜椭圆的坐标变换。

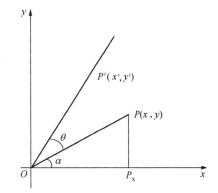

图6-9 坐标变换

6.3.2 工艺分析与加工方案

（1）加工难点分析
斜椭圆的加工是本例中的一个难点，要想编制斜椭圆方程，必须对斜椭圆进行坐标变换。

如图 6-9 所示，取直角坐标系，以原点 O 为旋转中心，旋转角为 θ，平面上任意一点 $P(x, y)$ 旋转到 $P'(x', y')$，令 $\angle xOP = \alpha$，则 $\angle xOP' = \alpha + \theta$，且 $|OP| = |OP'|$。

于是

$$x' = OP'_x = |OP'| \cos(\alpha + \theta)$$
$$= |OP'| (\cos\alpha \cos\theta - \sin\alpha \sin\theta)$$
$$= |OP| \cos\alpha \cos\theta - |OP| \sin\alpha \sin\theta$$
$$= OP_x \cos\theta - P_x P \sin\theta$$
$$= x \cos\theta - y \sin\theta$$

同理 $y' = x\sin\theta + y\cos\theta$

旋转变换公式为

$$\begin{cases} x' = x\cos\theta - y\sin\theta \\ y' = x\sin\theta + y\cos\theta \end{cases}$$

由上面方程组解出 x 和 y

$$\begin{cases} x = x'\cos\theta + y'\sin\theta \\ y = -x'\sin\theta + y'\cos\theta \end{cases}$$

即

$$\begin{cases} x = x'\cos(-\theta) - y'\sin(-\theta) \\ y = -x'\sin(-\theta) + y'\cos(-\theta) \end{cases}$$

这就是旋转变换逆变换公式，其旋转角为 $-\theta$。

（2）加工方案分析

① 加工工件右端外圆及内孔。

② 调头找正，加工工件左端斜椭圆及内孔部分。

（3）选择刀具与切削用量

刀具与切削用量参数见表 6-5。

⊡ 表6-5　刀具与切削用量参数

刀具号	刀具名称	背吃刀量/mm	转速/r·min⁻¹	进给速度/mm·min⁻¹
T0101	外圆车刀（粗）	1	800	200
	外圆车刀（精）	0.5	1200	100
T0202	外切槽刀		500	50
T0303	外螺纹刀		500	
T0404	内孔车刀（粗）	1.5	800	200
	内孔车刀（精）	0.5	1200	100
T0505	内螺纹刀		500	

6.3.3　工、量、刀具清单

加工斜椭圆加工件的工、量、刀具清单见表 6-6。

⊡ 表6-6　加工斜椭圆加工件的工、量、刀具清单

名称	规格	数量	备注
游标卡尺	0~150mm（0.02mm）	1	
千分尺	0~25mm，25~50mm，50~75mm（0.01mm）	各1	
万能量角器	0~320°（2′）	1	

续表

名称	规格	数量	备注
螺纹塞规	M30×1.5-6H	1	

百分表	0~10mm（0.01mm）	1	
磁性表座		1	
R 规	R7~14.5mm，R15~25mm	1	
椭圆样板	长轴 40mm，短轴 20mm	1	
内径量表	18~35mm（0.01mm）	1	
塞尺	0.02~1mm	1 副	
外圆车刀	93°、45°	各 1	
不重磨外圆车刀	R 型、V 型、T 型、S 型刀片	各 1	选用
内、外螺纹车刀	三角形螺纹	各 1	
内、外切槽刀	刀宽 4mm	各 1	
内孔车刀	ϕ20mm 盲孔、ϕ20mm 通孔	各 1	
麻花钻	中心钻、ϕ10mm、ϕ20mm、ϕ24mm	各 1	
辅具	莫氏钻套、钻夹头、活络顶尖	各 1	
其他	铜棒、铜皮、毛刷等常用工具 计算机、计算器、编程用书等		选用

6.3.4 程序清单与注释

参考程序	注释	参考程序	注释
O6301；	加工斜椭圆部分	N150 IF[#1GE−1.726] GOTO100；	利用变换公式或者画图得出偏移的 Z 终点坐标到椭圆中心距离
N10 G40 G98 G97；		N160 G01 X50 Z−33.565；	再次确定椭圆终点坐标
N20 M03 S800 F200 T0101 M08；		N170 Z−47；	
N30 G0 X62 Z2；		N180 G1 X60；	
N40 G73 U8 R8；	分 8 刀进行粗车	N190 G0 X100；	
N50 G73 P60 Q180 U1 W0.1 F100；	循环 N10 到 N20	N200 Z100；	
N60 G0 X54；		N210 M5；	
N70 G1 Z0；		N220 M0；	
N80 X58 Z−2；		N230 M03 S1200 F100 T0101；	
N90 #1=20；	Z 向初始值	N240 G42 G0 X26；	调用刀补
N100 #2=10*SQRT[20*20−#1*#1]/20；	正常椭圆方程	N250 Z2；	
N110 #3=#1*COS[15]−#2*SIN[15]；	Z 向坐标变换	N260 G70 P60 Q180；	
N120 #4=#1*SIN[15]+#2*COS[15]；	X 向坐标变换	N270 G40 G0 X100 Z100；	取消刀补
N130 G01 X[2*34.176−2*#4] Z[#3−29.319]；	调用变换后的 Z/X 坐标	N280 M30；	
N140 #1=#1−0.5；	Z 每次变换 0.5		

注：其余加工序略。

第7章
SIEMENS 数控系统车床加工入门实例

本章以典型特征为例来讲解 SINUMERIK 802D 对外圆、端面、内外螺纹、切槽的加工方法和过程，主要目的是让读者熟悉 SINUMERIK 802D 常用指令与实际使用方法。

7.1 外圆柱面加工

车削加工如图 7-1 所示的轴类零件的右端面及外形轮廓，实体图如图 7-2 所示。

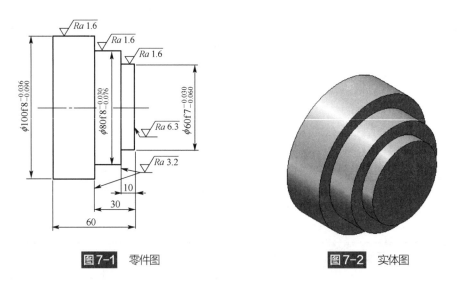

图7-1 零件图   图7-2 实体图

7.1.1 学习目标与注意事项

（1）学习目标

① 掌握车床加工中的快速移动指令 G00，直线插补指令 G01。

② 掌握车床加工中的 G94、G95 设定 F 指令进给量单位。

③ 掌握车床加工中的 T、D 换刀和刀补指令。

（2）注意事项

在运行开始时，注意起刀点必须设置在远离工件的安全位置，保持刀具与工件间的距离。

7.1.2　工、量、刀具清单

加工外圆柱面的工、量、刀具清单见表 7-1。

□ **表 7-1　加工外圆柱面的工、量、刀具清单**

名称	规格	精度	数量
车刀	45°机夹偏刀		1
车刀	93°硬质合金机夹外圆车刀		1
游标卡尺	0~150mm	0.02mm	1
其他	常用数控车床辅具		若干

7.1.3　工艺分析与加工方案

（1）分析零件工艺性能

由图 7-1 可看出，该零件外形结构并不复杂，但零件的轨迹精度要求高，其总体结构主要包括端面和圆柱。加工轮廓由直线构成，外圆加工尺寸有公差要求。外圆粗糙度 Ra1.6μm，台阶面 Ra3.2μm，端面 Ra6.3μm。尺寸标注完整，轮廓描述清楚。

（2）选用毛坯或明确来料状况

毛坯为圆钢，材料 45 钢，ϕ110×100 的半成品，外表面经过荒车加工。零件材料切削性能较好。

（3）选用数控机床

加工轮廓由直线组成，所需刀具不多，用两轴联动数控车床可以成形。

（4）确定装夹方案

① 夹具　对于短轴类零件，用三爪卡盘自定心夹持 ϕ110 外圆，使工件伸出卡盘 70mm（应将机床的限位距离考虑进去），共限制 4 个自由度，一次装夹完成粗精加工。三爪自定心卡盘能自动定心，工件装夹后一般不需要找正，装夹效率高。

② 定位基准　三爪卡盘自定心，故以轴线为定位基准。

（5）确定加工方案

根据零件形状及加工精度要求，分端面加工和外圆粗、精铣来完成加工。该零件的数控加工方案见表 7-2。

□ **表 7-2　数控加工方案**

工步号	工步内容	刀具号	切削用量		
			主轴转速/r·min⁻¹	进给速度/mm·r⁻¹	背吃刀量/mm
1	车端面	T01	600	0.05	—
2	粗车外圆	T02	600	0.2	—
3	精车外圆	T03	1000	0.05	—

7.1.4 程序编制与注释

对于轴类零件的数控车削编程，需先按照零件图样计算各几何元素的交点，然后按照数控加工工艺要求进行代码编写。

（1）建立工件坐标系

对于车削零件编程，一般情况下工件原点设置在工件的左、右端面或卡盘端面与主轴的交点处，没有特殊情况应该选择工件右端面处。为了便于计算基点坐标及对刀操作等，考虑到图7-1所示工件，故将工件坐标系建立在工件的右端面中心轴线处，如图7-3所示。

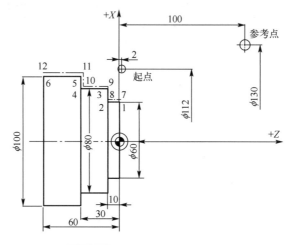

图7-3 工件坐标系及刀具路径

（2）确定编程方案及刀具路径

端面车削采用45°机夹偏刀，设置刀具的起刀点在（$X112$，$Z0$），采用直线插补走刀，设置进给速度0.05mm/r。

外圆表面的加工余量比较大，需要采用多次重复加工，才能去除全部余量，采用 G1 编程时要分别求出各轨迹各交点的坐标。粗加工采用一次走刀，X 轴留精加工余量0.5mm，Z 轴留余量0.1mm，分别计算出各点的坐标，精加工采用一次走刀。

（3）计算编程尺寸

① 换刀点 零件原点设置在零件的右端面，为了防止换刀时刀具与零件或尾座相碰，加工时的换刀点可以设置在（$X150$，$Z100$）。

② 起刀点 为了减少循环加工的次数，循环的起刀点可以设置在（$X112$，$Z2$）的位置。

③ 编程点 直接用基本尺寸编程，不用计算平均尺寸。根据刀具路径计算的各基点坐标值见表7-3。

▫ 表7-3 编程点坐标

基点编号	X 坐标	Z 坐标	基点编号	X 坐标	Z 坐标
1	60	0	3	80	−10
2	60	−10	4	80	−30

基点编号	X 坐标	Z 坐标	基点编号	X 坐标	Z 坐标
5	100	−30	9	81	−9.9
6	100	−60	10	81	−29.9
7	61	2	11	101	−29.9
8	61	−9.9	12	101	−60

（4）参考程序

SKCR701.MPF		程序号
N0010	G54 G90 G95 G40 M03 S600;	设置工件坐标系，主轴正转，转速 600r/min
N0020	T01 D01;	换 1 号刀，选择 1 号刀补（端面车刀）
N0030	G100 X112 Z0 M08;	刀具移动至加工起始位置，开启冷却液
N0040	G01 X−1 F0.05;	车右端面，以进给速度 0.05mm/r 直线插补
N0050	G00 X150 Z100;	返回换刀点
N0060	T02 D02;	换 2 号刀，选择 2 号刀补（粗车刀）
N0070	G00 X61 Z2;	刀具移动至加工起始位置
N0080	G01 Z−9.9 F0.2;	粗车外圆，X 轴留精加工余量 0.5mm，Z 轴留余量 0.1mm，进给速度 0.2mm/r
N0090	X81;	粗 φ80 的端面
N0100	Z−29.9;	粗 φ80 的外圆柱面
N0110	X101;	粗 φ100 的端面
N0120	Z−60;	粗 φ100 的外圆柱面
N0130	G00 X150 Z100;	返回换刀点
N0140	T03 D03 S1000;	换 3 号刀，选择 3 号刀补（精车刀），转速 1000r/min
N0150	G00 X60 Z2;	快速移动至加工起始位置
N0160	G01 Z−10 F0.05;	精 φ60 的外圆柱面，进给速度 0.05mm/r
N0170	X80;	精 φ80 右端面
N0180	Z−30;	精 φ80 的外圆柱面
N0190	X100;	精 φ100 右端面
N0200	Z−60;	精 φ100 的外圆柱面
N0210	G00 X150 Z100;	退回换刀点
N0220	M05 M09;	主轴停止，切削液停止
N0230	M02;	主程序结束并返回程序开头

7.2 内锥面加工

车削加工如图 7-4 所示的轴类零件的右端面及外形轮廓，实体图如图 7-5 所示。

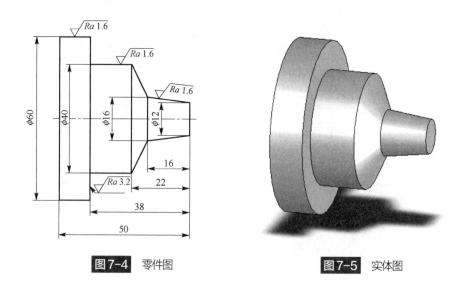

图7-4　零件图　　　　　图7-5　实体图

7.2.1　学习目标与注意事项

（1）学习目标

① 掌握车床加工中快速移动指令 G00、直线插补指令 G01 在锥面加工中的应用。

② 掌握毛坯车削循环 CYCLE95 指令。

③ 掌握切断程序编制。

（2）注意事项

① 在运行开始时，注意起刀点必须设置在远离工件的安全位置，保持刀具与工件间的距离。

② 切断刀进刀、退刀时，需要注意退刀方向，仿真刀具碰撞。

7.2.2　工、量、刀具清单

加工外圆柱面的工、量、刀具清单见表 7-4。

▫ 表7-4　加工外圆柱面的工、量、刀具清单

名称	规格	精度	数量
车刀	45°机夹偏刀		1
车刀	93°硬质合金机夹外圆车刀		1
切断刀	槽宽 4mm		1
游标卡尺	0~150mm	0.02mm	1
其他	常用数控车床辅具		若干

7.2.3　工艺分析与加工方案

（1）分析零件工艺性能

由图 7-4 可看出，该零件外形为简单锥面，零件的轨迹精度要求高，其总体结构主要包括端面、圆柱和锥面。加工轮廓由直线构成，外圆加工尺寸有公差要求。锥面粗糙度 $Ra1.6\mu m$，台阶面 $Ra3.2\mu m$，端面 $Ra6.3\mu m$。不准用砂布及锉刀等修饰表面。尺寸标注完整，轮廓描述清楚。

（2）选用毛坯或明确来料状况

毛坯为圆钢，材料 45 钢，$\phi65\times100$ 的半成品，外表面经过荒车加工。零件材料切削性能较好。

（3）选用数控机床

加工轮廓由直线组成，所需刀具不多，用两轴联动数控车床可以成形。

（4）确定装夹方案

① 夹具。对于短轴类零件，用三爪卡盘自定心夹持 $\phi65$ 外圆，使工件伸出卡盘 80mm（应将机床的限位距离考虑进去），共限制 4 个自由度，一次装夹完成粗精加工。三爪自定心卡盘能自动定心，工件装夹后一般不需要找正，装夹效率高。

② 定位基准。三爪卡盘自定心，故以轴线为定位基准。

（5）确定加工方案

根据零件形状及加工精度要求，分端面加工和外圆粗、精铣来完成加工。该零件的数控加工方案见表 7-5。

▣ **表 7-5 数控加工方案**

工步号	工步内容	刀具号	切削用量		
			主轴转速 / (r/min)	进给速度 / (mm/r)	背吃刀量/mm
1	车端面	T01	600	0.05	
2	粗车外圆	T02	600	0.2	2
3	精车外圆	T02	1000	0.05	0.5
4	切断	T03	800	0.05	

7.2.4 程序编制与注释

对于轴类零件的数控车削编程，需先按照零件图样计算各几何元素的交点，然后按照数控加工工艺要求进行代码编写。

（1）建立工件坐标系

对于车削零件编程，一般情况下工件原点设置在工件的左、右端面或卡盘端面与主轴的交点处，没有特殊情况应该选择工件右端面处。为了便于计算基点坐标及对刀操作等，考虑到图 7-4 所示工件，故将工件坐标系建立在工件的右端面中心轴线处，如图 7-6 所示。

（2）确定编程方案及刀具路径

端面车削采用 45° 机夹偏刀，设置刀具的起刀点在（$X64$，$Z0$），采用直线插补走刀，设置进给速度 0.05mm/r。

外圆表面的加工余量比较大，需要采用多次重复加工，才能去除全部余量，通过 G1 完成编程时要求计算每次加工的轨迹交点坐标，故采用 CYCLE95 循环指令，调用子程序来进行粗精加工。加工时刀具的起点在（$X64$，$Z2$），粗加工切削深度为 2mm，X 轴留精加工余量 0.3mm，Z 轴留余量 0.3mm，循环采用"纵向、内部、综合加工"方式。

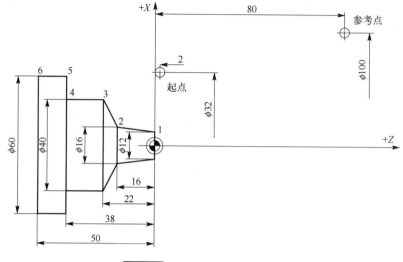

图7-6 工件坐标系及刀具路径

（3）计算编程尺寸

① 换刀点。零件原点设置在零件的右端面，为了防止换刀时刀具与零件或尾座相碰，加工时的换刀点可以设置在（$X100$，$Z80$）。

② 起刀点。为了减少循环加工的次数，循环的起刀点可以设置在（$X64$，$Z2$）的位置。

③ 编程点。直接用基本尺寸编程，不用计算平均尺寸。根据刀具路径计算的各基点坐标值见表 7-6。

▫ 表7-6 编程点坐标

基点编号	X 坐标	Z 坐标	基点编号	X 坐标	Z 坐标
1	12	0	4	40	−38
2	16	−16	5	60	−38
3	40	−22	6	60	−50

（4）参考程序

SKCR701.MPF		程序号
N0010	G54 G90 G95 G40 M03 S600;	设置工件坐标系，主轴正转，转速 600r/min
N0020	T01 D01;	换 1 号刀，选择 1 号刀补
N0030	G00 X64 Z0 M08;	刀具移动至加工起始位置，开启冷却液
N0040	G01 X−1 F0.05;	车右端面，以进给速度 0.05mm/r 直线插补
N0050	G00 X100 Z80;	返回换刀点

SKCR701.MPF		程序号
N0060	T02 D02 F0.2;	换 2 号刀，选择 2 号刀补
N0070	G00 X64 Z2;	刀具移动至加工起始位置
N0080	CYCLE95("ZC701",2,0.3,0.3,0.5,0.2,0.1,0.05,9,,,2);	调用循环粗车
N0090	G00 X64 Z2;	回到切削起始点
N0100	F0.05 S1000;	转速 1000r/min，进给速度 0.05mm/r
N0110	ZC701;	调用子程序精车
N0120	G00 X100.0 Z100.0;	退回换刀点
N0130	F0.05 S800;	转速 800r/min，进给速度 0.05mm/r
N0140	T03 D03;	换 3 号刀
N0150	G00 X65.0 Z−55;	定位到切断起点
N0160	G01 X−1;	切断工件
N0170	G00 X100;	
N0180	Z80;	退回换刀点
N0190	M05 M09;	主轴停止，切削液停止
N0200	M03;	主程序结束并返回程序开头
ZC701.SPF		加工外轮廓子程序
N0010	G01 X12.0;	
N0020	Z0.0;	
N0030	X16.0 Z−16.0;	车锥面
N0040	X40.0 Z−22.0;	
N0050	Z−38.0;	车台阶
N0060	X60.0;	
N0070	Z−55.0;	
N0080	M02;	返回主程序

7.3 外螺纹加工

螺纹加工如图 7-7 所示的外圆柱螺纹，实体图如图 7-8 所示。

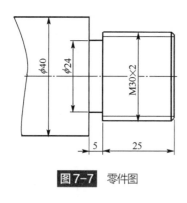

图7-7 零件图

图7-8 实体图

7.3.1 学习目标与注意事项

（1）学习目标

掌握车床加工中的快速移动指令 G00 和螺纹切削加工指令 G33。

（2）注意事项

在运行开始时，注意起刀点必须设置在远离工件的安全位置，保持刀具与工件间的距离。此外，螺纹加工时要注意一个螺纹加工通常分为若干刀进行，每切一刀需要四个程序段，即进刀 G0→螺纹切削 G33→退刀 G0→返回 G0。

7.3.2 工、量、刀具清单

加工外螺纹的工、量、刀具清单见表 7-7。

▫ 表7-7 加工外螺纹的工、量、刀具清单

名称	规格	精度	数量
车刀	60°螺纹刀		1
游标卡尺	0~150mm	0.02mm	1
其他	常用数控车床辅具		若干

7.3.3 工艺分析与加工方案

（1）分析零件工艺性能

由图 7-7 可看出，该零件外形结构并不复杂，本例中外圆表面和退刀槽已经加工完成，仅加工螺纹。螺纹精度为 7g，尺寸标注完整，轮廓描述清楚。

（2）选用毛坯或明确来料状况

毛坯为圆钢，材料 45 钢，外圆表面已经加工完毕。零件材料切削性能较好。

（3）选用数控机床

采用螺纹刀加工，用两轴联动数控车床可以成形。

（4）确定装夹方案

① 夹具　对于短轴类零件，用三爪卡盘自定心夹持 ϕ40 外圆，使工件伸出卡盘 50mm

（应将机床的限位距离考虑进去），共限制 4 个自由度，一次装夹完成螺纹加工。三爪自定心卡盘能自动定心，工件装夹后一般不需要找正，装夹效率高。

② 定位基准　三爪卡盘自定心，故以轴线为定位基准。

（5）确定加工方案

加工螺纹为 M30×2，可分 5 次进刀完成，每次的背吃刀量分别为 0.9mm、0.6mm、0.6mm、0.4mm、0.1mm，主轴转速为 400r/min。

7.3.4　程序编制与注释

对于轴类零件的数控车削编程，需先按照零件图样计算各几何元素的交点，然后按照数控加工工艺要求进行代码编写。

（1）建立工件坐标系

为了便于计算基点坐标及对刀操作等，故将工件坐标系建立在工件的右端面中心轴线处，如图 7-9 所示。

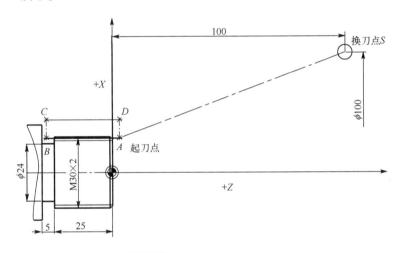

图7-9　工件坐标系及刀具路径

（2）确定编程方案及刀具路径

图 7-7 中的螺纹为圆柱螺纹，采用螺纹切削指令 G33 进行加工。螺纹加工属于成形加工，加工时主轴旋转一转，车刀的进给量必须等于螺纹导程，故刀具进给速度 F 只取决于主轴转速和螺纹导程。通常螺纹加工要分层切削，每次进给的背吃刀量用螺纹深度减精加工背吃刀量所得的差按照递减规律分配，常用螺纹进给次数和背吃刀量见表 7-8。

▫ 表 7-8　螺纹切削的进给次数和背吃刀量（直径双边值）　　　　　　　　　　　　　mm

螺距		1.0	1.5	2.0	2.5	3.0	3.5	4.0
牙深		0.649	0.974	1.299	1.624	1.949	2.273	2.598
背吃刀量 切削次数	1次	0.7	0.8	0.9	1.0	1.2	1.5	1.5
	2次	0.4	0.6	0.6	0.7	0.7	0.7	0.8
	3次	0.2	0.4	0.6	0.6	0.6	0.6	0.6

	4 次		0.16	0.4	0.4	0.4	0.6	0.6
	5 次			0.1	0.4	0.4	0.4	0.4
背吃刀量	6 次			0.15	0.4	0.4	0.4
切削次数	7 次				0.2	0.2	0.4
	8 次					0.15	0.3
	9 次						0.2

要求加工的螺纹大径尺寸为 30mm, 查表 7-5 可知要分 5 次切削, 第 1 次切削背吃刀量直径值为 0.9mm, 此时直径为 29.1mm; 第 2 次切削背吃刀量为 0.6mm, 此时直径为 28.5mm; 第 3 次切削背吃刀量为 0.6mm, 此时直径为 27.9mm; 第 4 次切削深度 0.4mm, 此时直径为 27.5mm; 第 5 次切削深度 0.1mm, 此时直径为 27.4mm。

（3）计算编程尺寸

① 换刀点　零件原点设置在零件的右端面, 为了防止换刀时刀具与零件或尾座相碰, 加工时的换刀点可以设置在（$X60, Z30$）。

② 起刀点　为了减少循环加工的次数, 循环的起刀点可以设置在（$X40, Z3$）的位置。

③ 编程点　根据螺纹尺寸计算的各基点坐标值见表 7-9。

▢ 表 7-9　编程点坐标

基点编号	X 坐标	Z 坐标	基点编号	X 坐标	Z 坐标
1（S）	100	100	4（C）	40	−27
2（A）	—	3	5（D）	40	3
3（B）	—	−27			

（4）参考程序

SKCR702.MPF		程序号
N0010	G54 G90 G95 G40 M03 S400;	设置工件坐标系, 主轴正转, 转速 400r/min
N0020	T01 D01;	换 1 号刀, 选择 1 号刀补
N0030	G00 X100 Z100;	目测刀具位置, 或设置当前刀尖处 S 位置（$X100, Z100$）
N0040	G00 X29.1 Z3;	刀具快速移动到第一层起切点位置（$X29.1, Z3$）
N0050	G33 X29.1 Z−27 K2;	采用螺纹切削指令 G33 切削第一层, 螺距为 2mm
N0060	G00 X40;	快速移动定位退到 C 点
N0070	Z3;	快速移动定位退到 D 点
N0080	X28.5;	刀具快速移动到第二层起切点（$X28.5, Z3$）
N0090	G33 Z−27 K2;	采用螺纹切削指令 G33 切削第二层
N0100	G00 X40;	快速移动定位退到 C 点
N0110	Z3;	快速移动定位退到 D 点
N0120	X27.9;	刀具快速移动到第三层起切点（$X27.9, Z3$）
N0130	G33 Z−27 K2;	采用螺纹切削指令 G33 切削第三层
N0140	G00 X40;	快速移动定位退到 C 点

SKCR702.MPF		程序号
N0150	Z3;	快速移动定位退到 D 点
N0160	X27.5;	刀具快速移动到第四层起切点（X27.5，Z3）
N0170	G33 Z–27 K2;	采用螺纹切削指令 G33 切削第四层
N0180	G00 X40;	快速移动定位退到 C 点
N0190	Z3;	快速移动定位退到 D 点
N0200	X27.4;	刀具快速移动到第五层起切点（X27.4，Z3）
N0210	G33 Z–27 K2;	采用螺纹切削指令 G33 切削第五层
N0220	G00 X40;	快速移动定位退到 C 点
N0230	X100 Z100;	快速移动到换刀点 S
N0240	M05;	主轴停止
N0250	M02;	主程序结束并返回程序开头

7.4　外圆弧面加工

车削加工如图 7-10 所示的轴类零件的右端面及外形圆弧轮廓，实体图如图 7-11 所示。

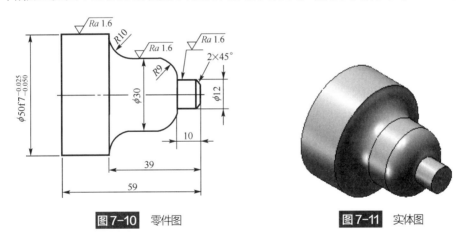

图 7-10　零件图

图 7-11　实体图

7.4.1　学习目标与注意事项

（1）学习目标

① 掌握车床加工中的快速移动指令 G00，直线插补指令 G01。

② 掌握车床加工中的圆弧插补指令 G02、G03。

③ 掌握毛坯车削循环 CYCLE95 指令。

（2）注意事项

在运行开始时，注意起刀点必须设置在远离工件的安全位置，保持刀具与工件间的距离。

7.4.2 工、量、刀具清单

加工外圆弧面的工、量、刀具清单见表7-10。

名称	规格	精度	数量
车刀	45° 机夹偏刀		1
车刀	93° 硬质合金机夹外圆车刀		1
游标卡尺	0~150mm	0.02mm	1
其他	常用数控车床辅具		若干

7.4.3 工艺分析与加工方案

（1）分析零件工艺性能

由图7-10可看出，该零件外形结构并不复杂，但零件的轨迹精度要求高，该零件的总体结构主要包括端面和圆柱。加工轮廓由直线构成，外圆加工尺寸有公差要求。外圆粗糙度 Ra1.6mm。尺寸标注完整，轮廓描述清楚。

（2）选用毛坯或明确来料状况

毛坯为圆钢，材料45钢，ϕ55×100的半成品，外表面经过荒车加工。零件材料切削性能较好。

（3）选用数控机床

加工轮廓由直线组成，所需刀具不多，用两轴联动数控车床可以成形。

（4）确定装夹方案

① 夹具 对于短轴类零件，用三爪卡盘自定心夹持ϕ55 外圆，使工件伸出卡盘 70mm（应将机床的限位距离考虑进去），共限制 4 个自由度，一次装夹完成粗精加工。三爪自定心卡盘能自动定心，工件装夹后一般不需要找正，装夹效率高。

② 定位基准 三爪卡盘自定心，故以轴线为定位基准。

（5）确定加工方案

根据零件形状及加工精度要求，分端面加工和外圆粗、精铣来完成加工。该零件的数控加工方案见表7-11。

□ 表7-11 数控加工方案

工步号	工步内容	刀具号	切削用量		
			主轴转速/r·min^{-1}	进给速度/mm·r^{-1}	背吃刀量/mm
1	车端面	T01	600	0.05	
2	粗车外圆	T02	600	0.2	2
3	精车外圆	T02	1000	0.05	0.3

7.4.4 程序编制与注释

对于轴类零件的数控车削编程，需先按照零件图样计算各几何元素的交点，然后按照数控加工工艺要求进行代码编写。

（1）建立工件坐标系

对于车削零件编程，一般情况下工件原点设置在工件的左、右端面或卡盘端面与主轴的交点处，没有特殊情况应该选择工件右端面处。为了便于计算基点坐标及对刀操作等，考虑到图 7-10 所示工件，故将工件坐标系建立在工件的右端面中心轴线处，如图 7-12 所示。

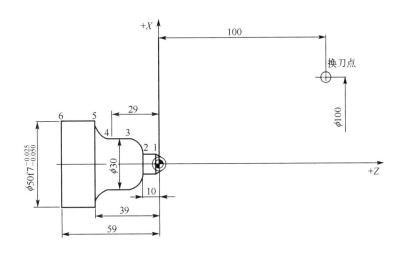

图 7-12 工件坐标系及刀具路径

（2）确定编程方案及刀具路径

端面车削采用 45° 机夹偏刀，设置刀具的起刀点在（X57，Z0），采用直线插补走刀，设置进给速度 0.05mm/r。

外圆表面的加工余量比较大，需要采用多次重复加工，才能去除全部余量，采用 G1、G2、G3 编程时要分别求出各轨迹各交点的坐标，这样给编程带来困难。为了简化编程，采用 CYCLE95 循环指令配合子程序来进行粗精加工。加工时刀具的起刀点在（X10，Z2），设置粗加工切削深度为 2mm，精加工余量为 0.3mm，循环采用"纵向、外部、综合加工"方式。子程序中圆弧部分采用 G2、G3 代码，按照工件的最终尺寸编程。

（3）计算编程尺寸

① 换刀点　零件原点设置在零件的右端面，为了防止换刀时刀具与零件或尾座相碰，加工时的换刀点可以设置在（X100，Z100）。

② 起刀点　为了减少循环加工的次数，循环的起刀点可以设置在（X10，Z2）的位置。

③ 编程点　直接用基本尺寸编程，用不着计算平均尺寸。根据刀具路径计算的各基点坐标值见表 7-12。

表 7-12　编程点坐标

基点编号	X 坐标	Z 坐标	基点编号	X 坐标	Z 坐标
1	12	−2	4	30	−29
2	12	−10	5	50	−39
3	30	−19	6	50	−59

（4）参考程序

SKCR703.MPF		程序号
N0010	G54 G90 G95 G40 M03 S600;	设置工件坐标系，主轴正转，转速 600r/min
N0020	T01 D01;	换 1 号刀，选择 1 号刀补
N0030	G00 X57 Z0 M08;	刀具移动至加工起始位置，开启冷却液
N0040	G01 X0 F0.05;	车右端面，以进给速度 0.05mm/r 直线插补
N0050	G00 X100 Z100;	返回换刀点
N0060	T02 D02;	换 2 号刀，选择 2 号刀补
N0070	G00 X57 Z2;	刀具移动至加工起始位置
N0080	CYCLE95("ZC703",2, 0.3, 0.3, 0, 0.2, 0.1, 0.05, 9, , ,2);	调用循环粗精车，X 轴余量 0.3mm，Z 轴余量 0.3mm，精加工进给速度 0.05mm/r
N0090	G00 X100 Z100;	退回换刀点
N0100	M05 M09;	主轴停止，切削液停止
N0110	M02;	主程序结束并返回程序开头
	ZC703.SPF	加工外轮廓子程序
N0010	G00 X10 Z2;	轮廓起点，即起刀点
N0020	G01 Z0	
N0030	X12 Z−2;	倒角
N0040	Z−10;	ϕ12 的外圆柱面
N0050	G03 X30 Z−19 CR=9;	逆时针插补 R9 圆弧，采用终点+半径编程
N0060	G01 Z−29;	ϕ30 的外圆柱面
N0070	G02 X50 Z−39 I10 K0;	顺时针插补 R10 圆弧，采用终点+圆心编程
N0080	G01 Z−59;	ϕ50 的外圆柱面
N0090	X57;	退出已加工表面
N0100	M02;	返回主程序

7.5　外圆锥面加工

车削加工如图 7-13 所示的轴类零件的右端面及外形轮廓，实体图如图 7-14 所示。

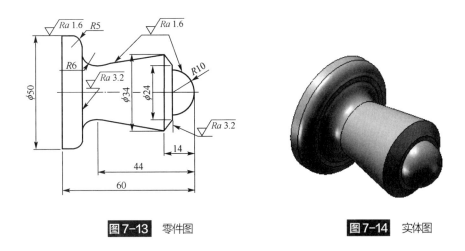

图7-13 零件图   图7-14 实体图

7.5.1 学习目标与注意事项

（1）学习目标

① 掌握车床加工中的快速移动指令 G00，直线插补指令 G01。

② 掌握车床加工中的 G02、G03 圆弧插补指令。

③ 掌握毛坯车削循环 CYCLE95 指令以及子程序调用。

（2）注意事项

在运行开始时，注意起刀点必须设置在远离工件的安全位置，保持刀具与工件间的距离。

7.5.2 工、量、刀具清单

加工外圆锥面的工、量、刀具清单见表 7-13。

□ 表7-13 加工外圆锥面的工、量、刀具清单

名称	规格	精度	数量
车刀	45° 机夹偏刀		1
车刀	90° 硬质合金机夹外圆车刀		1
车刀	35° 硬质合金机夹外圆车刀		1
游标卡尺	0~150mm	0.02mm	1
其他	常用数控车床辅具		若干

7.5.3 工艺分析与加工方案

（1）分析零件工艺性能

由图 7-13 可看出，该零件外形结构并不复杂，但零件的轨迹精度要求高，该零件的总体结构主要包括端面、圆弧表面和圆锥面。加工轮廓由直线、圆弧构成。外圆粗糙度 Ra1.6μm，台阶面 Ra3.2μm。尺寸标注完整，轮廓描述清楚。

（2）选用毛坯或明确来料状况

毛坯为圆钢，材料45钢，$\phi55\times100$的半成品，外表面经过荒车加工。零件材料切削性能较好。

（3）选用数控机床

加工轮廓由直线、圆弧组成，所需刀具不多，用两轴联动数控车床可以成形。

（4）确定装夹方案

① 夹具　对于短轴类零件，用三爪卡盘自定心夹持$\phi55$外圆，使工件伸出卡盘70mm（应将机床的限位距离考虑进去），共限制4个自由度，一次装夹完成粗精加工。三爪自定心卡盘能自动定心，工件装夹后一般不需要找正，装夹效率高。

② 定位基准　三爪卡盘自定心，故以轴线为定位基准。

（5）确定加工方案

根据零件形状及加工精度要求，分端面加工和外圆粗、精铣来完成。该零件的数控加工方案见表7-14。

▫ **表7-14　数控加工方案**

工步号	工步内容	刀具号	切削用量		
			主轴转速/r·min⁻¹	进给速度/mm·r⁻¹	背吃刀量/mm
1	车端面	T01	600	0.05	
2	粗车外圆	T02	600	0.2	2
3	精车外圆	T03	1000	0.05	0.3

7.5.4　程序编制与注释

对于轴类零件的数控车削编程，需先按照零件图样计算各几何元素的交点，然后按照数控加工工艺要求进行代码编写。

（1）建立工件坐标系

对于车削零件编程，一般情况下工件原点设置在工件的左、右端面或卡盘端面与主轴的交点处，没有特殊情况应该选择工件右端面处。为了便于计算基点坐标及对刀操作等，故将工件坐标系建立在工件的右端面中心轴线处，如图7-15所示。

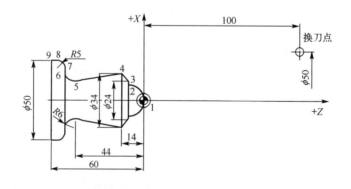

图7-15　工件坐标系及刀具路径

（2）确定编程方案及刀具路径

端面车削采用 45° 机夹偏刀，设置刀具的起刀点在（X57，Z0），采用直线插补走刀，设置进给速度 0.05mm/r。

外圆表面的加工余量比较大，需要采用多次重复加工，才能去除全部余量，采用 G1 编程时要分别求出各轨迹各交点的坐标，这样给编程带来困难。为了简化编程，采用 CYCLE95 循环指令配合子程序来进行粗加工。加工时设置粗加工切削深度为 2mm，循环采用"纵向、外部"方式。精加工采用 35° 硬质合金机夹外圆车刀，调用粗加工循环子程序完成。

（3）计算编程尺寸

① 换刀点　零件原点设置在零件的右端面，为了防止换刀时刀具与零件或尾座相碰，加工时的换刀点可以设置在（X100，Z100）。

② 起刀点　为了减少循环加工的次数，循环的起刀点可以设置在（X57，Z2）的位置。

③ 编程点　直接用基本尺寸编程，不用计算平均尺寸。根据刀具路径计算的各基点坐标值见表 7-15。

☑ 表 7-15　编程点坐标

基点编号	X 坐标	Z 坐标	基点编号	X 坐标	Z 坐标
1	0	0	6	36	−50
2	20	−10	7	40	−50
3	24	−10	8	50	−55
4	34	−14	9	50	−60
5	24	−44			

（4）参考程序

SKCR704.MPF		程序号
N0010	G54 G90 G95 G40 M03 S600;	设置工件坐标系，主轴正转，转速 600r/min
N0020	T01 D01;	换 1 号刀，选择 1 号刀补
N0030	G00 X57 Z0 M08;	刀具移动至加工起始位置，开启冷却液
N0040	G01 X0 F0.05;	车右端面，以进给速度 0.05mm/r 直线插补
N0050	G00 X100 Z100;	返回换刀点
N0060	T02 D02;	换 2 号刀，选择 2 号刀补
N0070	G00 X57 Z2;	刀具移动至加工起始位置
N0080	CYCLE95("ZC704",2, 0.3, 0.3, 0, 0.2, 0.1, 0.05, 1, , ,2);	调用循环粗车，X 轴余量 0.3mm，Z 轴余量 0.3mm，精加工进给速度 0.05mm/r
N0090	G00 X100 Z100;	返回换刀点
N0100	F0.05 S1000 T03 D03;	换 3 号刀，选择 3 号刀补 转速 1000r/min，进给速度 0.05mm/r
N0110	ZC704;	调用子程序精车
N0120	G00 X100;	退回换刀点
N0130	Z100;	退回换刀点
N0140	M05 M09;	主轴停止，切削液停止

	SKCR704.MPF	程序号
N0150	M02;	主程序结束并返回程序开头
	ZC704.SPF	加工外轮廓子程序
N0010	G00 X0;	先定位 X 轴
N0020	G01 Z0;	再定位 Z 轴，轮廓起点，即起刀点（X0,Y0）
N0030	G03 X20 Z-10 CR=10;	逆时针插补 R10 圆弧，采用终点+半径编程
N0040	G01 X24;	ϕ24 的端面
N0050	X34 Z-14;	车削圆锥面
N0060	X24 Z-44;	车削圆锥面
N0070	G02 X36 Z-50 CR=6;	顺时针插补 R6 圆弧，采用终点+半径编程
N0080	G01 X40;	车端面
N0090	G03 X50 Z-55 CR=5;	逆时针插补 R5 圆弧，采用终点+半径编程
N0100	G01 Z-60;	ϕ50 的外圆柱面
N0110	X57;	退出已加工表面
N0120	M02;	返回主程序

7.6 内锥面加工

车削加工如图 7-16 所示的轴类零件的倒角及内锥面轮廓，实体图如图 7-17 所示。

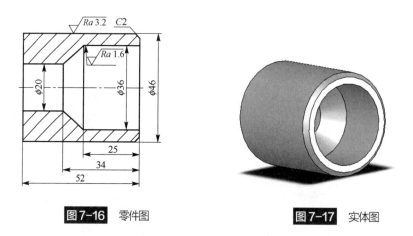

图7-16　零件图　　　　　　　　　　图7-17　实体图

7.6.1 学习目标与注意事项

（1）学习目标

① 掌握车床加工中直线插补指令 G01 在倒角加工中的应用。

② 掌握毛坯车削循环 CYCLE95 指令在内锥面加工中的应用。

③ 掌握外圆内孔同时加工的程序编制方法。

（2）注意事项

① 在运行开始时，注意起刀点必须设置在远离工件的安全位置，保持刀具与工件间的距离。

② 内孔加工结束后，退刀时，需要注意退刀方向，仿真刀具碰撞。

7.6.2 工、量、刀具清单

加工外圆柱面的工、量、刀具清单见表 7-16。

□ 表 7-16 加工外圆柱面的工、量、刀具清单

名称	规格	精度	数量
外圆车刀	95°机夹偏刀		1
内孔车刀	35°硬质合金机夹外圆车刀		1
切槽刀	槽宽 4mm		1
尾座钻头	直径 ϕ18mm		1
游标卡尺	0~150mm	0.02mm	1
其他	常用数控车床辅具		若干

7.6.3 工艺分析与加工方案

（1）分析零件工艺性能

由图 7-16 可看出，该零件内孔为简单锥面，零件的轨迹精度要求高，其总体结构主要包括端面、外圆、倒角和内孔锥面。加工轮廓由直线构成，内孔、外圆加工尺寸有公差要求。内孔粗糙度 Ra1.6μm，端面、外圆 Ra3.2μm。不准用砂布及锉刀等修饰表面。尺寸标注完整，轮廓描述清楚。

（2）选用毛坯或明确来料状况

毛坯为圆钢，材料 45 钢，ϕ48×90 的半成品，外表面经过荒车加工。零件材料切削性能较好。

（3）选用数控机床

加工轮廓由直线组成，所需刀具不多，用两轴联动数控车床可以成形。

（4）确定装夹方案

① 夹具。对于短轴类零件，用三爪卡盘自定心夹持 ϕ48 外圆，使工件伸出卡盘 80mm（应将机床的限位距离考虑进去），共限制 4 个自由度，一次装夹完成粗精加工。三爪自定心卡盘能自动定心，工件装夹后一般不需要找正，装夹效率高。

② 定位基准。三爪卡盘自定心，故以轴线为定位基准。

（5）确定加工方案

根据零件形状及加工精度要求，先用 ϕ18 钻头加工内孔，并完成内孔车刀的对刀，然后分别进行端面加工，外圆粗、精车，内孔粗、精车加工。该零件的数控加工方案见表 7-17。

工步号	工步内容	刀具号	切削用量		
			主轴转速 / (r/min)	进给速度 / (mm/r)	背吃刀量/mm
1	车端面	T01	800	0.15	手动
2	钻内孔	T02	300	0.01	手动
3	粗、精加工外圆及倒角	T01	500	0.15	1.0
4	粗加工内孔	T02	600	0.1	0.3
5	精加工内孔	T02	1000	0.05	0.2
6	切断	T03	800	0.01	
7	检查零件长度				

7.6.4　程序编制与注释

对于轴类零件的数控车削编程，需先按照零件图样计算各几何元素的交点，然后按照数控加工工艺要求进行代码编写。

（1）建立工件坐标系

对于车削零件编程，一般情况下工件原点设置在工件的左、右端面或卡盘端面与主轴的交点处，没有特殊情况应该选择工件右端面处。为了便于计算基点坐标及对刀操作等，考虑到图 7-16 所示工件，故将工件坐标系建立在工件的右端面中心轴线处，如图 7-18 所示。

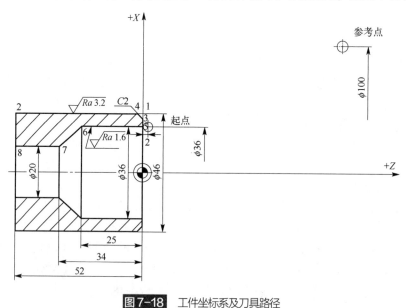

图 7-18　工件坐标系及刀具路径

（2）确定编程方案及刀具路径

端面车削采用45°机夹偏刀，手动进行，主轴转速设置600r/min，进给速度0.05mm/r。

外圆表面质量要求不高，可粗精加工一并完成。加工时刀具的起点在（X50，Z2），粗、精加工切削深度均为 1mm，外圆加工完成后，进行 C2 倒角加工，设置进给速度 0.05mm/r。

内孔表面的加工余量比较大，需要采用多次重复加工，才能去除全部余量，通过 G1 完成编程时要求计算每次加工的轨迹交点坐标，故采用 CYCLE95 循环指令，调用子程序来进行内孔的粗精加工。加工时刀具的起点在（X36，Z2），粗加工切削深度为 1mm，X 轴留精加工余量 0.2mm，Z 轴留余量 0.2mm，循环采用"纵向、内部、综合加工"方式。

（3）计算编程尺寸

① 换刀点。零件原点设置在零件的右端面，为了防止换刀时刀具与零件或尾座相碰，加工时的换刀点可以设置在（X100，Z80）。

② 起刀点。为了减少循环加工的次数，循环的起刀点可以设置在（X36，Z2）的位置。

③ 编程点。直接用基本尺寸编程，不用计算平均尺寸。根据刀具路径计算的各基点坐标值见表 7-18。

▭ 表 7-18　编程点坐标

基点编号	X 坐标	Z 坐标	基点编号	X 坐标	Z 坐标
1	46	0	5	36	0
2	46	−52	6	36	−25
3	42	0	7	20	−34
4	46	−2	8	20	−52

（4）参考程序

	SKCR701.MPF	程序号
N0010	G54 G90 G95 G40 M03 S800;	设置工件坐标系，主轴正转，转速 800r/min
N0020	T01 D01;	换 1 号刀，选择 1 号刀补
N0030	G00 X50 Z2 M08;	刀具移动至外圆加工起始位置，开启冷却液
N0040	G01 X48 F0.15;	粗精加工外圆，以进给速度 0.15mm/r 直线插补
N0050	Z−55	
N0060	G00 X50 Z2	返回加工起点
N0070	G01 X46	第二次走刀加工外圆
N0080	Z−55	
N0090	G00 X50 Z2	返回加工起点
N0100	G01 X42 Z0	加工倒角
N0110	X46 Z−2	
N0120	G00 X100 Z80;	返回换刀点
N0130	T02 D02 F0.1;	换 2 号刀，选择 2 号刀补
N0140	G00 X36 Z2;	刀具移动至加工起始位置
N0150	CYCLE95("ZC701",1,0.2,0.2,0.5,0.2,0.1,0.1,11,,,0.5);	调用循环车内孔，X 轴余量 0.2mm，Z 轴余量 0.2mm
N0160	G00 Z2	
N0170	G00 X100 Z80;	返回换刀点

SKCR701.MPF		程序号
N0180	F0.05 S1000;	转速 1000r/min，进给速度 0.05mm/r
N0190	ZC701;	调用子程序精车
N0200	G00 X100 Z80;	退回换刀点
N0210	S800;	转速 800r/min
N0220	T03 D03;	换 3 号刀
N0230	G00 X50 Z−52;	定位到切断起点
N0240	G01 X−1.0 F0.01;	切断工件
N0250	G00 X100;	
N0260	Z80;	退回换刀点
N0270	M05 M09;	主轴停止，切削液停止
N0280	M03;	主程序结束并返回程序开头
ZC701.SPF		加工内轮廓子程序
N0010	G01 X36	
N0020	Z−25	车内孔
N0030	X20 Z−34	车锥面
N0040	Z−52	
N0050	M02	返回主程序

7.7 内圆柱面加工

车削加工如图 7-19 所示的套类零件的内轮廓，实体图如图 7-20 所示。

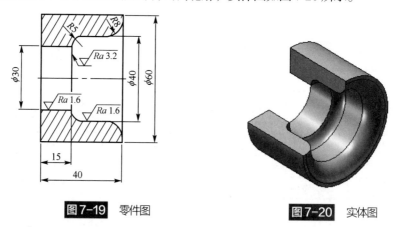

图 7-19 零件图　　　　图 7-20 实体图

7.7.1 学习目标与注意事项

（1）学习目标

① 掌握车床加工中的快速移动指令 G00，直线插补指令 G01。

② 掌握车床加工中的圆弧插补指令 G02、G03。

③ 掌握毛坯车削循环 CYCLE95 指令。

（2）注意事项

在运行开始时，注意起刀点必须设置在远离工件的安全位置，保持刀具与工件间的距离。

7.7.2 工、量、刀具清单

加工内圆柱面的工、量、刀具清单见表 7-19。

▫ 表 7-19　加工内圆柱面的工、量、刀具清单

名称	规格	精度	数量
镗孔刀	镗孔刀		1
游标卡尺	0~150mm	0.02mm	1
其他	常用数控车床辅具		若干

7.7.3 工艺分析与加工方案

（1）分析零件工艺性能

该零件外形结构并不复杂，但零件的轨迹精度要求高，该零件的总体结构主要包括内部轮廓面。加工轮廓由直线、圆弧构成，外圆表面已经经过加工。孔面粗糙度 $Ra1.6\mu m$，台阶面 $Ra3.2\mu m$。尺寸标注完整，轮廓描述清楚。

（2）选用毛坯或明确来料状况

毛坯为圆钢，材料 45 钢，$\phi60 \times 40$ 的半成品，外表面已加工完毕，并且已加工出 $\phi28$ 的圆孔。零件材料切削性能较好。

（3）选用数控机床

加工轮廓由直线、圆弧组成，所需刀具不多，用两轴联动数控车床可以成形。

（4）确定装夹方案

① 夹具　对于短轴类零件，用三爪卡盘自定心夹持 $\phi60$ 外圆，使工件伸出卡盘 20mm（应将机床的限位距离考虑进去），共限制 4 个自由度，一次装夹完成粗精加工。三爪自定心卡盘能自动定心，工件装夹后一般不需要找正，装夹效率高。

② 定位基准　三爪卡盘自定心，故以轴线为定位基准。

（5）确定加工方案

根据零件形状及加工精度要求，分内孔粗、精铣来完成加工。该零件的数控加工方案见表 7-20。

▫ 表 7-20　数控加工方案

工步号	工步内容	刀具号	切削用量		
			主轴转速/r·min⁻¹	进给速度/mm·r⁻¹	背吃刀量/mm
1	粗车外圆	T01	800	0.1	1
2	精车外圆	T01	800	0.05	—

7.7.4 程序编制与注释

对于轴类零件的数控车削编程，需先按照零件图样计算各几何元素的交点，然后按照数控加工工艺要求进行代码编写。

（1）建立工件坐标系

对于车削零件编程，一般情况下工件原点设置在工件的左、右端面或卡盘端面与主轴的交点处，没有特殊情况应该选择工件右端面处。为了便于计算基点坐标及对刀操作等，故将工件坐标系建立在工件的右端面中心轴线处，如图 7-21 所示。

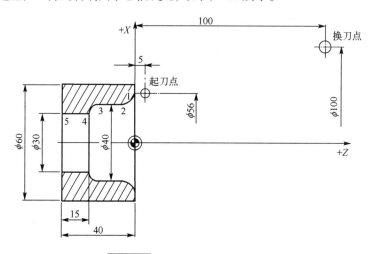

图7-21 工件坐标系及刀具路径

（2）确定编程方案及刀具路径

内孔表面的加工余量比较大，需要采用多次重复加工，才能去除全部余量，采用 G1、G2、G3 编程时要分别求出各轨迹各交点的坐标，这样给编程带来困难。为了简化编程，采用 CYCLE95 循环指令配合子程序来进行粗精加工。加工时刀具的起刀点在（X56，Z5），设置粗加工切削深度为 1mm，精加工余量为 0.2mm，循环采用"纵向、内部、综合加工"方式。子程序中圆弧部分采用 G2、G3 代码，按照工件的最终尺寸编程。

（3）计算编程尺寸

① 换刀点　零件原点设置在零件的右端面，为了防止换刀时刀具与零件或尾座相碰，加工时的换刀点可以设置在（X100，Z100）。

② 起刀点　为了减少循环加工的次数，循环的起刀点可以设置在（X56，Z5）的位置。

③ 编程点　直接用基本尺寸编程，不用计算平均尺寸。根据刀具路径计算的各基点坐标值见表 7-21。

▫ 表7-21　编程点坐标

基点编号	X坐标	Z坐标	基点编号	X坐标	Z坐标
1	56	0	4	30	−25
2	40	−8	5	30	−42
3	40	−20			

（4）参考程序

	SKCR705.MPF	程序号
N0010	G54 G90 G95 G40 M03 S800;	设置工件坐标系，主轴正转，转速 800r/min
N0020	T01 D01;	换 1 号刀，选择 1 号刀补
N0030	G00 X26 Z5 M08;	刀具移动至加工起始位置，开启冷却液
N0080	CYCLE95("ZC705",1, 0.2, 0.2, 0, 0.1, 0.1, 0.05, 11, , ,2);	调用循环镗内孔，背吃刀量 1mm，X 轴余量 0.2mm，Z 轴余量 0.2mm，粗加工进给速度 0.1mm/r，精加工进给速度 0.05mm/r，粗加工退刀距离 2mm
N0090	G00 Z100;	退回换刀点
N0100	X100;	退回换刀点
N0110	M05 M09;	主轴停止，切削液停止
N0120	M02;	主程序结束并返回程序开头
	ZC705.SPF	加工外轮廓子程序
N0010	G00 X56 Z5;	轮廓起点，即起刀点
N0020	G01 Z0;	移动到 1 点
N0030	G02 X40 Z−8 CR=8;	顺时针插补 R8 圆弧，采用终点+半径编程
N0040	G01 Z−20;	$\phi40$ 的内圆柱面
N0050	G03 X30 Z−25 CR=5;	逆时针插补 R5 圆弧，采用终点+半径编程
N0060	G01 Z−42;	$\phi30$ 的内圆柱面
N0070	M02;	返回主程序

7.8 内螺纹加工

螺纹加工如图 7-22 所示的内圆柱螺纹，实体图如图 7-23 所示。

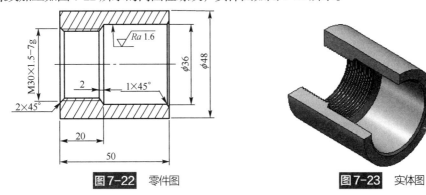

图7-22 零件图　　　　图7-23 实体图

7.8.1 学习目标与注意事项

（1）学习目标

掌握车床加工中的螺纹切削循环指令 CYCLE97。

（2）注意事项

在运行开始时，注意起刀点必须设置在远离工件的安全位置，保持刀具与工件间的距离。此外，螺纹切削循环CYCLE97只适用于加工恒螺距的内螺纹或外螺纹。

7.8.2　工、量、刀具清单

加工内螺纹的工、量、刀具清单见表7-22。

□ 表7-22　加工内螺纹的工、量、刀具清单

名称	规格	精度	数量
车刀	90°硬质合金机夹外圆车刀		1
车刀	60°内螺纹刀		
游标卡尺	0~150mm	0.02mm	1
其他	常用数控车床辅具		若干

7.8.3　工艺分析与加工方案

（1）分析零件工艺性能

该零件外形结构并不复杂，本例中外圆表面已经加工完成，并且已加工出ϕ24的圆孔。要求加工内孔和螺纹。螺纹精度为7g，尺寸标注完整，轮廓描述清楚。

（2）选用毛坯或明确来料状况

毛坯为圆钢，材料45钢，外圆表面已经加工完成，并且已加工出ϕ24的圆孔。零件材料切削性能较好。

（3）选用数控机床

采用螺纹刀加工，用两轴联动数控车床可以成形。

（4）确定装夹方案

① 夹具　对于短轴类零件，用三爪卡盘自定心夹持ϕ48外圆，使工件伸出卡盘30mm（应将机床的限位距离考虑进去），共限制4个自由度，一次装夹完成内孔和螺纹加工。三爪自定心卡盘能自动定心，工件装夹后一般不需要找正，装夹效率高。

② 定位基准　三爪卡盘自定心，故以轴线为定位基准。

（5）确定加工方案

内孔加工采用粗、精加工完成，螺纹加工采用螺纹切削循环加工完成，该零件的数控加工方案见表7-23。

□ 表7-23　数控加工方案

工步号	工步内容	刀具号	切削用量		
			主轴转速/r·min^{-1}	进给速度/mm·r^{-1}	背吃刀量/mm
1	粗车外圆	T01	600	0.2	2
2	精车外圆	T01	1000	0.05	—
3	螺纹	T02	600	—	—

7.8.4 程序编制与注释

对于轴类零件的数控车削编程，需先按照零件图样计算各几何元素的交点，然后按照数控加工工艺要求进行代码编写。

（1）建立工件坐标系

为了便于计算基点坐标及对刀操作等，故将工件坐标系建立在工件的右端面中心轴线处，如图 7-24 所示。

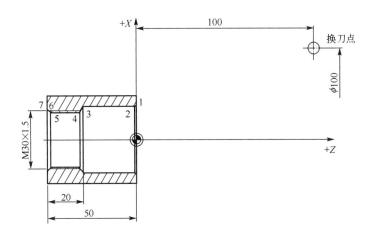

图 7-24 工件坐标系及刀具路径

（2）确定编程方案及刀具路径

图 7-22 中的螺纹为圆柱内螺纹，为了简化加工过程，采用螺纹切削循环指令 CYCLE97 进行加工。加工时主轴旋转一转，车刀的进给量必须等于螺纹导程，故刀具进给速度 F 只取决于主轴转速和螺纹导程。加工时按照恒切削面积左右交互切削方式进行。

（3）计算编程尺寸

① 换刀点　零件原点设置在零件的右端面，为了防止换刀时刀具与零件或尾座相碰，加工时的换刀点可以设置在（X100，Z100）。

② 起刀点　为了减少循环加工的次数，循环的起刀点可以设置在（X25，Z5）的位置。

③ 编程点　根据螺纹尺寸计算的各基点坐标值见表 7-24。

▫ 表 7-24　编程点坐标

基点编号	X 坐标	Z 坐标	基点编号	X 坐标	Z 坐标
1	38	0	5	28	−48
2	36	−1	6	30	—
3	36	−30	7	36	−50
4	28	−32			

（4）参考程序

SKCR706.MPF		程序号
N0010	G54 G90 G95 G40 M03 S600;	设置工件坐标系,主轴正转,转速600r/min
N0020	T01 D01 M08;	换1号刀,选择1号刀补
N0030	G00 X20 Z5;	刀具移动至加工起始位置
N0040	CYCLE95("ZC706",2,0.5,0.5,0,0.2,0.2,0.05,11,,,2);	粗车内孔,背吃刀量2mm,X轴余量0.5mm,Z轴余量0.5mm,粗加工进给速度0.2mm/r,粗加工退刀距离2mm
N0050	G00 X20 Z5;	刀具移动至精加工起始位置
N0060	M03 S1000;	主轴正转,转速1000r/min,精加工进给速度0.05mm/r
N0070	CYCLE95("ZC706",,,,,,,0.05,5,,,);	调用精车内孔
N0080	G00 X25 Z5;	刀具移动至加工起始位置
N0090	Z−26;	移动到螺纹加工起始点
N0100	CYCLE97(1.5, ,−20, −50.0, 30, 30, 4.0, 2.0, 0.97, 0.05, −30, 0 ,6, 2, 4, 1);	调用螺纹切削循环
N0110	G00 Z5;	
N0230	X100 Z100;	快速移动到换刀点
N0240	M05 M09;	主轴停止
N0250	M02;	主程序结束并返回程序开头
ZC706.SPF		加工外轮廓子程序
N0010	G00 X38 Z5;	
N0020	G01 Z0;	
N0030	X36 Z−1;	倒角
N0040	Z−30;	$\phi 36$ 的内孔
N0050	X28 Z−32;	倒角
N0060	Z−52;	螺纹底孔
N0070	M02;	返回主程序

7.9 内圆锥面加工

车削加工如图 7-25 所示的套类零件的内部轮廓,实体图如图 7-26 所示。

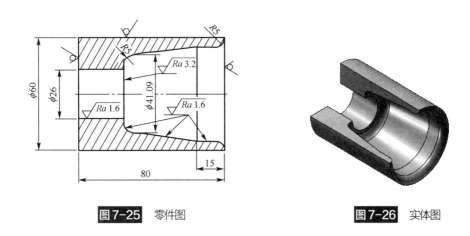

图 7-25　零件图　　　　　　　　图 7-26　实体图

7.9.1　学习目标与注意事项

（1）学习目标

① 掌握车床加工中的快速移动指令 G00，直线插补指令 G01。

② 掌握车床加工中的 G02、G03 圆弧插补指令。

③ 掌握毛坯车削循环 CYCLE95 指令以及子程序调用。

（2）注意事项

在运行开始时，注意起刀点必须设置在远离工件的安全位置，保持刀具与工件间的距离。

7.9.2　工、量、刀具清单

加工内圆锥面的工、量、刀具清单见表 7-25。

□ 表 7-25　加工内圆锥面的工、量、刀具清单

名称	规格	精度	数量
镗刀	内孔镗刀		1
游标卡尺	0~150mm	0.02mm	1
其他	常用数控车床辅具		若干

7.9.3　工艺分析与加工方案

（1）分析零件工艺性能

由图 7-25 可看出，该零件外形结构并不复杂，但零件的轨迹精度要求高，该零件的总体结构主要包括内孔圆弧表面和圆锥面。加工轮廓由直线、圆弧构成。内孔粗糙度 Ra1.6μm，台阶面 Ra3.2μm。尺寸标注完整，轮廓描述清楚。

（2）选用毛坯或明确来料状况

毛坯为圆钢，材料 45 钢，$\phi60 \times 80$ 的半成品，外圆已加工完毕，并且已加工出 $\phi24$ 的圆孔。零件材料切削性能较好。

（3）选用数控机床

加工轮廓由直线、圆弧组成，所需刀具不多，用两轴联动数控车床可以成形。

（4）确定装夹方案

① 夹具　对于短轴类零件，用三爪卡盘自定心夹持 $\phi60$ 外圆，使工件伸出卡盘 50mm（应将机床的限位距离考虑进去），共限制 4 个自由度，一次装夹完成粗精加工。三爪自定心卡盘能自动定心，工件装夹后一般不需要找正，装夹效率高。

② 定位基准　三爪卡盘自定心，故以轴线为定位基准。

（5）确定加工方案

根据零件形状及加工精度要求，分端面加工和外圆粗、精铣来完成。该零件的数控加工方案见表 7-26。

⊡ **表 7-26　数控加工方案**

工步号	工步内容	刀具号	切削用量		
			主轴转速/r·min⁻¹	进给速度/mm·r⁻¹	背吃刀量/mm
1	粗车内孔	T01	600	0.1	1
2	精车内孔	T01	600	0.05	0.3

7.9.4　程序编制与注释

对于轴类零件的数控车削编程，需先按照零件图样计算各几何元素的交点，然后按照数控加工工艺要求进行代码编写。

（1）建立工件坐标系

对于车削零件编程，一般情况下工件原点设置在工件的左、右端面或卡盘端面与主轴的交点处，没有特殊情况应该选择工件右端面处。为了便于计算基点坐标及对刀操作等，故将工件坐标系建立在工件的右端面中心轴线处，如图 7-27 所示。

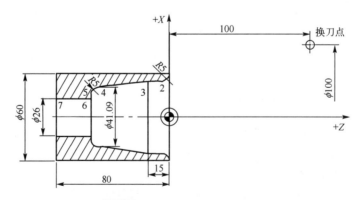

图 7-27　工件坐标系及刀具路径

（2）确定编程方案及刀具路径

内孔表面的加工余量比较大，需要采用多次重复加工，才能去除全部余量，采用 G1、G2、G3 编程时要分别求出各轨迹各交点的坐标，这样给编程带来困难。为了简化编程，采用 CYCLE95 循环指令配合子程序来进行粗精加工。加工时刀具的起刀点在（X22，Z5），设置粗加工切削深度为 1mm，精加工余量为 0.2mm，循环采用"纵向、内部、综合加工"方式。子程序中圆弧部分采用 G2、G3 代码，按照工件的最终尺寸编程。

（3）计算编程尺寸

① 换刀点　零件原点设置在零件的右端面，为了防止换刀时刀具与零件或尾座相碰，加工时的换刀点可以设置在（*X*100，*Z*100）。

② 起刀点　为了减少循环加工的次数，循环的起刀点可以设置在（*X*22，*Z*5）的位置。

③ 编程点　直接用基本尺寸编程，不用计算平均尺寸。根据刀具路径计算的各基点坐标值见表 7-27。

⊡ 表 7-27　编程点坐标

基点编号	*X* 坐标	*Z* 坐标	基点编号	*X* 坐标	*Z* 坐标
1	60	0	5	31.37	−55
2	50	−5	6	26	−55
3	50	−15	7	26	−80（−82）
4	41.09	−50.62			

（4）参考程序

SKCR707.MPF		程序号
N0010	G54 G90 G95 G40 M03 S600;	设置工件坐标系，主轴正转，转速 600r/min
N0020	T01 D01;	换 1 号刀，选择 1 号刀补
N0030	G00 X22 Z5 M08;	刀具移动至加工起始位置，开启冷却液
N0040	CYCLE95("ZC707",1，0.2，0.2，0,0.1，0.1，0.05,11，，0.5);	调用循环车内孔，*X* 轴余量 0.2mm，*Z* 余量 0.2mm
N0050	G0 Z5;	
N0060	G00 X100 Z100;	返回换刀点
N0070	M05 M09;	主轴停止，切削液停止
N0080	M02;	主程序结束并返回程序开头
	ZC707.SPF	加工外轮廓子程序
N0010	G00 X60;	先定位 *X* 轴
N0020	G01 Z0;	再定位 *Z* 轴，轮廓起点，即起刀点（X60,Z0）
N0030	G02 X50 Z−5 CR=5;	顺时针插补 *R*5 圆弧，采用终点+半径编程
N0040	G1 Z−15;	车削圆柱面
N0050	X41.09 Z−50.62;	车削圆锥面
N0060	G03 X31.17 Z−55 CR=5;	顺时针插补 *R*5 圆弧，采用终点+半径编程
N0060	G01 X26;	车削端面
N0070	G01 Z−82;	车削圆柱面
N0080	M02;	返回主程序

7.10 割槽加工

车削加工如图 7-28 所示的轴类零件的横向和纵向槽加工，实体图如图 7-29 所示。

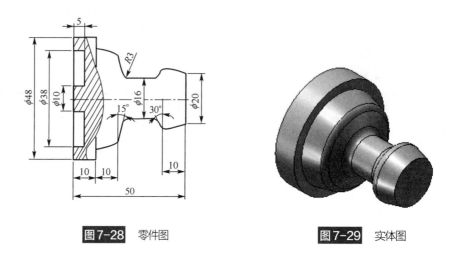

图7-28　零件图　　　　　　　　　　　　　图7-29　实体图

7.10.1　学习目标与注意事项

（1）学习目标

掌握毛坯车削循环 CYCLE93 指令。

（2）注意事项

在运行开始时，注意凹槽起刀点必须设置在远离工件的安全位置，保持刀具与工件间的距离。

7.10.2　工、量、刀具清单

加工割槽的工、量、刀具清单见表 7-28。

▫ 表7-28　加工割槽的工、量、刀具清单

名称	规格	精度	数量
切槽刀	硬质合金焊接端面切槽刀 $B=3mm$		1
切槽刀	硬质合金焊接切槽刀 $B=4mm$		1
游标卡尺	0~150mm	0.02mm	1
其他	常用数控车床辅具		若干

7.10.3　工艺分析与加工方案

（1）分析零件工艺性能

由图 7-28 可看出，该零件外形结构并不复杂，但零件的轨迹精度要求高，该零件的总体结构主要包括左端的端面槽和右端的纵向凹槽。尺寸标注完整，轮廓描述清楚。

（2）选用毛坯或明确来料状况

毛坯为圆钢，材料 45 钢，$\phi 60 \times 80$ 的半成品，外圆已加工完毕。零件材料切削性能较好。

（3）选用数控机床

加工轮廓由凹槽组成，所需刀具不多，用两轴联动数控车床可以成形。

（4）确定装夹方案

① 夹具　对于短轴类零件，用三爪卡盘自定心夹持。三爪自定心卡盘能自动定心，工件装夹后一般不需要找正，装夹效率高。

② 定位基准　三爪卡盘自定心，故以轴线为定位基准。

（5）确定加工方案

根据零件形状及加工精度要求，分端面槽加工和纵向槽来完成加工。该零件的数控加工方案见表 7-29。

⊡ 表 7-29　数控加工方案

工步号	工步内容	刀具号	切削用量		
			主轴转速/r·min⁻¹	进给速度/mm·r⁻¹	背吃刀量/mm
1	端面槽	T01	600	—	3
2	纵向槽	T02	600	—	3

7.10.4　程序编制与注释

对于轴类零件的数控车削编程，需先按照零件图样计算各几何元素的交点，然后按照数控加工工艺要求进行代码编写。

（1）建立工件坐标系

对于车削零件编程，一般情况下工件原点设置在工件的左、右端面或卡盘端面与主轴的交点处，没有特殊情况应该选择工件右端面处。为了便于计算基点坐标及对刀操作等，故将工件坐标系建立在工件的右端面中心轴线处。

该零件加工需调头，从图纸上尺寸标注分析应设置 2 个坐标系，2 个工件零点均定于装夹后的右端面（精加工面）。

➤ 装夹右轮廓面，端面对刀，设置第 1 个工件原点。

➤ 调头装夹 $\phi 48$ 外圆，端面对刀，设置第 2 个工件原点。

（2）确定编程方案及刀具路径

凹槽加工如果采用坐标点编程，分别求出各轨迹各交点的坐标，这样给编程带来困难。为了简化编程，采用 CYCLE93 循环指令来进行。

（3）计算编程尺寸

① 换刀点　零件原点设置在零件的右端面，为了防止换刀时刀具与零件或尾座相碰，加工时的换刀点可以设置在（X100，Z100）。

② 起刀点　为了减少循环加工的次数，左端槽循环的起刀点可以设置在（X10，Z2）的

位置；右端槽循环的起刀点可以设置在（$X27$，$Z-10$）的位置。

（4）参考程序

SKCR708A.MPF		左端端面槽加工程序
N0010	G54 G90 G95 G40 M03 S600；	设置工件坐标系，主轴正转，转速600r/min
N0020	T01 D01；	换1号刀，选择1号刀补
N0030	G00 X10 Z2 M08；	刀具移动至加工起始位置，开启冷却液
N0040	CYCLE93(10, 0, 14, 5, 90, 0, 0, 0, 0, 0, 0.2, 0.3, 3, 1, 8)；	切槽循环端面
N0050	G0 X100 Z100；	返回换刀点
N0060	M05 M09；	主轴停止，切削液停止
N0070	M02；	主程序结束并返回程序开头
SKCR708B.MPF		右端凹槽加工程序
N0010	G54 G90 G95 G40 M03 S600；	设置工件坐标系，主轴正转，转速600r/min
N0020	T02 D02；	换2号刀，选择2号刀补
N0030	G00 X27 M08；	刀具移动至加工起始位置，开启冷却液
N0040	Z-10；	移动到起始位置
N0050	CYCLE93(25.0, -10.0, 14.9,4.5,166.0,30.0,15.0,3.0,3.0,3.0,3.0,0.2,0.3,3.0, 1.0,5)；	切槽循环
N0060	G00 X100；	返回换刀点，先定X
N0070	Z100；	返回换刀点，再定Z
N0080	M05 M09；	主轴停止，切削液停止
N0090	M02；	主程序结束并返回程序开头

7.11 两端加工

车削加工如图7-30所示的轴类零件的倒角及外圆轮廓，实体图如图7-31所示。

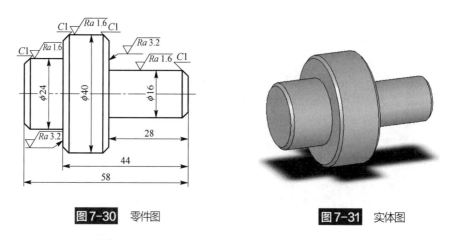

图7-30 零件图   图7-31 实体图

7.11.1 学习目标与注意事项

（1）学习目标

① 掌握车床加工中直线插补指令 G01 在倒角加工中的应用。

② 掌握毛坯车削循环 CYCLE95 指令在双端外圆加工中的应用。

③ 掌握双端加工的调头加工方法。

（2）注意事项

① 在运行开始时，注意起刀点必须设置在远离工件的安全位置，保持刀具与工件间的距离。

② 调头加工的时候，需要再次设置加工原点。

③ 注意倒角、切断的加工顺序。

7.11.2 工、量、刀具清单

加工外圆柱面的工、量、刀具清单见表 7-30。

⊡ 表 7-30　加工外圆柱面的工、量、刀具清单

名称	规格	精度	数量
外圆车刀	95°机夹偏刀		1
切槽刀	槽宽 4mm		1
游标卡尺	0~150mm	0.02mm	1
其他	常用数控车床辅具		若干

7.11.3 工艺分析与加工方案

（1）分析零件工艺性能

由图 7-30 可看出，该零件外轮廓较为简单，零件的轨迹精度要求高，其总体结构主要包括两端的端面、外圆、倒角，此零件需要调头进行双端加工。加工轮廓由直线构成，外圆粗糙度 $Ra1.6\mu m$，端面 $Ra3.2\mu m$。不准用砂布及锉刀等修饰表面。尺寸标注完整，轮廓描述清楚。

（2）选用毛坯或明确来料状况

毛坯为圆钢，材料 45 钢，$\phi46\times110$ 的半成品，外表面经过荒车加工。零件材料切削性能较好。

（3）选用数控机床

加工轮廓由直线组成，所需刀具不多，用两轴联动数控车床可以成形。

（4）确定装夹方案

① 夹具。对于短轴类零件，用三爪卡盘自定心夹持 $\phi46$ 外圆，使工件伸出卡盘 80mm（应将机床的限位距离考虑进去），共限制 4 个自由度，一次装夹完成粗精加工。三爪自定心卡盘能自动定心，工件装夹后一般不需要找正，装夹效率高。

② 定位基准。三爪卡盘自定心，故以轴线为定位基准。

（5）确定加工方案

根据零件形状及加工精度要求，先用 ϕ18 钻头加工内孔，并完成内孔车刀的对刀，然后分别进行端面加工，外圆粗、精车，内孔粗、精车加工。该零件的数控加工方案见表 7-31。

▫ 表 7-31 数控加工方案

工步号	工步内容	刀具号	切削用量		
			主轴转速 /（r/min）	进给速度 /（mm/r）	背吃刀量/mm
主程序 1	夹已加工表面，伸出 85mm，车端面，对刀调程序加工零件右端				
1	车端面	T01	600	0.15	
2	粗加工外圆	T01	600	0.3	1.0
3	精加工外圆及倒角	T01	1000	0.15	1.0
4	切断	T02	500	0.05	
主程序 2	调头加工零件左端，夹 ϕ16 外圆				
1	车端面	T01	600	0.15	
2	粗加工外圆及倒角	T01	600	0.3	1.0
3	精加工外圆及倒角	T01	1000	0.15	1.0
4	切断	T02	500	0.05	

7.11.4 程序编制与注释

对于轴类零件的数控车削编程，需先按照零件图样计算各几何元素的交点，然后按照数控加工工艺要求进行代码编写。

（1）建立工件坐标系

对于车削零件编程，一般情况下工件原点设置在工件的左、右端面或卡盘端面与主轴的交点处，工件坐标系建立在工件的右端面中心轴线处。

该零件加工需调头，从图纸上尺寸标注分析应设置 2 个坐标系，2 个工件零点均定于装夹后的右端面（精加工面）。

➤ 装夹毛坯 ϕ46 外圆，平端面，对刀，设置第 1 个工件原点。此端面进行精加工，倒角加工后不再加工，如图 7-32 所示。

➤ 调头装夹 ϕ16 外圆，平端面，测量总长度，设置第 2 个工件原点（设在精加工端面上），如图 7-33 所示。

（2）确定编程方案及刀具路径

端面车削采用 45°机夹偏刀，设置刀具的起刀点在（X48，Z0），采用直线插补走刀，设置进给速度 0.05mm/r。

外圆表面的加工余量比较大，需要采用多次重复加工，才能去除全部余量，为了简化编程，采用毛坯切削循环 CYCLE95 进行粗加工，采用子程序进行精加工。X 轴留精加工余量 0.3mm，Z 轴留余量 0.3mm，分别计算出各点的坐标，精加工采用一次走刀。

（3）计算编程尺寸

① 换刀点。零件原点设置在零件的右端面，为了防止换刀时刀具与零件或尾座相碰，加工左、右端时的换刀点可以设置在（X100，Z80）。

② 起刀点。为了减少循环加工的次数，循环的起刀点可以设置在（X48，Z2）的位置。

③ 编程点。直接用基本尺寸编程，不用计算平均尺寸。根据刀具路径计算的各基点坐标值见表 7-32、表 7-33。

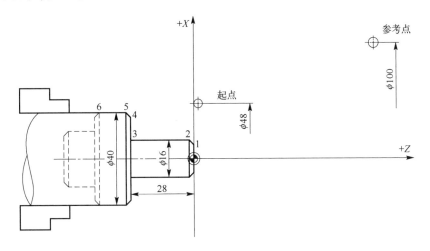

图 7-32 工件坐标系及刀具路径（一）

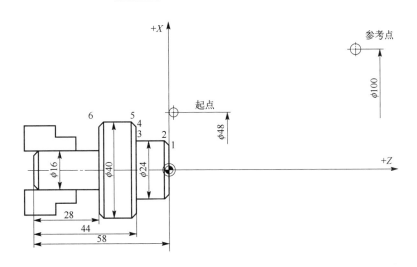

图 7-33 工件坐标系及刀具路径（二）

▫ **表 7-32　右端编程点坐标**

基点编号	X 坐标	Z 坐标	基点编号	X 坐标	Z 坐标
1	14	0	4	38	−28
2	16	−1	5	40	−29
3	16	−28	6	40	−46

表 7-33 左端编程点坐标

基点编号	X 坐标	Z 坐标	基点编号	X 坐标	Z 坐标
1	22	0	4	38	−14
2	24	−1	5	40	−15
3	24	−14	6	40	−36

（4）参考程序

右端车削程序		
SKCR701.MPF		程序号
N0010	G54 G90 G95 G40 M03 S600 F0.15；	设置工件坐标系，主轴正转，转速 600r/min
N0020	T01 D01；	换 1 号刀，选择 1 号刀补
N0030	G00 X48 Z0；	
N0040	G01 X−1；	
N0050	G00 X48 Z2 M08 F0.3；	刀具移动至外圆加工起始位置，开启冷却液
N0060	CYCLE95（"ZC701",1,0.2,0.2,0.5,0.2,0.1,0.15,9,,,0.5）；	调用循环车外圆及倒角，X 轴余量 0.2mm，Z 轴余量 0.2mm
N0070	G00 X48 Z2；	返回加工起点
N0080	F0.15 S1000；	主轴转速 1000r/min，进给速度 0.15mm/r
N0090	ZC701；	调用子程序进行精加工
N0100	G00 X100 Z80；	返回换刀点
N0110	T02 D02；	换 2 号刀，选择 2 号刀补
N0120	F0.05 S500；	转速 500r/min，进给速度 0.05mm/r
N0130	G00 X50 Z−58；	
N0140	G01 X−1；	切断加工
N0150	G00 X100；	
N0160	Z80；	返回换刀点
N0170	M05 M09；	主轴停止，切削液停止
N0180	M03；	主程序结束并返回程序开头
ZC701.SPF		加工外轮廓子程序
N0010	G01 X14；	
N0020	Z0；	
N0030	X16 Z−1；	车倒角
N0040	Z−28；	
N0050	X38；	
N0060	X40 Z−29；	车倒角
N0070	Z−46；	
N0080	M02；	返回主程序
SKCR702.MPF		程序号
N0010	G54 G90 G95 G40 M03 S600 F0.15；	设置工件坐标系，主轴正转，转速 600r/min

	左端车削程序	
N0020	T01 D01;	换 1 号刀, 选择 1 号刀补
N0030	G00 X48 Z0;	
N0040	G01 X-1;	
N0050	G00 X48 Z2 M08 F0.3;	刀具移动至外圆加工起始位置, 开启冷却液
N0060	CYCLE95("ZC702",1,0.2,0.2,0.5,0.2,0.1,0.05,9,,,0.5);	调用循环车外圆及倒角, X 轴余量 0.2mm, Z 轴余量 0.2mm
N0070	G00 X48 Z2;	返回加工起点
N0080	F0.15 S1000;	主轴转速 1000r/min, 进给速度 0.15mm/r
N0090	ZC702;	调用子程序进行精加工
N0100	G00 X100 Z80;	返回换刀点
N0110	T02 D02;	换 2 号刀, 选择 2 号刀补
N0120	F0.05 S500;	转速 500r/min, 进给速度 0.05mm/r
N0130	G00 X100;	
N0140	Z80;	返回换刀点
N150	M05 M09;	主轴停止, 切削液停止
N160	M03;	主程序结束并返回程序开头
	ZC702.SPF	加工外轮廓子程序
N0010	G01 X14;	
N0020	G01 X22 Z0;	
N0030	X24 Z-1;	车倒角
N0040	Z-14;	
N0050	X38;	
N0060	X40 Z-15;	车倒角
N0070	Z-36.0;	
N0080	M02;	返回主程序

本章小结

本章通过 11 个简单的实例讲解了 SINUMERIK 802D 数控加工基本指令在零件加工中的应用。读者学习时候, 应该重点掌握各种典型特征加工的方法和过程, 特别是对基本指令 G0、G1、G2、G3 以及循环指令 G93、G95、G97 的应用, 由于应用的场合比较多, 应该多加熟悉并掌握。

第8章
SIEMENS 数控系统车床加工提高实例

本章介绍 SINUMERIK 802D 的提高性应用实例，读者通过学习，将熟悉和掌握轴类、套类、盘类零件的加工方法和过程。

8.1 阶梯轴加工（减速机轴加工）

车削加工如图 8-1 所示的阶梯轴零件的外形轮廓，实体图如图 8-2 所示。

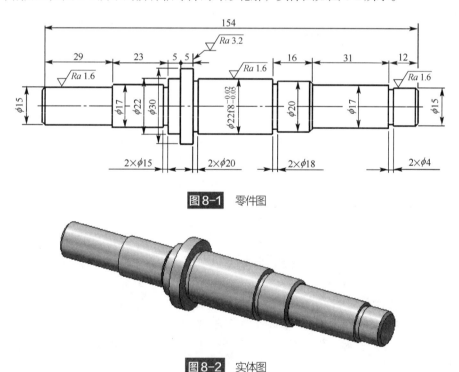

图 8-1　零件图

图 8-2　实体图

8.1.1　学习目标与注意事项

（1）学习目标

① 提高轴类典型车削类零件加工工艺分析能力，合理制定零件的加工工艺及正确编制程序。

② 掌握车削加工中零件调头后工作坐标系如何准确定位。

③ 掌握车削端面、外圆、槽的编程和加工方法。

（2）注意事项

① 零件经过调头加工，要求事先考虑好周全的加工工艺，特别是第二次调头装夹位置一定要选择适当。

② 加工零件右端时，需要夹持 $\phi17$ 外圆，需要包铜皮，防止损伤零件表面。

8.1.2 工、量、刀具清单

加工阶梯轴的工、量、刀具清单见表8-1。

⊡ 表8-1　加工阶梯轴的工、量、刀具清单

名称	规格	精度	数量
车刀	45° 机夹偏刀		1
车刀	93° 硬质合金机夹外圆车刀		1
车刀	35° 硬质合金机夹外圆车刀		1
槽刀	$B=2mm$		1
游标卡尺	0~200mm	0.02mm	1
其他	常用数控车床辅具		若干

8.1.3 工艺分析与加工方案

（1）分析零件工艺性能

由图 8-1 可看出，该零件外形结构较为复杂，该零件的总体结构主要包括端面、外圆和切槽。其中最大的外径为 $\phi30$，表面粗糙度 $Ra1.6\mu m$，加工精度较高，台阶面 $Ra3.2\mu m$。尺寸标注完整，轮廓描述清楚。

（2）选用毛坯或明确来料状况

毛坯为 $\phi35 \times 156$ 圆钢，材料 45 钢，外表面经过荒车加工。零件材料切削性能较好。

（3）选用数控机床

加工轮廓由直线组成，所需刀具不多，用两轴联动数控车床可以成形。

（4）确定装夹方案

① 夹具　对于短轴类零件，用三爪卡盘自定心夹持，三爪自定心卡盘能自动定心，工件装夹后一般不需要找正，装夹效率高。零件的加工长度为154mm，零件需要加工两端，因此需要考虑两端装夹位置。考虑到左端 $\phi17 \times 23$ 以及其右侧的台阶面定位，采用一夹一顶的装夹方式，因此可先加工左端，以毛坯 $\phi35$ 定位，使工件伸出卡盘65mm（应将机床的限位距离考虑进去），共限制 4 个自由度，一次装夹完成粗精加工。

② 定位基准　三爪卡盘自定心，故以轴线为定位基准。

（5）确定加工方案

根据零件形状及加工精度要求，分端面加工、外圆粗精铣、切槽来完成。该零件的数控加工方案见表8-2。

▫ 表8-2 数控加工方案

工步号	工步内容	刀具号	切削用量		
			主轴转速/r·min⁻¹	进给速度/mm·r⁻¹	背吃刀量/mm
主程序1	夹已加工表面，伸出65mm，车端面，对刀调程序加工零件左侧				
1	车端面	T01	600	0.05	—
2	粗加工整个外轮廓	T02	600	0.3	1
3	精加工整个外轮廓	T03	1000	0.05	0.3
4	车外圆槽	T04	600	0.05	—
主程序2	调头加工零件右端，夹 ϕ17mm 处外圆				
1	车端面	T01	600	0.05	—
2	粗加工左侧外圆	T02	600	0.3	2.0
3	精加工零件左侧外形	T03	1000	0.05	0.5
4	车外圆槽	T04	600	0.05	—

8.1.4 程序编制与注释

对于轴类零件的数控车削编程，需先按照零件图样计算各几何元素的交点，然后按照数控加工工艺要求进行代码编写。

（1）建立工件坐标系

对于车削零件编程，一般情况下工件原点设置在工件的左、右端面或卡盘端面与主轴的交点处，没有特殊情况应该选择工件右端面处。故将工件坐标系建立在工件的右端面中心轴线处。

该零件加工需调头，从图纸上尺寸标注分析应设置 2 个坐标系，2 个工件零点均定于装夹后的右端面（精加工面）。

➤ 装夹毛坯 ϕ35 外圆，平端面，对刀，设置第 1 个工件原点。此端面进行精加工面，以后不再加工，如图 8-3 所示。

➤ 调头装夹 ϕ17 外圆，平端面，测量总长度，设置第 2 个工件原点（设在精加工端面上），如图 8-4 所示。

（2）确定编程方案及刀具路径

端面车削采用 45° 机夹偏刀，设置刀具的起刀点在（X37，Z0），采用直线插补走刀，设置进给速度 0.05mm/r。

外圆表面的加工余量比较大，需要采用多次重复加工，才能去除全部余量，为了简化编程采用毛坯切削循环 CYCLE95 进行粗加工，采用子程序进行精加工。粗加工采用一次走刀，X 轴留精加工余量 0.3mm，Z 轴留余量 0.3mm，分别计算出各点的坐标，精加工采用一次走刀。

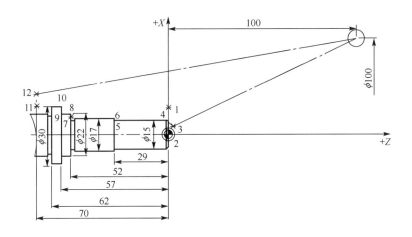

图8-3 工件坐标系及刀具路径（一）

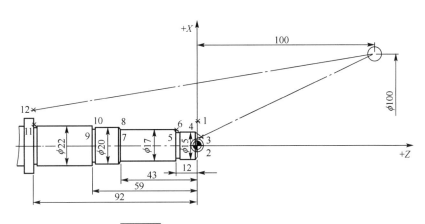

图8-4 工件坐标系及刀具路径（二）

凹槽加工 G01 和 G04 代码进行编程实现，不采用凹槽加工循环指令 CYCLE93。

（3）计算编程尺寸

① 换刀点　零件原点设置在零件的右端面，为了防止换刀时刀具与零件或尾座相碰，加工左、右端时的换刀点可以设置在（X100，Z100）。

② 起刀点　为了减少循环加工的次数，循环的起刀点可以设置在（X37，Z2）的位置。

③ 编程点　直接用基本尺寸编程，不用计算平均尺寸。根据刀具路径计算的各基点坐标值见表 8-3、表 8-4。

⊡ **表** 8-3　**左端编程点坐标**

基点编号	X坐标	Z坐标	基点编号	X坐标	Z坐标
1	37	0	7	17	−52
2	0	0	8	22	−52
3	11	1	9	22	−57
4	15	−1	10	30	−57
5	15	−29	11	30	−70
6	17	−29	12	37	−70

基点编号	X 坐标	Z 坐标	基点编号	X 坐标	Z 坐标
1	37	0	7	17	−43
2	0	0	8	20	−44.5
3	11	1	9	20	−59
4	15	−1	10	22	−59
5	15	−12	11	22	−92
6	17	−12	12	37	−92

（4）参考程序

左端车削程序

	SKCR801A.MPF	程序号（左端加工程序）
N0010	G54 G90 G95 G40；	设置工件坐标系
N0020	M03 S600；	主轴正转，转速 600r/min
N0030	G00 X100 Z100；	定位换刀点
N0040	T01 D01；	换 1 号刀，选择 1 号刀补
N0050	G00 X37 Z0 M08；	刀具移动至加工起始位置，开启冷却液
N0060	G01 X0 F0.05；	车端面，以进给速度 0.05mm/r 直线插补
N0070	G00 X100 Z100；	返回换刀点
N0080	T02 D02；	换 2 号刀，选择 2 号刀补
N0090	G00 X37 Z2；	刀具移动至加工起始位置
N0100	CYCLE95("ZC801A", 1, 0.3, 0.3, 0, 0.3, 0.3, 0.05, 1, , ,2)；	调用循环粗车，X 轴余量 0.3mm，Z 轴余量 0.3mm
N0110	G00 X100 Z100；	返回换刀点
N0120	T03 D03	换 3 号刀，选择 3 号刀补
N0130	S1000 M03 F0.05	转速 1000r/min，进给速度 0.05mm/r
N0140	ZC801A；	调用子程序精车
N0150	G00 X100 Z100；	退回换刀点
N0160	T04 D04；	换 4 号切槽刀
N0170	M03 S600；	转速 600r/min
N0180	G00 X30；	
N0190	Z−52；	移动到起始位置
N0200	G01 X15 F0.05；	进给速度 0.05mm/r，切槽
N0210	G04 F3；	暂停 3s
N0220	G01 X30；	退刀
N0230	G00 X100 Z100；	返回换刀点
N0240	M05 M09；	主轴停止，切削液停止
N0250	M02；	主程序结束并返回程序开头
	ZC801A.SPF	加工外轮廓子程序

续表

左端车削程序

N0010	G00 X11 Z1；	轮廓起点，即起刀点（X13,Y0）
N0020	G01 X15 Z–1；	倒角
N0030	Z–29；	车削圆柱面
N0040	X17；	车削端面
N0050	Z–52；	车削圆柱面
N0060	X22；	车削端面
N0070	Z–57；	车削圆柱面
N0080	X30；	车削端面
N0090	Z–70；	车削圆柱面
N0100	X37；	退出已加工表面
N0110	M02；	返回主程序

右端车削程序

	SKCR801B.MPF	程序号（右端加工程序）
N0010	G54 G90 G95 G40；	设置工件坐标系
N0020	M03 S600；	主轴正转，转速 600r/min
N0030	G00 X100 Z100；	定位换刀点
N0040	T01 D01；	换 1 号刀，选择 1 号刀补
N0050	G00 X37 Z0 M08；	刀具移动至加工起始位置，开启冷却液
N0060	G01 X0 F0.05；	车端面，以进给速度 0.05mm/r 直线插补（保证尺寸 154mm）
N0070	G00 X100 Z100；	返回换刀点
N0080	T02 D02；	换 2 号刀，选择 2 号刀补
N0090	G00 X37 Z2；	刀具移动至加工起始位置
N0100	CYCLE95("ZC801B", 2, 0.3, 0.3, 0, 0.3, 0.3, 0.05, 1, , ,2);	调用循环粗车，X 轴余量 0.3mm，Z 轴余量 0.3mm
N0110	G00 X100 Z100；	返回换刀点
N0120	T03 D03；	换 3 号刀，选择 3 号刀补
N0130	S1000 M03 F0.05；	转速 1000r/min，进给速度 0.05mm/r
N0140	ZC801B；	调用子程序精车
N0150	G00 X100 Z100；	退回换刀点
N0160	T04 D04；	换 4 号切槽刀
N0170	M03 S600；	转速 600r/min
N0180	G00 X30；	
N0190	Z–12；	移动到起始位置
N0200	G01 X15 F0.05；	进给速度 0.05mm/r，切槽
N0210	G04 F3；	暂停 3s
N0220	G01 X30；	退刀
N0230	Z–59；	移动到起始位置

	右端车削程序	
N0240	G01 X18;	切槽
N0250	G04 F3;	暂停3s
N0260	G00 X30;	退刀
N0270	Z−92;	移动到起始位置
N0280	G01 X20;	切槽
N0290	G04 F3;	暂停3s
N0300	G0 X30;	退刀
N0310	G00 X100 Z100;	返回换刀点
N0320	M05 M09;	主轴停止，切削液停止
N0330	M02;	主程序结束并返回程序开头
	ZC801B.SPF	加工外轮廓子程序
N0010	G00 X11 Z1;	轮廓起点，即起刀点（X13,Y0）
N0020	G01 X15 Z−1;	倒角
N0030	Z−12;	车削圆柱面
N0040	X17;	车削端面
N0050	Z−43;	车削圆柱面
N0060	X20 CHF=1.414;	车削端面，倒角
N0070	Z−59;	车削圆柱面
N0080	X22;	车削端面
N0090	Z−92;	车削圆柱面
N0100	X37;	退出已加工表面
N0110	M02;	返回主程序

8.2 异形轴加工（手柄加工）

车削加工如图8-5所示的异形轴零件的外形轮廓，实体图如图8-6所示。

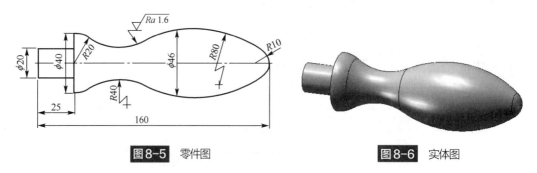

图8-5 零件图　　　　图8-6 实体图

8.2.1　学习目标与注意事项

（1）学习目标

① 提高轴类典型车削类零件加工工艺分析能力，合理制定零件的加工工艺及正确编制程序。

② 掌握根据零件图正确编制圆弧的加工程序，并且要掌握基本的尺寸计算。

③ 掌握车削加工编程中的可编程零点偏置指令 TRANS。

（2）注意事项

① 加工圆弧时要根据实际的切削情况适时调整进给修调开关。

② 应用 TRANS 指令时，如果实现 X 正偏移，结果加工出来的工件直径大偏移量的 2 倍，故 X 方向偏移方法可作为预留加工余量用。

8.2.2　工、量、刀具清单

加工异形轴的工、量、刀具清单见表 8-5。

▷ 表 8-5　加工异形轴的工、量、刀具清单

名称	规格	精度	数量
车刀	45° 机夹偏刀		1
车刀	93° 硬质合金机夹外圆车刀		1
车刀	35° 硬质合金机夹外圆车刀		1
游标卡尺	0~200mm	0.02mm	1
其他	常用数控车床辅具		若干

8.2.3　工艺分析与加工方案

（1）分析零件工艺性能

由图 8-5 可看出，该零件外形结构主要包括圆弧面，左端圆柱已经加工完毕。其中最大的外径为 $\phi46$，表面粗糙度 $Ra1.6\mu m$，加工精度较高。尺寸标注完整，轮廓描述清楚。

（2）选用毛坯或明确来料状况

毛坯为 $\phi55 \times 162$ 圆钢，材料 45 钢，其中左端 $\phi20$ 的外圆已加工完成。零件材料切削性能较好。

（3）选用数控机床

加工轮廓由圆弧组成，所需刀具不多，用两轴联动数控车床可以成形。

（4）确定装夹方案

① 夹具　对于短轴类零件，用三爪卡盘自定心夹持左端 $\phi20$ 已加工的外圆，三爪自定心卡盘能自动定心，工件装夹后一般不需要找正，装夹效率高。使工件伸出卡盘 137mm（应将机床的限位距离考虑进去），共限制 4 个自由度，一次装夹完成粗精加工。

② 定位基准　三爪卡盘自定心，故以轴线为定位基准。

（5）确定加工方案

根据零件形状及加工精度要求，分端面加工、外圆粗精铣、切槽来完成。该零件的数控加工方案见表8-6。

表8-6　数控加工方案

工步号	工步内容	刀具号	切削用量		
			主轴转速/r·min⁻¹	进给速度/mm·r⁻¹	背吃刀量/mm
1	车端面	T01	800	0.05	
2	粗加工整个外轮廓	T02	600	0.2	3
3	精加工整个外轮廓	T03	1000	0.05	1

8.2.4　程序编制与注释

对于轴类零件的数控车削编程，需先按照零件图样计算各几何元素的交点，然后按照数控加工工艺要求进行代码编写。

（1）建立工件坐标系

对于车削零件编程，一般情况下工件原点设置在工件的左、右端面或卡盘端面与主轴的交点处，没有特殊情况应该选择工件右端面处。故将工件坐标系建立在工件的右端面中心轴线处，如图8-7所示。

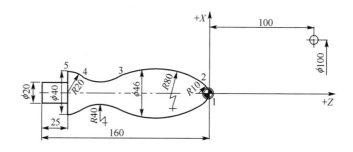

图8-7　工件坐标系及刀具路径

（2）确定编程方案及刀具路径

端面车削采用45°机夹偏刀，设置刀具的起刀点在（X50，Z0），采用直线插补走刀，设置进给速度0.05mm/r。

外圆表面的加工余量比较大，需要采用多次重复加工，才能去除全部余量。若采用毛坯切削循环进行编程时，空走刀较多，为了减少空走刀，宜采用仿形车方式进行加工，即慢慢逼近零件的轮廓的方式。但由于 SIEMENS 系统中没有仿形车复合固定循环，因此本例采用参数指令并结合坐标平移指令 TRANS 进行加工程序编写。设置 R=10mm，采用每次减少3mm，这样粗加工共进行4次，4次加工可分别调用子程序进行，最后利用相同的子程序进行精加工。

① 粗加工中第1次 R=10mm，X方向坐标偏置10mm，程序仍按照原来的数值执行，那么加工出来的工件就比未偏置之前加工出来的在直径方向上大20mm。

② 粗加工中第2次 R=7mm，X方向坐标偏置7mm，程序仍按照原来的数值执行，那么

加工出来的工件就比未偏置之前加工出来的在直径方向上大 14mm。

③ 粗加工中第 3 次 R=4mm，X 方向坐标偏置 4mm，程序仍按照原来的数值执行，那么加工出来的工件就比未偏置之前加工出来的在直径方向上大 8mm。

④ 粗加工中第 4 次 R=1mm，X 方向坐标偏置 1mm，程序仍按照原来的数值执行，那么加工出来的工件就比未偏置之前加工出来的在直径方向上大 2mm。

（3）计算编程尺寸

① 换刀点　零件原点设置在零件的右端面，为了防止换刀时刀具与零件或尾座相碰，加工左、右端时的换刀点可以设置在（X100，Z100）。

② 起刀点　为了减少循环加工的次数，循环的起刀点可以设置在（X0，Z2）的位置。

③ 编程点　直接用基本尺寸编程，不用计算平均尺寸。根据刀具路径计算的各基点坐标值见表 8-7。

▢ 表 8-7　编程点坐标

基点编号	X 坐标	Z 坐标	基点编号	X 坐标	Z 坐标
1	0	0	4	34.99	-125.31
2	16.29	-4.2	5	40	-135
3	29.81	-85.7			

（4）参考程序

SKCR802.MPF		程序号（左端加工程序）
N0010	G54 G90 G95 G40；	设置工件坐标系
N0020	M03 S800；	主轴正转，转速 800r/min
N0030	G00 X100 Z100；	定位换刀点
N0040	T01 D01；	换 1 号刀，选择 1 号刀补
N0050	G00 X50 Z0 M08；	刀具移动至加工起始位置，开启冷却液
N0060	G01 X0 F0.05；	车端面，以进给速度 0.05mm/r 直线插补
N0070	G00 X100 Z100；	返回换刀点
N0080	T02 D02；	换 2 号刀，选择 2 号刀补
N0090	M03 S600 F0.2；	主轴正转，转速 600r/min，粗加工进给速度 0.2mm/r
N0100	R1=10；	定义参数
N0110	MA1:TRANS X=R1 G00 Z0；	X 坐标平移
N0120	ZC802；	调子程序
N0130	R1=R1-3.0；	平移量每次减少 3mm
N0140	IF R1＞=1 GOTOB MA1；	有条件跳转
N0150	TRANS；	取消坐标平移
N0160	G00 X100 Z100；	退回换刀点
N0170	T03 D03；	换 3 号刀，选择 3 号刀补
N0180	M03 S1000 F0.05；	主轴转速 1000r/min
N0190	ZC802；	调子程序精车
N0200	G00 X100 Z100；	返回换刀点

SKCR802.MPF		程序号（左端加工程序）
N0210	M05 M09;	主轴停止，切削液停止
N0220	M02;	主程序结束并返回程序开头
	ZC802.SPF	加工外轮廓子程序
N0010	G42 G00 X0;	右补偿
N0020	G01 Z0;	刀具移动至加工起始位置
N0030	G03 X16.29 Z-4.2 CR=10;	圆弧插补
N0040	G03 X29.81 Z-85.7 CR=80;	圆弧插补
N0050	G02 X34.99 Z-125.31 CR=40;	圆弧插补
N0060	G03 X40 Z-135 CR=20;	圆弧插补
N0070	G40 G00 X60;	退刀
N0080	Z2;	退刀
N0090	M02;	返回主程序

8.3 内孔加工（弹簧套筒加工）

车削加工如图 8-8 所示的非圆内孔零件的外形轮廓和内部轮廓，实体图如图 8-9 所示。

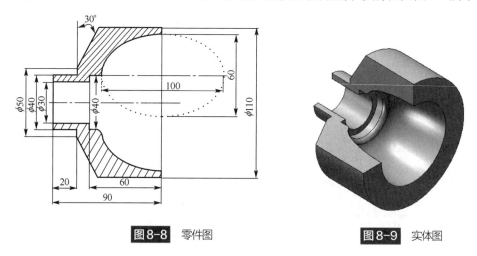

图8-8 零件图　　　　　　图8-9 实体图

8.3.1 学习目标与注意事项

（1）学习目标

① 提高套类典型车削类零件加工工艺分析能力，合理制定零件的加工工艺及正确编制程序。

② 掌握非圆曲线的参数方程，合理给定相关参数编程的数值，提高非圆曲线的加工精度。

（2）注意事项

确定编程原点后，注意非圆曲线相关点的坐标计算。

8.3.2　工、量、刀具清单

加工内孔的工、量、刀具清单见表 8-8。

☐ **表 8-8　加工内孔的工、量、刀具清单**

名称	规格	精度	数量
车刀	45° 机夹偏刀		1
车刀	93° 硬质合金机夹外圆车刀		1
车刀	35° 硬质合金机夹外圆车刀		1
钻头	ϕ28		1
镗刀	内孔粗镗刀 R0.5mm		1
镗刀	内孔精镗刀 R0.2mm		1
切刀	B=2mm		1
游标卡尺	0~200mm	0.02mm	1
其他	常用数控车床辅具		若干

8.3.3　工艺分析与加工方案

（1）分析零件工艺性能

由图 8-8 可看出，该零件外形结构主要包括内孔和外圆，要求加工精度，表面粗糙度 Ra1.6μm。外形部分主要由直线组成，结构相对比较简单；而内孔表面有一段椭圆，不能用直线和圆弧插补完成，要求对非圆曲线进行编程。尺寸标注完整，轮廓描述清楚。

（2）选用毛坯或明确来料状况

毛坯为 ϕ115×150 圆钢，材料 45 钢，零件材料切削性能较好。

（3）选用数控机床

加工轮廓由直线、圆弧组成，所需刀具不多，用两轴联动数控车床可以成形。

（4）确定装夹方案

① 夹具　对于短轴类零件，用三爪卡盘自定心夹持，三爪自定心卡盘能自动定心，工件装夹后一般不需要找正，装夹效率高。加工外形轮廓时，装夹毛坯 ϕ115 外圆，使工件伸出卡盘 100mm（应将机床的限位距离考虑进去），共限制 4 个自由度，一次装夹完成粗精加工。加工右端时采用加工后的 ϕ40 外圆定位。

② 定位基准　三爪卡盘自定心，故以轴线为定位基准。

（5）确定加工方案

根据零件形状及加工精度要求，分外表面和内表面来完成加工。该零件的数控加工方案见表 8-9。

工步号	工步内容	刀具号	切削用量		
			主轴转速/r·min⁻¹	进给速度/mm·r⁻¹	背吃刀量/mm
主程序 1			外圆		
1	车端面	T01	600	0.05	
2	粗加工外圆	T02	600	0.2	2
3	精加工外圆	T03	1000	0.05	0.3
4	切断	T04	600	0.3	
主程序 2			内孔		
1	车端面	T01	600	0.05	
2	钻通孔至 $\phi 28$		600	0.1	14
3	粗加工零件内轮廓	T05	600	0.1	1
4	精加工零件内轮廓	T06	1000	0.05	0.2

8.3.4　程序编制与注释

对于套类零件的数控车削编程，需先按照零件图样计算各几何元素的交点，然后按照数控加工工艺要求进行代码编写。

（1）建立工件坐标系

对于车削零件编程，一般情况下工件原点设置在工件的左、右端面或卡盘端面与主轴的交点处，没有特殊情况应该选择工件右端面处。故将工件坐标系建立在工件的右端面中心轴线处。

该零件加工需调头，从图纸上尺寸标注分析，应设置 2 个坐标系，2 个工件零点均定于装夹后的右端面（精加工面）。

➤ 装夹毛坯 $\phi 115$ 外圆，平端面，对刀，设置第 1 个工件原点。

➤ 调头装夹 $\phi 40$ 外圆，平端面，测量总长度，设置第 2 个工件原点（设在精加工端面上）。

（2）确定编程方案及刀具路径

端面车削采用 45° 机夹偏刀，设置刀具的起刀点在（X117，Z0），采用直线插补走刀，设置进给速度 0.05mm/r。

外圆表面的加工余量比较大，需要采用多次重复加工，才能去除全部余量。为了简化编程，分别采用毛坯切削循环进行粗、精加工编程，如图 8-10 所示。

内孔表面的编程包括粗、精车实现，通过调用 CYCLE95 循环指令来完成，需要注意的是内孔左端为一个半椭圆，由于 SINUMERIK 没有椭圆插补指令，可采用条件跳转循环方式通过直线插补来完成，此时需要计算各编程点的坐标，如图 8-11 所示。

椭圆方程：
$$\frac{x^2}{30^2} + \frac{z^2}{50^2} = 1$$

椭圆 Z 坐标：R_1——方程中的 z 坐标与工件坐标系中的 Z 坐标相同，从 0 开始递增，范围为（0~ -49.3）。

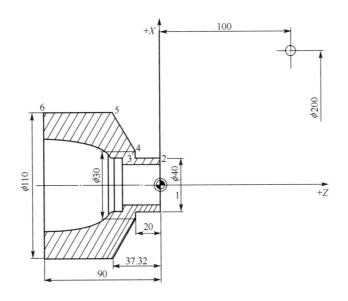

图8-10 工件坐标系及刀具路径

椭圆 X 坐标：$R_3 = 2 \times \dfrac{3}{5} \times \sqrt{2500 - R_1^2} + 40$

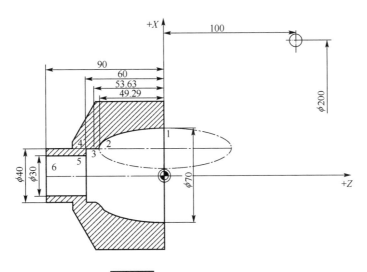

图8-11 椭圆加工的刀具路径

（3）计算编程尺寸

① 换刀点　零件原点设置在零件的右端面，为了防止换刀时刀具与零件或尾座相碰，加工左、右端时的换刀点可以设置在（$X200$，$Z100$）。

② 起刀点　为了减少循环加工的次数，端面起刀点可以设置在（$X117$，$Z0$）的位置。循环起刀点可以设置在（$X117$，$Z2$）的位置。

③ 编程点　直接用基本尺寸编程，不用计算平均尺寸。根据刀具路径计算的外圆加工各基点坐标值见表8-10、表8-11。

基点编号	X 坐标	Z 坐标	基点编号	X 坐标	Z 坐标
1	0	0	4	50	−20
2	40	0	5	110	−37.32
3	40	−20	6	110	−90

⊡ 表 8-11　右端编程点坐标

基点编号	X 坐标	Z 坐标	基点编号	X 坐标	Z 坐标
1	70	0	4	40	−60
2	—	−49.3	5	30	−60
3	40	−53.64	6	30	−90

（4）参考程序

外圆加工程序

SKCR803A.MPF	程序号（外圆加工程序）
N0010	G54 G90 G95 G40;	设置工件坐标系
N0020	M03 S600;	主轴正转，转速 600r/min
N0030	G00 X200 Z100;	定位换刀点
N0040	T01 D01 M08;	换 1 号刀，选择 1 号刀补，开启冷却液
N0050	G00 X117 Z0;	刀具移动至加工起始位置
N0060	G01 X0 F0.05;	车端面，以进给速度 0.05mm/r 直线插补
N0070	G00 X200 Z100;	返回换刀点
N0080	T02 D02;	换 2 号刀，选择 2 号刀补
N0090	G00 X117 Z2;	刀具移动至加工起始位置
N0100	CYCLE95("ZC803A",2.0,0,0.3, ,0.2,0.2,0.05,1, , ,0.5);	调用毛坯切削循环粗车
N0110	G00 X200 Z100;	返回换刀点
N0120	T03 D03 S1000;	主轴变速，换刀
N0130	CYCLE95("ZC803A" , , , , , , ,0.05,5, , ,);	调用毛坯切削循环精车
N0140	G00 X200 Z100;	返回换刀点
N0150	T04 D04 S600;	换 4 号刀，选择 4 号刀补
N0160	G00 X117 Z−94;	刀具移动至加工起始位置
N0170	G01 X0 F0.3;	切断
N0180	G00 X117;	退刀
N0190	Z100;	返回参考点，先定 Z
N0200	X200;	再定 X
N0210	M05 M09;	主轴停止，切削液停止
N0220	M02;	主程序结束并返回程序开头
	ZC803A.SPF	加工外轮廓子程序
N0010	G42 G00 X40 Z2;	右补偿
N0020	G01 Z0;	刀具移动至加工起始位置

外圆加工程序		
N0030	Z-20;	圆柱面加工
N0040	X50;	端面
N0050	X110 Z-37.32;	锥面
N0060	Z-95;	
N0070	G40 G00 X150;	退刀，取消刀补
N0080	M02;	返回主程序

内孔加工程序		
SKCR803B.MPF		程序号（内孔加工程序）
N0010	G54 G90 G95 G40;	设置工件坐标系
N0020	M03 S600;	主轴正转，转速 600r/min
N0030	G00 X200 Z100;	定位换刀点
N0040	T01 D01 M08;	换 1 号刀，选择 1 号刀补，开启冷却液
N0050	G00 X117 Z0;	刀具移动至加工起始位置
N0060	G01 X0 F0.05;	车端面，以进给速度 0.05mm/r 直线插补（保证尺寸 90mm）
N0070	G00 X200 Z100;	返回换刀点
N0080	T05 D05;	换 5 号刀，选择 5 号刀补
N0090	G00 X26 Z2;	刀具移动至加工起始位置
N0100	CYCLE95("ZC803B",1.0,0,0.2, ,0.1,0.1,0.05,3, , ,0.5);	调用毛坯切削循环粗车孔
N0110	G00 X200 Z100;	返回换刀点
N0120	T06 D06 S1000;	主轴变速，换刀
N0130	CYCLE95("ZC803B",0.2, , , , , ,0.05,5, , ,);	调用毛坯切削循环精车，进给深度 0.2mm
N0140	G00 X200 Z100;	返回换刀点
N0150	M05 M09;	主轴停止，切削液停止
N0160	M02;	主程序结束并返回程序开头
ZC803B.SPF		加工内轮廓子程序
N0010	G41 G00 X100 Z2;	补偿
N0020	G01 Z0;	刀具移动至加工起始位置
N0030	R1=0;	方程中 Z 的坐标，设为自变量，赋初始值为 0
N0040	MA1:R2=SQRT(2500-R1*R1)*3/5;	开始 MA1 循环
N0050	R3=R2*2+40;	设置工件坐标系的 X 值
N0060	G01 X=R3 Z=R1;	以直线 G01 逼近走出椭圆轮廓
N0070	R1=R1-0.1;	自变量 R1 依次递减 0.1
N0080	IF R1>=-49.3 GOTOB MA1;	若 R1>=-49.6,循环 MA1 继续
N0090	G02 X40 Z-53.63 R5;	圆角
N0100	G01 Z-60;	圆柱面
N0110	X30;	端面
N0120	Z-65;	孔
N0130	G40 G00 X12;	退刀，取消刀补
N0140	M02;	返回主程序

8.4 套筒零件加工

车削加工如图 8-12 所示的轴类零件的倒角及外圆轮廓，实体图如图 8-13 所示。

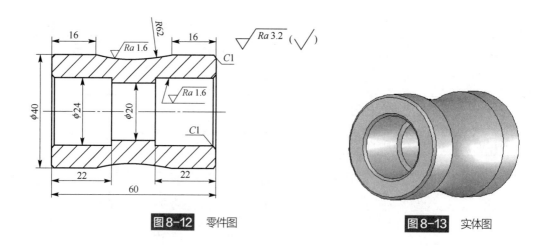

图 8-12 零件图

图 8-13 实体图

8.4.1 学习目标与注意事项

（1）学习目标

① 掌握车床加工中直线插补指令 G01、G02 在外圆加工中的应用。

② 掌握毛坯车削循环 CYCLE95 指令在外圆、内孔加工中的应用。

③ 掌握内孔、外圆双端加工方法。

（2）注意事项

① 在运行开始时，注意起刀点必须设置在远离工件的安全位置，保持刀具与工件间的距离。

② 调头加工的时候，需要再次设置加工原点。

③ 注意双端加工的内孔程序是相同的，外圆加工程序不同。

8.4.2 工、量、刀具清单

加工外圆柱面的工、量、刀具清单见表 8-12。

▢ 表 8-12 加工外圆柱面的工、量、刀具清单

名称	规格	精度	数量
外圆车刀	45°机夹偏刀		1
外圆车刀	35°机夹偏刀		1
内孔车刀	35°机夹偏刀		1
切槽刀	槽宽 4mm		1
外径千分尺	0~25mm，25~50mm	0.01mm	1
游标卡尺	0~150mm	0.02mm	1
其他	常用数控车床辅具		若干

8.4.3 工艺分析与加工方案

（1）分析零件工艺性能

由图 8-12 可看出，该零件外轮廓、内孔较为简单，零件的轨迹精度要求高，其总体结构主要包括两端的端面、外圆、倒角、内孔阶梯，此零件需要调头进行双端加工。加工轮廓由直线、圆弧构成，外圆粗糙度 $Ra1.6\mu m$，端面 $Ra3.2\mu m$。不准用砂布及锉刀等修饰表面。尺寸标注完整，轮廓描述清楚。

（2）选用毛坯或明确来料状况

毛坯为带内孔圆钢，材料 45 钢，尺寸为 $\phi 42 \times 100$，内孔为通孔，直径为 $\phi 18$，外表面、内表面经过荒车加工。零件材料切削性能较好。

（3）选用数控机床

加工轮廓由直线组成，所需刀具不多，用两轴联动数控车床可以成形。

（4）确定装夹方案

① 夹具。对于短轴类零件，用三爪卡盘自定心夹持 $\phi 42$ 外圆，使工件伸出卡盘 80mm（应将机床的限位距离考虑进去），共限制 4 个自由度，一次装夹完成粗精加工。三爪自定心卡盘能自动定心，工件装夹后一般不需要找正，装夹效率高。

② 定位基准。三爪卡盘自定心，故以轴线为定位基准。

（5）确定加工方案

根据零件形状及加工精度要求，分别进行端面加工、外圆粗、精车，内孔粗、精车加工。该零件的数控加工方案见表 8-13。

▫ 表 8-13 数控加工方案

工步号	工步内容	刀具号	切削用量		
			主轴转速 /（r/min）	进给速度 /（mm/r）	背吃刀量 /mm
主程序 1	夹已加工表面，伸出 85mm，车端面，对刀调程序加工零件右端				
1	车端面	T01	600	0.15	
2	内孔粗精加工	T03	1000	0.1	1.0
3	粗加工外圆	T02	600	0.3	1.0
4	精加工外圆及倒角	T02	1000	0.15	1.0
5	切断	T04	500	0.05	
主程序 2	调头加工零件左端，夹 $\phi 40$ 外圆				
1	内孔粗精加工	T03	1000	0.1	1.0
2	粗加工外圆及倒角	T02	600	0.3	1.0
3	精加工外圆及倒角	T02	1000	0.15	1.0
4	切断	T04	500	0.05	

8.4.4 程序编制与注释

对于轴类零件的数控车削编程，需先按照零件图样计算各几何元素的交点，然后按照数控加工工艺要求进行代码编写。

（1）建立工件坐标系

对于车削零件编程，一般情况下工件原点设置在工件的左、右端面或卡盘端面与主轴的交点处，工件坐标系建立在工件的右端面中心轴线处。

该零件加工需调头，从图纸上尺寸标注分析应设置 2 个坐标系，2 个工件零点均定于装夹后的右端面（精加工面）。

➤ 装夹毛坯 $\phi42$ 外圆，平端面，对刀，设置第 1 个工件原点。此端面进行精加工，倒角加工后不再加工，如图 8-14 所示。

➤ 调头装夹 $\phi40$ 外圆，平端面，测量总长度，设置第 2 个工件原点（设在精加工端面上），如图 8-15 所示。

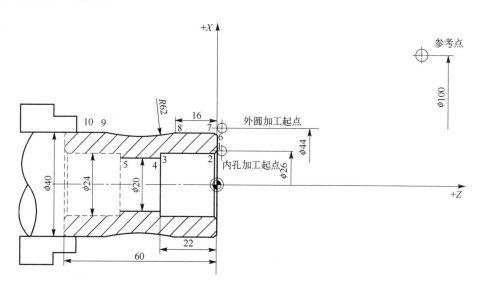

图 8-14 工件坐标系及刀具路径（一）

（2）确定编程方案及刀具路径

端面车削采用 45°机夹偏刀，设置刀具的起刀点在（X44，Z0），采用直线插补走刀，设置进给速度 0.05mm/r。

外圆表面的加工余量比较大，需要采用多次重复加工，才能去除全部余量，为了简化编程采用毛坯切削循环 CYCLE95 进行粗加工，采用子程序进行精加工。X 轴留精加工余量 0.3mm，Z 轴留余量 0.3mm，分别计算出各点的坐标，精加工采用一次走刀。

（3）计算编程尺寸

① 换刀点。零件原点设置在零件的右端面，为了防止换刀时刀具与零件或尾座相碰，加工左、右端时的换刀点可以设置在（X100，Z80）。

② 起刀点。为了减少循环加工的次数，内孔加工循环的起刀点可以设置在（X26，Z2）

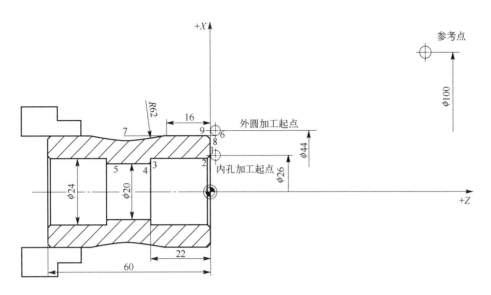

图 8-15 工件坐标系及刀具路径（二）

的位置。右端加工至圆弧结束，左端加工至直线结束后，继续走刀 5mm。外圆加工循环的起刀点可以设置在（X44，Z2）的位置。

③ 编程点。直接用基本尺寸编程，不用计算平均尺寸。根据刀具路径计算的各基点坐标值见表 8-14、表 8-15。

⊡ 表 8-14 右端编程点坐标

基点编号	X 坐标	Z 坐标	基点编号	X 坐标	Z 坐标
1	26	0	6	38	0
2	24	−1	7	40	−1
3	24	−22	8	40	−16
4	20	−22	9	40	−44
5	20	−35	10	40	−50

⊡ 表 8-15 左端编程点坐标

基点编号	X 坐标	Z 坐标	基点编号	X 坐标	Z 坐标
1	26	0	6	40	2
2	24	−1	7	40	−30
3	24	−22	8	38	0
4	20	−22	9	40	−1
5	20	−35			

（4）参考程序

<table>
<tr><th colspan="2">右端车削程序</th></tr>
<tr><th>SKCR701.MPF</th><th>程序号</th></tr>
<tr><td>N0010</td><td>G54 G90 G95 G40 M03 S600；</td></tr>
<tr><td></td><td>设置工件坐标系，主轴正转，转速 600r/min</td></tr>
</table>

<table>
<tr><td>N0010</td><td>G54 G90 G95 G40 M03 S600；</td><td>设置工件坐标系，主轴正转，转速 600r/min</td></tr>
<tr><td>N0020</td><td>T01 D01 F0.15；</td><td>换 1 号刀，选择 1 号刀补</td></tr>
<tr><td>N0030</td><td>G00 X44 Z0 M08；</td><td>刀具移动至外圆加工起始位置，开启冷却液</td></tr>
<tr><td>N0040</td><td>G01 X–1；</td><td>切削端面</td></tr>
<tr><td>N0050</td><td>G00 X100 Z80；</td><td>返回换刀点</td></tr>
<tr><td>N0060</td><td>T03 D03；</td><td>换 3 号刀，选择 3 号刀补</td></tr>
<tr><td>N0070</td><td>F0.1 M03 S1000；</td><td></td></tr>
<tr><td>N0080</td><td>G00 X26 Z2；</td><td>到达内孔循环起点</td></tr>
<tr><td>N0090</td><td>CYCLE95("ZC701",1,0.2,0.2,0.5,0.2,0.1,0.1,11,,,0.5)；</td><td>调用循环车内孔，X 轴余量 0.2mm，Z 轴余量 0.2mm</td></tr>
<tr><td>N0100</td><td>G00 X20；</td><td></td></tr>
<tr><td>N0110</td><td>Z80；</td><td></td></tr>
<tr><td>N0120</td><td>X100；</td><td>返回换刀点</td></tr>
<tr><td>N0130</td><td>T02 D02；</td><td>换 2 号刀，选择 2 号刀补</td></tr>
<tr><td>N0140</td><td>F0.3 S600；</td><td>转速 600r/min，进给速度 0.3mm/r</td></tr>
<tr><td>N0150</td><td>G00 X44 Z2；</td><td>到达外圆循环起点</td></tr>
<tr><td>N0160</td><td>CYCLE95("ZC702",1,0.2,0.2,0.5,0.2,0.1,0.15,9,,,0.5)；</td><td>调用循环加工外圆，X 轴余量 0.2mm，Z 轴余量 0.2mm</td></tr>
<tr><td>N0170</td><td>G00 X100 Z80；</td><td>返回换刀点</td></tr>
<tr><td>N0180</td><td>F0.15 S1000；</td><td>主轴转速 1000r/min，进给速度 0.15mm/r</td></tr>
<tr><td>N0190</td><td>G00 X44 Z2；</td><td></td></tr>
<tr><td>N0200</td><td>ZC702；</td><td>精加工</td></tr>
<tr><td>N0210</td><td>G00 X100 Z80；</td><td>返回换刀点</td></tr>
<tr><td>N0220</td><td>T04 D04；</td><td>换 4 号刀，选择 4 号刀补</td></tr>
<tr><td>N0230</td><td>F0.05 S500；</td><td>主轴转速 500r/min，进给速度 0.05mm/r</td></tr>
<tr><td>N0240</td><td>G00 X44 Z–60</td><td></td></tr>
<tr><td>N0250</td><td>G01 X–1；</td><td>切断加工</td></tr>
<tr><td>N0260</td><td>G00 X100；</td><td></td></tr>
<tr><td>N0270</td><td>Z80；</td><td>返回换刀点</td></tr>
<tr><td>N0280</td><td>M05 M09；</td><td>主轴停止，切削液停止</td></tr>
<tr><td>N0290</td><td>M03；</td><td>主程序结束并返回程序开头</td></tr>
<tr><td></td><td>ZC701.SPF</td><td>加工外轮廓子程序</td></tr>
<tr><td>N0010</td><td>G01 X26；</td><td></td></tr>
<tr><td>N0020</td><td>Z0；</td><td></td></tr>
<tr><td>N0030</td><td>X24 Z–1；</td><td></td></tr>
<tr><td>N0040</td><td>Z–22；</td><td></td></tr>
<tr><td>N0050</td><td>X20；</td><td></td></tr>
</table>

	右端车削程序	
N0060	Z–35;	
N0070	M02;	返回主程序
	ZC702.SPF	加工外轮廓子程序
N0010	G01 X42;	
N0020	Z0;	
N0030	X40 Z–1;	
N0040	Z–16;	
N0050	G02 X40 Z–44 CR=62;	
N0060	Z–50;	
N0070	M02;	返回主程序
	SKCR702.MPF	程序号
N0010	G54 G90 G95 G40 M03 S1000 F0.1;	设置工件坐标系，主轴正转，转速1000r/min
N0020	G00 X100 Z80;	返回换刀点
N0030	T03 D03;	换3号刀，选择3号刀补
N0040	G00 X26 Z2;	到达内孔循环起点
N0050	CYCLE95("ZC701",1,0.2,0.2,0.5,0.2,0.1,0.1,11,,,0.5);	调用循环车内孔，X轴余量0.2mm，Z轴余量0.2mm
N0060	G00 X100 Z80;	返回换刀点
N0070	T02 D02;	换2号刀，选择2号刀补
N0080	G00 X44 Z2;	到达外圆循环起点
N0090	F0.3 S600;	主轴转速600r/min，进给速度0.3mm/r
N0100	G01 X41;	
N0110	Z–30;	粗加工外圆
N0120	G00 X44 Z2;	返回外圆加工起点
N0130	F0.15 S1000;	主轴转速1000r/min，进给速度0.15mm/r
N0140	G01 X40;	
N0160	Z–30;	精加工外圆
N0170	G00 X44 Z2;	返回外圆加工起点
N0180	G01 X38 Z0;	
N0190	X40 Z–1;	倒角加工
N0200	G00 X100;	
N0210	Z80;	返回换刀点
N0220	M05 M09;	主轴停止，切削液停止
N0230	M03;	主程序结束并返回程序开头

8.5 盘套加工（镗套加工）

车削加工如图 8-16 所示的内孔零件的外形轮廓和内部轮廓，实体图如图 8-17 所示。

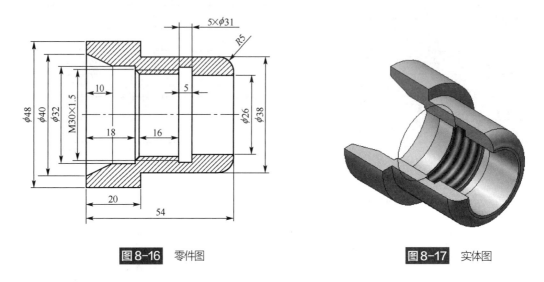

图 8-16 零件图   图 8-17 实体图

8.5.1 学习目标与注意事项

（1）学习目标

① 提高套类典型车削类零件加工工艺分析能力，合理制定零件的加工工艺及正确编制程序。

② 掌握工件调头车削加工时，工件的装夹部位和程序零点设置。

（2）注意事项

要合理安排粗加工和精加工，按照加工次序，保证尺寸精度。

8.5.2 工、量、刀具清单

加工盘套的工、量、刀具清单见表 8-16。

▫ 表 8-16 加工盘套的工、量、刀具清单

名称	规格	精度	数量
车刀	45° 机夹偏刀		1
车刀	93° 硬质合金机夹外圆车刀		1
车刀	35° 硬质合金机夹外圆车刀		1
钻头	$\phi24$		1
镗刀	内孔粗镗刀 $R0.5mm$		1

名称	规格	精度	数量
镗刀	内孔精镗刀 R0.2mm		1
切刀	B=2mm		1
螺纹刀	内孔螺纹刀		
游标卡尺	0~200mm	0.02mm	1
其他	常用数控车床辅具		若干

8.5.3 工艺分析与加工方案

（1）分析零件工艺性能

由图 8-16 可看出，该零件外形结构主要包括内孔和外圆，要求加工精度，表面粗糙度 $Ra1.6\mu m$。外形部分主要由直线、圆弧组成，结构相对来说比较简单；而内孔表面有圆柱面、凹槽、圆锥面、螺纹，相对比较复杂，加工路线较长。尺寸标注完整，轮廓描述清楚。

（2）选用毛坯或明确来料状况

毛坯为 $\phi50 \times 100$ 圆钢，材料 45 钢，零件材料切削性能较好。

（3）选用数控机床

加工轮廓由直线、圆弧组成，所需刀具不多，用两轴联动数控车床可以成形。

（4）确定装夹方案

① 夹具 对于短轴类零件，用三爪卡盘自定心夹持，三爪自定心卡盘能自动定心，工件装夹后一般不需要找正，装夹效率高。加工外形轮廓时，装夹毛坯 $\phi50$ 外圆，使工件伸出卡盘 75mm（应将机床的限位距离考虑进去），共限制 4 个自由度，一次装夹完成粗精加工。加工右端时采用加工后的 $\phi38$ 外圆定位。

② 定位基准 三爪卡盘自定心，故以轴线为定位基准。

（5）确定加工方案

根据零件形状及加工精度要求，分外表面和内表面来完成加工。该零件的数控加工方案见表 8-17。

▫ 表8-17 数控加工方案

工步号	工步内容	刀具号	切削用量		
			主轴转速/r·min⁻¹	进给速度/mm·r⁻¹	背吃刀量/mm
主程序 1	外圆加工				
1	车端面	T01	600	0.05	
2	粗加工外圆	T02	800	0.2	2
3	精加工零件外形	T03	1000	0.05	0.2
4	切断	T04	600	0.3	
主程序 2	内孔加工，装夹 $\phi38$ 外圆				
1	车端面	T01	600	0.05	
2	钻通孔至 $\phi24$		600	0.1	

工步号	工步内容	刀具号	切削用量		
			主轴转速/r·min⁻¹	进给速度/mm·r⁻¹	背吃刀量/mm
3	粗加工零件内轮廓	T05	600	0.1	1
4	精加工零件内轮廓	T06	1000	0.05	0.2
5	切内槽	T07	600	0.05	
6	车螺纹	T08	600		

8.5.4 程序编制与注释

对于套类零件的数控车削编程，需先按照零件图样计算各几何元素的交点，然后按照数控加工工艺要求进行代码编写。

（1）建立工件坐标系

对于车削零件编程，一般情况下工件原点设置在工件的左、右端面或卡盘端面与主轴的交点处，没有特殊情况应该选择工件右端面处。故将工件坐标系建立在工件的右端面中心轴线处。

该零件加工需调头，从图纸上尺寸标注分析，应设置 2 个坐标系，2 个工件零点均定于装夹后的右端面（精加工面）。

➢ 装夹毛坯 ϕ50 外圆，平端面，对刀，设置第 1 个工件原点。

➢ 调头装夹 ϕ38 外圆，平端面，测量总长度，设置第 2 个工件原点（设在精加工端面上）。

（2）确定编程方案及刀具路径

端面车削采用 45° 机夹偏刀，设置刀具的起刀点在（X52，Z0），采用直线插补走刀，设置进给速度 0.05mm/r。

外圆表面的加工余量比较大，需要采用多次重复加工，才能去除全部余量。为了简化编程，分别采用毛坯切削循环进行粗、精加工编程，如图 8-18 所示。

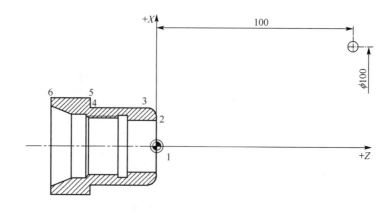

图 8-18 外圆加工的坐标系及刀具路径

内孔表面的编程主要包括粗加工、精加工、切槽、螺纹，如图 8-19 所示。

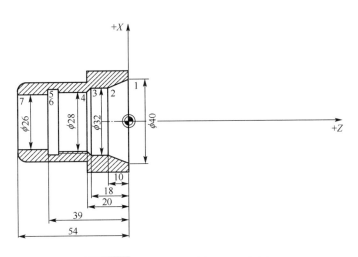

图 8-19　内孔加工的坐标系和刀具路径

（3）计算编程尺寸

① 换刀点　零件原点设置在零件的右端面，为了防止换刀时刀具与零件或尾座相碰，加工左、右端时的换刀点可以设置在（X200，Z100）。

② 起刀点　为了减少循环加工的次数，端面起刀点可以设置在（X52，Z0）的位置。循环起刀点可以设置在（X52，Z2）的位置。

③ 编程点　直接用基本尺寸编程，不用计算平均尺寸。根据刀具路径计算的外圆加工各基点坐标值见表 8-18、表 8-19。

▫ 表 8-18　左端编程点坐标

基点编号	X 坐标	Z 坐标	基点编号	X 坐标	Z 坐标
1	0	0	4	38	−34
2	28	0	5	48	−34
3	38	−5	6	48	−54（60）

▫ 表 8-19　右端编程点坐标

基点编号	X 坐标	Z 坐标	基点编号	X 坐标	Z 坐标
1	40	0	5	28	−39
2	32	−10	6	26	−39
3	32	−18	7	26	−55
4	28	−20			

（4）参考程序

外圆加工程序		
SKCR804A.MPF		程序号（外圆加工程序）
N0010	G54 G90 G95 G40；	设置工件坐标系
N0020	M03 S600；	主轴正转，转速 600r/min
N0030	G00 X100 Z100；	定位换刀点

外圆加工程序		
N0040	T01 D01 M08;	换1号刀，选择1号刀补，开启冷却液
N0050	G00 X52 Z0;	刀具移动至加工起始位置
N0060	G01 X0 F0.05;	车端面，以进给速度0.05mm/r直线插补
N0070	G00 X100 Z100;	返回换刀点
N0080	T02 D02 S800;	换2号刀，选择2号刀补
N0090	G00 X52 Z2 F0.2;	刀具移动至加工起始位置
N0100	CYCLE95("ZC804A",2.0,0,0.3,,0.2,0.2,0.05,1,,,0.5);	调用毛坯切削循环粗车
N0110	G00 100 Z100;	返回换刀点
N0120	T03 D03 S1000;	主轴变速，换刀
N0130	CYCLE95("ZC804A",0.2,,,,,,0.05,5,,);	调用毛坯切削循环精车，进给深度0.2mm
N0140	G00 X100 Z100;	返回换刀点
N0150	T04 D04 S600;	换4号刀，选择4号刀补
N0160	G00 X52 Z-58;	刀具移动至加工起始位置
N0170	G01 X0 F0.3;	切断
N0180	G00 X52;	退刀
N0190	Z100;	返回参考点，先定Z
N0200	X200;	再定X
N0210	M05 M09;	主轴停止，切削液停止
N0220	M02;	主程序结束并返回程序开头
ZC804A.SPF		加工外轮廓子程序
N0010	G42 G00 X28 Z2;	右补偿
N0020	G01 Z0;	刀具移动至加工起始位置
N0030	G03 X38 Z-5 CR=5;	圆角加工
N0040	G01 Z-34;	柱面
N0050	X48;	端面
N0060	Z-60;	柱面
N0070	G40 G00 X100;	退刀，取消刀补
N0080	M02;	返回主程序
内孔加工程序		
SKCR804B.MPF		程序号（内孔加工程序）
N0010	G54 G90 G95 G40;	设置工件坐标系
N0020	M03 S600;	主轴正转，转速600r/min
N0030	G00 X200 Z100;	定位换刀点
N0040	T01 D01 M08;	换1号刀，选择1号刀补，开启冷却液
N0050	G00 X52 Z0;	刀具移动至加工起始位置
N0060	G01 X0 F0.05;	车端面，以进给速度0.05mm/r直线插补（保证尺寸54mm）
N0070	G00 X200 Z100;	返回换刀点

内孔加工程序

N0080	T05 D05；	换 5 号刀，选择 5 号刀补
N0090	G00 X52 Z2；	刀具移动至加工起始位置
N0100	CYCLE95("ZC804B",1.0,0,0.3, ,0.1,0.1,0.05,3, , ,0.5)；	调用毛坯切削循环粗车孔
N0110	G00 X100 Z100；	返回换刀点
N0120	T06 D06 S1000；	主轴变速，换刀
N0130	CYCLE95("ZC804B", , , , , , ,0.05,5, , ,)；	调用毛坯切削循环精车
N0140	G00 X100 Z100；	返回换刀点
N0150	T07 D07 S600；	换 7 号内槽刀
N0160	G00 X24 Z5；	
N0170	Z−39；	刀具移动至加工起始位置
N0180	CYCLE93(28.0, −34.0,5.0,1.5,0,0,0,0,0,0,0.2,0.3,1.0,1.0,7)；	切槽
N0190	G00 Z2；	退刀
N0200	X100 Z100；	返回换刀点
N0210	T08 D08；	换 8 号内螺纹车刀
N0220	G00 X24 Z3；	
N0230	Z−15；	刀具移动至加工起始位置
N0240	CYCLE97(1.5, , ,−18.0, −34.0,30.0,30.0,3.0,2.0,0.75,0.05, 30.0, ,6,1.0,4,1)；	螺纹加工
N0250	G00 Z5；	退刀
N0260	X100 Z100；	返回换刀点
N0270	M05 M09；	主轴停止，切削液停止
N0280	M02；	主程序结束并返回程序开头
	ZC804B.SPF	加工内轮廓子程序
N0010	G41 G00 X40；	补偿
N0020	G01 Z0；	刀具移动至加工起始位置
N0030	X32 Z−10；	
N0040	Z−18；	
N0050	X28 Z−20；	
N0060	Z−39；	
N0070	X26；	
N0080	Z−55；	
N0090	G40 G00 X12；	退刀，取消刀补
N0100	M02；	返回主程序

8.6 函数曲线外圆加工

车削加工如图 8-20 所示的轴类零件的倒角及外圆轮廓，实体图如图 8-21 所示。

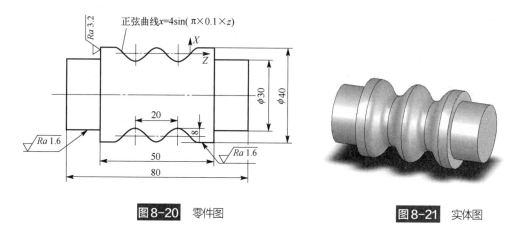

图 8-20　零件图　　　　　　　　　　　　　　图 8-21　实体图

8.6.1 学习目标与注意事项

（1）学习目标

① 掌握车床加工中直线插补指令 G00、G01 在外圆加工中的应用。

② 掌握毛坯车削循环 CYCLE95 指令在外圆加工中的应用。

③ 掌握函数曲面的编程及加工方法。

（2）注意事项

① 在运行开始时，注意起刀点必须设置在远离工件的安全位置，保持刀具与工件间的距离。

② 调头加工的时候，需要再次设置加工原点。

③ 注意函数编程时，需要建立编程坐标系，注意编程坐标系与加工坐标系之间的关系。

8.6.2 工、量、刀具清单

加工外圆柱面的工、量、刀具清单见表 8-20。

▫ 表 8-20　加工外圆柱面的工、量、刀具清单

名称	规格	精度	数量
外圆车刀	45°机夹偏刀		1
外圆车刀	35°机夹偏刀		1
切槽刀	槽宽 4mm		1
外径千分尺	0~25mm，25~50mm	0.01mm	1

名称	规格	精度	数量
游标卡尺	0~150mm	0.02mm	1
其他	常用数控车床辅具		若干

8.6.3　工艺分析与加工方案

（1）分析零件工艺性能

由图8-20可看出，该零件外轮廓为函数曲线轮廓，不能应用G00、G02等指令进行编程，零件的轨迹精度要求高，其总体结构主要包括两端的端面、外圆阶梯和函数外圆面，此零件需要调头进行双端加工。加工轮廓由直线、函数曲线构成，外圆粗糙度Ra1.6μm，端面Ra3.2μm。不准用砂布及锉刀等修饰表面。尺寸标注完整，轮廓描述清楚。

（2）选用毛坯或明确来料状况

毛坯为圆钢，材料45钢，尺寸为ϕ44×100，外表面经过荒车加工。零件材料切削性能较好。

（3）选用数控机床

加工轮廓由直线组成，所需刀具不多，用两轴联动数控车床可以成形。

（4）确定装夹方案

① 夹具。对于短轴类零件，用三爪卡盘自定心夹持ϕ44外圆，使工件伸出卡盘120mm（应将机床的限位距离考虑进去），共限制4个自由度，一次装夹完成粗精加工。三爪自定心卡盘能自动定心，工件装夹后一般不需要找正，装夹效率高。

② 定位基准。三爪卡盘自定心，故以轴线为定位基准。

（5）确定加工方案

根据零件形状及加工精度要求，分别进行端面加工，外圆粗、精车，函数曲线轮廓粗、精车加工。该零件的数控加工方案见表8-21。

□ 表8-21　数控加工方案

工步号	工步内容	刀具号	切削用量		
			主轴转速 /（r/min）	进给速度 /（mm/r）	背吃刀量 /mm
主程序1	夹已加工表面，伸出120mm，车端面，对刀调程序加工零件右端				
1	车端面	T01	600	0.15	
2	粗加工外圆	T02	600	0.3	1.0
3	精加工外圆及倒角	T02	1000	0.15	1.0
4	切断	T03	500	0.05	
主程序2	调头加工零件左端，夹ϕ20外圆				
1	车端面	T01	600	0.15	
2	粗、精加工外圆	T02	600	0.3	1.0

8.6.4 程序编制与注释

对于轴类零件的数控车削编程，需先按照零件图样计算各几何元素的交点，然后按照数控加工工艺要求进行代码编写。

（1）建立工件坐标系

对于车削零件编程，一般情况下工件原点设置在工件的左、右端面或卡盘端面与主轴的交点处，工件坐标系建立在工件的右端面中心轴线处。

该零件加工需调头，从图纸上尺寸标注分析应设置 2 个坐标系，2 个工件零点均定于装夹后的右端面（精加工面）。

➤ 装夹毛坯 $\phi44$ 外圆，平端面，对刀，设置第 1 个工件原点。此端面进行精加工，倒角加工后不再加工，如图 8-22 所示。

➤ 调头装夹 $\phi40$ 外圆，平端面，测量总长度，设置第 2 个工件原点（设在精加工端面上），如图 8-23 所示。

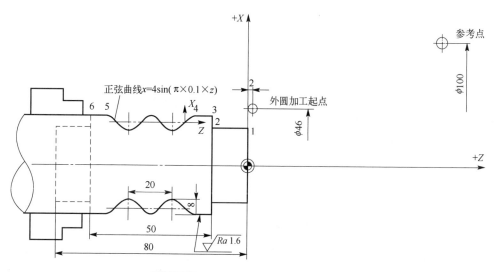

图8-22 工件坐标系及刀具路径（一）

（2）确定编程方案及刀具路径

端面车削采用 45°机夹偏刀，设置刀具的起刀点在（X46，Z0），采用直线插补走刀，设置进给速度 0.05mm/r。

外圆表面的加工余量比较大，需要采用多次重复加工，才能去除全部余量，为了简化编程，采用毛坯切削循环 CYCLE95 进行粗加工，采用子程序进行精加工。X 轴留精加工余量 0.3mm，Z 轴留余量 0.3mm，分别计算出各点的坐标，精加工采用一次走刀。

（3）计算编程尺寸

① 换刀点。零件原点设置在零件的右端面，为了防止换刀时刀具与零件或尾座相碰，加工左、右端时的换刀点可以设置在（X100，Z80）。

② 起刀点。为了减少循环加工的次数，内孔加工循环的起刀点可以设置在（X46，Z2）的位置。

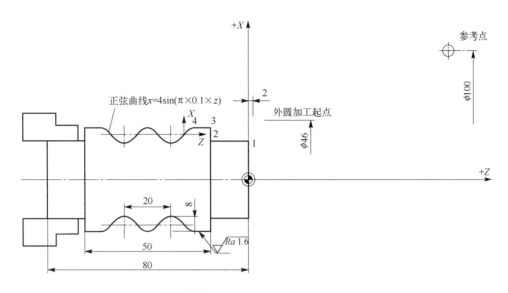

图 8-23 工件坐标系及刀具路径（二）

③ 编程点。直接用基本尺寸编程，不用计算平均尺寸。根据刀具路径计算的各基点坐标值见表 8-22、表 8-23。

▫ **表 8-22　右端编程点坐标**

基点编号	X 坐标	Z 坐标	基点编号	X 坐标	Z 坐标
1	30	0	4	10	−20
2	30	−15	5	40	−60
3	40	−15	6	40	−66

▫ **表 8-23　左端编程点坐标**

基点编号	X 坐标	Z 坐标	基点编号	X 坐标	Z 坐标
1	30	0	3	40	−15
2	30	−15	4	10	−20

（4）参考程序

右端车削程序		
SKCR701.MPF		**程序号**
N0010	G54 G90 G95 G40 M03 S600;	设置工件坐标系，主轴正转，转速 600r/min
N0020	T01 D01 F0.15;	换 1 号刀，选择 1 号刀补
N0030	G00 X46 Z0 M08;	刀具移动至外圆加工起始位置，开启冷却液
N0040	G01 X−1;	切削端面
N0050	G00 X100 Z80;	返回换刀点
N0060	T02 D02;	换 2 号刀，选择 2 号刀补
N0070	F0.3 M03 S600;	
N0080	G00 X46 Z2;	到达内孔循环起点

右端车削程序

N0090	CYCLE95("ZC701",1,0.2,0.2,0.5,0.2,0.1,0.15,9,,,0.5);	调用循环加工外圆轮廓，X轴余量 0.2mm，Z轴余量 0.2mm
N0100	G00 X46 Z2;	到达外圆循环起点
N0110	F0.15 S1000;	主轴转速 1000r/min，进给速度 0.15mm/r
N0120	ZC701;	调用子程序进行精加工
N0130	G00 X100 Z80;	返回换刀点
N0140	T03 D03;	换 3 号刀，选择 3 号刀补
N0150	F0.05 S500;	主轴转速 500r/min，进给速度 0.05mm/r
N0160	G00 X46 Z–80;	
N0170	G01 X–1;	切断加工
N0180	G00 X100;	
N0190	Z80;	返回换刀点
N0200	M05 M09;	主轴停止，切削液停止
N0210	M03;	主程序结束并返回程序开头
	ZC701.SPF	加工外轮廓子程序
N0010	Z0.0;	加工起始点
N0020	Z–15.0;	
N0030	X40.0;	
N0040	Z–20.0;	
N0050	R1=5.0;	
N0060	MA1: R2=4*SIN(R1*18.0);	
N0070	R3=–R1–20.0;	Z 坐标
N0080	R4=R2*2+32.0;	X 坐标
N0090	G01 X=R4 Z=R3;	
N0100	R1=R1–0.2;	
N0110	IF R1>=–40.0 G0T0B MAX1;	判断结束曲线
N0120	G01 Z–65.0;	直线加工
N0130	M02;	返回主程序

左端车削程序

SKCR702.MPF		**程序号**
N0010	G54 G90 G95 G40 M03 S600 F0.15;	设置工件坐标系，主轴正转，转速 600r/min
N0020	G00 X100 Z80;	返回换刀点
	T01 D01;	换 1 号刀，选择 1 号刀补
	G00 X48 Z0;	
	G01 X–1;	
	G00 X100 Z80;	返回换刀点

左端车削程序		
N0030	T02 D02 M03 S600 F0.3;	换 2 号刀，选择 2 号刀补
N0040	G00 X44 Z2;	到达内孔循环起点
N0050	CYCLE95("ZC702",1,0.2,0.2,0.5,0.2,0.1,0.3,9,,,0.5);	调用循环加工外圆，X 轴余量 0.2mm，Z 轴余量 0.2mm
N0060	G00 X100;	
N0070	Z80;	返回换刀点
N0080	M05 M09;	主轴停止，切削液停止
N0090	M03;	主程序结束并返回程序开头
	ZC702.SPF	加工外轮廓子程序
N0010	G01 X30.0;	
N0020	Z0.0;	加工起始点
N0030	G01 Z–15.0;	
N0040	G01 X40.0;	加工阶梯
N0050	G01 Z–22;	
N0060	M02;	返回主程序

8.7 连续切槽加工

车削加工如图 8-24 所示的轴类零件的倒角及外圆轮廓，实体图如图 8-25 所示。

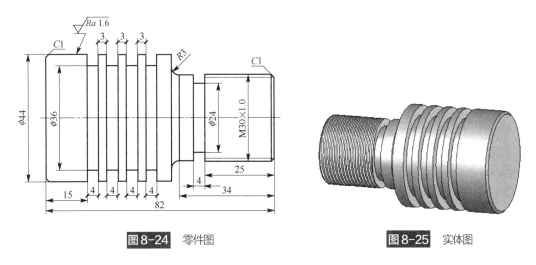

图 8-24　零件图　　　　图 8-25　实体图

8.7.1 学习目标与注意事项

（1）学习目标

① 掌握车床加工中直线插补指令 G00、G01 在外圆加工中的应用。

② 掌握螺纹车削循环 CYCLE97 指令在螺纹加工中的应用。

③ 掌握切槽循环 CYCLE93 在连续切槽中的应用。

④ 掌握切槽刀加工倒角的方法。

（2）注意事项

① 在运行开始时，注意起刀点必须设置在远离工件的安全位置，保持刀具与工件间的距离。

② 注意切槽刀加工倒角及切断时的加工路线，计算时需要考虑到槽刀宽度的影响。

8.7.2 工、量、刀具清单

加工外圆柱面的工、量、刀具清单见表 8-24。

▱ 表 8-24 加工外圆柱面的工、量、刀具清单

名称	规格	精度	数量
外圆车刀	45°机夹偏刀		1
切槽刀	槽宽 4mm		1
螺纹车刀	刀尖角 60°		1
螺纹规	牙型角 60°		1
外径千分尺	0~25mm，25~50mm	0.01mm	1
游标卡尺	0~150mm	0.02mm	1
其他	常用数控车床辅具		若干

8.7.3 工艺分析与加工方案

（1）分析零件工艺性能

由图 8-24 可看出，该零件外轮廓包括外圆直线、圆弧轮廓，螺纹及左右两端倒角，外圆轮廓较为复杂，零件的轨迹精度要求高，此零件从右向左外径依次增加，左侧倒角可以应用切槽刀进行加工，可省去调头加工、再次对刀等操作，提高零件加工精度。圆粗糙度 $Ra1.6\mu m$，端面 $Ra3.2\mu m$。不准用砂布及锉刀等修饰表面。尺寸标注完整，轮廓描述清楚。

（2）选用毛坯或明确来料状况

毛坯为圆钢，材料 45 钢，尺寸为 $\phi48 \times 160$，外表面经过荒车加工。零件材料切削性能较好。

（3）选用数控机床

加工轮廓由直线组成，所需刀具不多，用两轴联动数控车床可以成形。

（4）确定装夹方案

① 夹具。对于短轴类零件，用三爪卡盘自定心夹持 $\phi48$ 外圆，使工件伸出卡盘 120mm（应将机床的限位距离考虑进去），共限制 4 个自由度，一次装夹完成粗精加工。三爪自定心卡盘能自动定心，工件装夹后一般不需要找正，装夹效率高。

② 定位基准。三爪卡盘自定心，故以轴线为定位基准。

（5）确定加工方案

根据零件形状及加工精度要求，分别进行端面加工，外圆粗、精车，内孔粗、精加工。该零件的数控加工方案见表 8-25。

☐ **表 8-25　数控加工方案**

工步号	工步内容	刀具号	切削用量		
			主轴转速 /（r/min）	进给速度 /（mm/r）	背吃刀量 /mm
主程序	夹已加工表面，伸出 120mm，车端面，对刀调程序加工零件右端				
1	车端面	T01	600	0.15	
2	粗加工外圆	T02	600	0.3	2.0
3	精加工外圆及右端倒角	T02	1000	0.15	1.0
4	加工连续槽	T03	800	0.05	
5	螺纹加工	T04	800	0.1	
6	加工左端倒角	T03	600	0.05	
7	切断	T03	600	0.05	

8.7.4　程序编制与注释

对于轴类零件的数控车削编程，需先按照零件图样计算各几何元素的交点，然后按照数控加工工艺要求进行代码编写。

（1）建立工件坐标系

对于车削零件编程，一般情况下工件原点设置在工件的左、右端面或卡盘端面与主轴的交点处，工件坐标系建立在工件的右端面中心轴线处。

装夹毛坯 $\phi48$ 外圆，平端面，对刀，设置工件原点。此端面进行精加工，倒角加工、螺纹加工、槽加工及左端倒角加工，如图 8-26 所示。

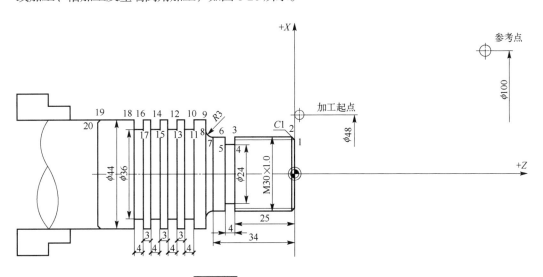

图 8-26　工件坐标系及刀具路径

（2）确定编程方案及刀具路径

端面车削采用45°机夹偏刀，设置刀具的起刀点在（X48，Z0），采用直线插补走刀，设置进给速度0.05mm/r。

外圆表面的加工余量比较大，需要采用多次重复加工，才能去除全部余量，为了简化编程，采用毛坯切削循环CYCLE95进行粗加工，采用子程序进行精加工。X轴留精加工余量0.3mm，Z轴留余量0.3mm，分别计算出各点的坐标，精加工采用一次走刀，应用CYCLE93进行连续槽加工，应用CYCLE97进行螺纹加工，并利用4mm宽槽刀进行加工。

（3）计算编程尺寸

① 换刀点。零件原点设置在零件的右端面，为了防止换刀时刀具与零件或尾座相碰，加工左、右端时的换刀点可以设置在（X100，Z80）。

② 起刀点。为了减少循环加工的次数，内孔加工循环的起刀点可以设置在（X48，Z2）的位置。

③ 编程点。直接用基本尺寸编程，不用计算平均尺寸。根据刀具路径计算的各基点坐标值见表8-26。

▫ 表8-26 右端编程点坐标

基点编号	X坐标	Z坐标	基点编号	X坐标	Z坐标
1	28	0	11	36	−46
2	30	−1	12	44	−53
3	30	−25	13	36	−53
4	24	−25	14	44	−60
5	24	−29	15	36	−60
6	30	−29	16	44	−67
7	30	−34	17	36	−67
8	36	−37	18	44	−85
9	44	−37	19	44	−81
10	44	−46	20	42	−82

（4）参考程序

右端车削程序		
SKCR701.MPF		**程序号**
N0010	G54 G90 G95 G40 M03 S600;	设置工件坐标系，主轴正转，转速600r/min
N0020	T01 D01 F0.15;	换1号刀，选择1号刀补
N0030	G00 X48 Z0 M08;	刀具移动至外圆加工起始位置，开启冷却液
N0040	G01 X−1;	切削端面
N0050	G00 X100 Z80;	返回换刀点
N0060	T02 D02;	换2号刀，选择2号刀补
N0070	F0.3 M03 S600;	
N0080	G00 X48 Z2;	到达内孔循环起点

	右端车削程序	
N0090	CYCLE95("ZC701",2,0.2,0.2,0.5,0.2,0.1,0.15,9,,,0.5);	调用循环加工外圆，X轴余量 0.2mm，Z轴余量 0.2mm
N0100	G00 X48 Z2;	到达外圆循环起点
N0110	F0.15 S1000;	主轴转速 1000r/min，进给速度 0.15mm/r
N0120	ZC701;	调用子程序进行精加工
N0130	G00 X100 Z80;	返回换刀点
N0140	T03 D03;	换 3 号刀，选择 3 号刀补
N0150	F0.05 S800;	主轴转速 800r/min，进给速度 0.05mm/r
N0160	G00 X48 Z−46;	
N0170	CYCLE93(46, −46, 4, 4,0, 0, 0, 0, 0, 0, 0, 0, 0, 2, 1, 5);	切槽循环，X 坐标轴起点 46mm，Z 坐标轴起点−46mm，槽宽 4mm，槽深 4mm，槽底停留时间 1s，加工类型为 5
N0180	CYCLE93(46, −53, 4, 4,0, 0, 0, 0, 0, 0, 0, 0, 0, 2, 1, 5);	
N0190	CYCLE93(46, −60, 4, 4,0, 0, 0, 0, 0, 0, 0, 0, 0, 2, 1, 5);	
N0200	CYCLE93(46, −67, 4, 4,0, 0, 0, 0, 0, 0, 0, 0, 0, 2, 1, 5);	
N0210	G00 X100;	
N0220	Z80;	返回换刀点
N0230	T02 D02 G95 M03 S800 F0.1;	
N0240	G00 X35.0 Z5.0;	螺纹切削起点
N0250	CYCLE97(1.0,, 0, −25, 30, 30, 2, 2, 0.649,, 0, 30, 0, 5, 2, 3, 1);	螺纹切削循环，螺距 1.0mm，空刀导入量 2mm，空刀导出量 2mm，精加工余量 0mm，切入角度 30°
N0260	G00 X100;	
N0270	Z80;	返回退刀点
N0280	T03 D03 G95 M03 S600 F0.05;	
N0290	G00 X46.0 Z−81;	
N0300	G01 X44.0;	
N0310	X42.0 Z−82;	加工倒角
N0320	X−1;	切断
N0330	G00 X100;	
N0340	Z80;	返回退刀点
N0350	M05 M09;	主轴停止，切削液停止
N0360	M03;	主程序结束并返回程序开头
	ZC701.SPF	加工外轮廓子程序
N0010	G01 X28.0;	加工起始点

	右端车削程序	
N0020	Z0.0;	
N0030	G01 X30 Z–1;	
N0040	Z–34.0;	
N0050	G02 X36.0 Z–37.0 CR=3.0;	圆弧加工
N0060	G01 X44.0;	
N0070	G01 Z–85.0;	
N0080	M02;	返回主程序

本章小结

本章介绍了 7 个提高型的车床加工实例，相比第 7 章，本章的例子难度和技术性要求方面更上一层楼。读者学习时候，应重点掌握典型零件（轴类、套类、盘类零件）的加工设置和工艺分析，为后面学习完成各种复杂零件的加工设计奠定基础。

第9章
SIEMENS 数控系统车床加工经典实例

学习完入门实例和提高类型的实例后，本章将通过 5 个经典零件来讲解 SINUMERIK 802D 在数控车床上的编程技术和应用过程，帮助读者实现从入门到精通。

9.1 连杆轴车削加工

车削加工如图 9-1 所示的连杆轴零件的外形轮廓，实体图如图 9-2 所示。

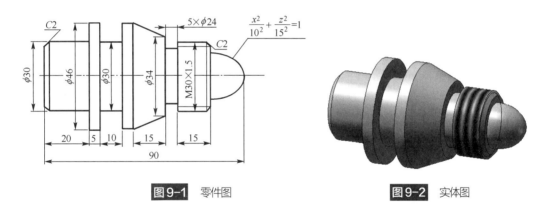

图9-1 零件图   图9-2 实体图

9.1.1 学习目标与注意事项

（1）学习目标

① 提高轴类典型车削类零件加工工艺分析能力，合理制定零件的加工工艺及正确编制程序。

② 掌握车削加工中零件调头后工作坐标系如何准确定位。

③ 掌握非圆曲线的参数方程。

（2）注意事项

① 零件经过调头加工，要求事先考虑好周全的加工工艺，特别是第二次调头装夹位置一定要选择适当。

② 加工零件右端时，需要夹持 $\phi30$ 外圆，需要包铜皮，防止损伤零件表面。

9.1.2　工、量、刀具清单

加工连杆轴的工、量、刀具清单见表9-1。

名称	规格	精度	数量
车刀	45°机夹偏刀		1
车刀	93°硬质合金机夹外圆车刀		1
车刀	35°硬质合金机夹外圆车刀		1
槽刀	$B=3mm$		1
螺纹刀	60°外螺纹车刀		1
游标卡尺	0~150mm	0.02mm	1
其他	常用数控车床辅具		若干

9.1.3　工艺分析与加工方案

（1）分析零件工艺性能

由图9-1可看出，该零件外形结构较为复杂，零件的总体结构主要包括端面、外圆和切槽、螺纹。其中最大的外径为$\phi46$，表面粗糙度$Ra1.6\mu m$，加工精度较高，台阶面$Ra3.2\mu m$，端面$Ra6.3\mu m$，特别是右端有椭圆曲面。尺寸标注完整，轮廓描述清楚。

（2）选用毛坯或明确来料状况

毛坯为$\phi50\times93$圆钢，材料45钢，外表面经过荒车加工。零件材料切削性能较好。

（3）选用数控机床

加工轮廓由直线、非圆曲线组成，所需刀具不多，用两轴联动数控车床可以成形。

（4）确定装夹方案

① 夹具　对于短轴类零件，用三爪卡盘自定心夹持，三爪自定心卡盘能自动定心，工件装夹后一般不需要找正，装夹效率高。零件的加工长度为90mm，零件需要加工两端，因此需要考虑两端装夹位置。先加工左端，以毛坯$\phi50$定位，使工件伸出卡盘50mm（应将机床的限位距离考虑进去），共限制4个自由度，一次装夹完成粗精加工。然后再加工右端，以加工后的$\phi30$定位。

② 定位基准　三爪卡盘自定心，故以轴线为定位基准。

（5）确定加工方案

根据零件形状及加工精度要求，分端面加工、外圆粗精铣、切槽来完成。该零件的数控加工方案见表9-2。

▣ **表9-2　数控加工方案**

工步号	工步内容	刀具号	切削用量			备注
			主轴转速 /r·min⁻¹	进给速度 /mm·r⁻¹	背吃刀量 /mm	
主程序1	光毛坯表面，夹已加工表面，伸出50mm，车端面，对刀调程序加工零件左侧					
1	车端面	T01	600	0.05		

工步号	工步内容	刀具号	切削用量			备注
			主轴转速 /r·min⁻¹	进给速度 /mm·r⁻¹	背吃刀量 /mm	
2	粗加工外轮廓	T02	800	0.2	1.0	
3	精加工外轮廓	T03	1000	0.05	0.3	
主程序 2	调头加工零件右端，夹 $\phi30$ 处外圆					
1	车端面	T01	600	0.05		
2	粗加工外轮廓	T02	800	0.2	2.0	
3	精加工外轮廓	T03	1000	0.05	0.3	
4	车外圆槽 $5 \times \phi24$ 与 $10 \times \phi30$	T04	600	0.05		
5	车外螺纹	T05	600			

9.1.4 程序编制与注释

对于轴类零件的数控车削编程，需先按照零件图样计算各几何元素的交点，然后按照数控加工工艺要求进行代码编写。

（1）建立工件坐标系

对于车削零件编程，一般情况下工件原点设置在工件的左、右端面或卡盘端面与主轴的交点处，没有特殊情况应该选择工件右端面处。故将工件坐标系建立在工件的右端面中心轴线处。

该零件加工需调头，从图纸上尺寸标注分析应设置 2 个坐标系，2 个工件零点均定于装夹后的右端面（精加工面）。

➤ 装夹毛坯 $\phi50$ 外圆，平端面，对刀，设置第 1 个工件原点。此端面进行精加工，以后不再加工，如图 9-3 所示。

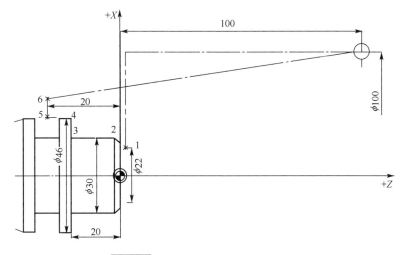

图 9-3 工件坐标系及刀具路径（一）

➤ 调头装夹 $\phi30$ 外圆，平端面，测量总长度，设置第 2 个工件原点（设在精加工端面上），如图 9-4 所示。

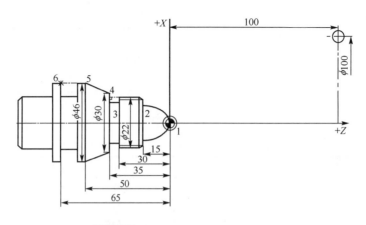

图 9-4 工件坐标系及刀具路径（二）

（2）确定编程方案及刀具路径

端面车削采用 45° 机夹偏刀，设置刀具的起刀点在（X52，Z0），采用直线插补走刀，设置进给速度 0.05mm/r。

外圆表面的加工余量比较大，需要采用多次重复加工，才能去除全部余量，为了简化编程采用毛坯切削循环 CYCLE95 进行粗加工，再次采用毛坯切削循环 CYCLE95 进行精加工。粗加工 X 轴留精加工余量 0.3mm，Z 轴留余量 0.3mm，分别计算出各点的坐标，精加工采用一次走刀。

凹槽加工采用凹槽加工循环指令 CYCLE93，螺纹加工采用 CYCLE97 指令完成。

对于右端切削要求保证非圆曲线，由于 SINUMERIK 没有椭圆插补指令，可采用条件跳转循环方式通过直线插补来完成，此时需要计算各编程点的坐标，如图 9-4 所示。

椭圆方程：
$$\frac{x^2}{10^2} + \frac{z^2}{15^2} = 1$$

椭圆 Z 坐标：方程中的 z 坐标与工件坐标系中的 Z 坐标相同，从 0 开始递增，范围为（0~15）。

椭圆 X 坐标：
$$x = 2 \times \frac{10}{15} \times \sqrt{225 - z^2}$$

（3）计算编程尺寸

① 换刀点　零件原点设置在零件的右端面，为了防止换刀时刀具与零件或尾座相碰，加工左、右端时的换刀点可以设置在（X100，Z100）。

② 起刀点　为了减少循环加工的次数，循环的起刀点可以设置在（X52，Z2）的位置。

③ 编程点　直接用基本尺寸编程，不用计算平均尺寸。根据刀具路径计算各基点坐标值见表 9-3、表 9-4 所示。

▫ 表 9-3　左端编程点坐标

基点编号	X 坐标	Z 坐标	基点编号	X 坐标	Z 坐标
1	22	2	2	30	−2

基点编号	X 坐标	Z 坐标	基点编号	X 坐标	Z 坐标
3	30	−20	5	46	−30
4	46	−20	6	50	−30

⊡ 表9-4　右端编程点坐标

基点编号	X 坐标	Z 坐标	基点编号	X 坐标	Z 坐标
1	0	0	4	34	−35
2	20	−15	5	46	−50
3	30	−35	6	46	−65

（4）参考程序

左端车削程序	
SKCR901A.MPF	程序号（左端加工程序）
N0010	G54 G90 G95 G40;	设置工件坐标系
N0020	M03 S600;	主轴正转，转速 600r/min
N0030	G00 X100 Z100;	定位换刀点
N0040	T01 D01;	换 1 号刀，选择 1 号刀补
N0050	G00 X52 Z0 M08;	刀具移动至加工起始位置，开启冷却液
N0060	G01 X0 F0.05;	车端面，以进给速度 0.05mm/r 直线插补
N0070	G00 X100 Z100;	返回换刀点
N0080	T02 D02;	换 2 号刀，选择 2 号刀补
N0090	M03 S800;	主轴正转，转速 800r/min
N0100	CYCLE95("ZC901A", 1, 0.3, 0.3, 0, 0.2, 0.2, 0.05,1, , ,0.5);	调用循环粗车，X 轴余量 0.3mm，Z 轴余量 0.3mm
N0110	G00 X100 Z100;	返回换刀点
N0120	T03 D03;	换 3 号刀，选择 3 号刀补
N0130	S1000 M03 F0.05;	转速 1000r/min，进给速度 0.05mm/r
N0140	CYCLE95("ZC901A",0.3, , 0, , , 0.05, 5, , ,);	调用循环精车
N0150	G00 X100 Z100;	退回换刀点
N0160	M05 M09;	主轴停止，切削液停止
N0170	M02;	主程序结束并返回程序开头

ZC901A.SPF	加工外轮廓子程序
N0010	G00 X22;	
N0020	G01 Z2;	轮廓起点，即起刀点（X22,Z2）
N0030	X30 Z−2;	倒角
N0040	Z−20;	车削圆柱面
N0050	X46;	车削端面
N0060	Z−30;	车削圆柱面
N0070	X50;	退刀
N0080	M02;	返回主程序

右端车削程序	
SKCR901B.MPF	**程序号（右端加工程序）**
N0010	G54 G90 G95 G40;	设置工件坐标系
N0020	M03 S600;	主轴正转，转速600r/min
N0030	G00 X100 Z100;	定位换刀点
N0040	T01 D01;	换1号刀，选择1号刀补
N0050	G00 X52 Z0 M08;	刀具移动至加工起始位置，开启冷却液
N0060	G01 X0 F0.05;	车端面，以进给速度0.05mm/r直线插补
N0070	G00 X100 Z100;	返回换刀点
N0080	T02 D02;	换2号刀，选择2号刀补
N0090	M03 S800 F0.2;	主轴正转，转速800r/min
N0100	CYCLE95("ZC901B", 2, 0.3, 0.3, 0, 0.2, 0.2, 0.05, 1, , ,0.5);	调用循环粗车，X轴余量0.3mm，Z轴余量0.3mm
N0110	G00 X100 Z100;	返回换刀点
N0120	T03 D03;	换3号刀，选择3号刀补
N0130	S1000 M03 F0.05;	转速1000r/min，进给速度0.05mm/r
N0140	CYCLE95("ZC901B",0.3 , , 0 , , , 0.05, 5, , ,);	调用循环精车
N0150	G00 X100 Z100;	退回换刀点
N0160	T04 D04 S600	换4号刀，选择4号刀补
N0170	G00 X32;	快速移动点定位，先定X方向
N0180	Z−25;	再定Z方向
N0190	CYCLE93(30, −30,5.0,3,0,0,0,0,0,0, 0.2, 0.3, 2, 1 ,5);	调用凹槽循环
N0200	G00 X52;	快速移动点定位，先定X方向
N0210	Z−55;	再定Z方向
N0220	CYCLE93(46.0, −55.0,10.0,5.0,0,0,0,0,0,0,0.2,0.3,3.0,1.0,5);	调用凹槽循环
N0230	G00 X100 Z100;	退回换刀点
N0240	T05 D05 S600;	换5号刀，选择5号刀补
N0250	G00 X35 Z−13;	快速移动点定位
N0260	CYCLE97(1.5, , −15.0, −30.0,30.0,30.0,2.0,2.0,0.975,0.05,30.0, ,6,1.0,3,1);	调用螺纹加工循环
N0270	G00 X100 Z100;	退回换刀点
N0280	M05 M09;	主轴停止，切削液停止
N0290	M02;	主程序结束并返回程序开头
	ZC901B.SPF	加工外轮廓子程序
N0010	G00 X0;	
N0020	G01 Z0;	轮廓起点，即起刀点（$X0,Z0$）
N0030	R1=15;	
N0040	MA1:R2=SQRT(225−R1*R1)*10/15;	

	右端车削程序	
N0050	R3=R2*2；	工件坐标系中的 X 坐标
N0060	R4=15-R1；	工件坐标系中的 Z 坐标
N0070	G01 X=R3 Z=R4；	拟合曲线轮廓
N0080	R1=R1-0.1；	
N0090	IF R1 > = 0 GOTOB MA1；	有条件跳转
N0100	G01 X26；	
N0110	X30 Z-17；	
N0120	Z-35；	
N0130	X34；	
N0140	X46 Z-50；	圆锥面
N0150	Z-65；	
N0160	M02；	返回主程序

9.2 双头螺纹件加工

车削加工如图 9-5 所示的轴类零件的倒角、外圆轮廓及螺纹，实体图如图 9-6 所示。

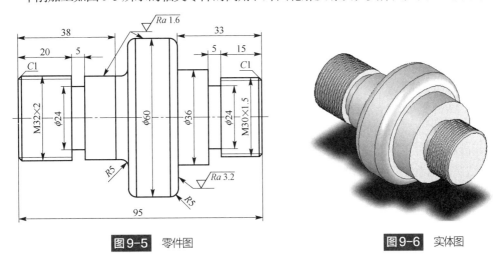

图9-5 零件图　　　　图9-6 实体图

9.2.1 学习目标与注意事项

（1）学习目标

① 掌握车床加工中直线插补指令 G01、G02 在外圆加工中的应用。

② 掌握毛坯车削循环 CYCLE95 指令在外圆加工中的应用。

③ 掌握双头螺纹的加工方法。

（2）注意事项

① 在运行开始时，注意起刀点必须设置在远离工件的安全位置，保持刀具与工件间的距离。

② 调头加工的时候，需要再次设置加工原点。

③ 注意双头螺纹加工前需要确定加工顺序，以取得较为省时省力的加工工序。

9.2.2 工、量、刀具清单

加工外圆柱面的工、量、刀具清单见表9-5。

▫ 表9-5 加工外圆柱面的工、量、刀具清单

名称	规格	精度	数量
外圆车刀	45°机夹偏刀		1
螺纹车刀	刀尖角60°		1
螺纹规	牙型角60°		1
切槽刀	槽宽5mm		1
外径千分尺	0~25mm，25~50mm	0.01mm	1
游标卡尺	0~150mm	0.02mm	1
其他	常用数控车床辅具		若干

9.2.3 工艺分析与加工方案

（1）分析零件工艺性能

由图9-5可看出，该零件外轮廓较为复杂，零件的轨迹精度要求高，其总体结构主要包括两端的端面、外圆轮廓、倒角、双头螺纹，此零件需要调头进行双端加工。因螺纹表面不能装夹，故需要考虑螺纹及外圆加工顺序，可选择先加工右端，后以右端 ϕ36 外圆为装夹面，加工零件左端，可保护右端螺纹不受装夹破坏。该零件外圆粗糙度 Ra1.6μm，端面 Ra3.2μm。不准用砂布及锉刀等修饰表面。尺寸标注完整，轮廓描述清楚。

（2）选用毛坯或明确来料状况

毛坯为圆钢，材料45钢，尺寸为 ϕ62×130，外表面经过荒车加工，零件材料切削性能较好。

（3）选用数控机床

加工轮廓由直线组成，所需刀具不多，用两轴联动数控车床可以成形。

（4）确定装夹方案

① 夹具。对于短轴类零件，用三爪卡盘自定心夹持 ϕ62 外圆，使工件伸出卡盘 80mm（应将机床的限位距离考虑进去），共限制4个自由度，一次装夹完成粗精加工。三爪自定心卡盘能自动定心，工件装夹后一般不需要找正，装夹效率高。在螺纹 M30×1.5 加工结束后，工件进行调头加工，用三爪卡盘自定心夹持 ϕ36 外圆进行加工。

② 定位基准。三爪卡盘自定心，故以轴线为定位基准。

（5）确定加工方案

根据零件形状及加工精度要求，分别进行端面加工，外圆粗、精车，内孔粗、精车加工。

该零件的数控加工方案见表 9-6。

⊡ 表 9-6 数控加工方案

工步号	工步内容	刀具号	切削用量		
			主轴转速 /（r/min）	进给速度 /（mm/r）	背吃刀量 /mm
主程序 1	夹已加工表面，伸出 110mm，车端面，对刀调程序加工零件右端				
1	车端面	T01	600	0.15	
2	粗加工外圆及倒角	T02	600	0.3	2.0
3	精加工外圆及倒角	T02	1000	0.1	1.0
4	加工退刀槽	T04	600	0.1	
5	螺纹加工	T03	800	0.1	
6	切断	T04	500	0.05	
主程序 2	调头加工零件左端，夹 φ36 外圆				
1	车端面	T01	600	0.15	
2	粗加工外圆及倒角	T02	600	0.3	1.0
3	精加工外圆及倒角	T02	1000	0.15	1.0
4	螺纹加工	T03	800	0.1	

9.2.4 程序编制与注释

对于轴类零件的数控车削编程，需先按照零件图样计算各几何元素的交点，然后按照数控加工工艺要求进行代码编写。

（1）建立工件坐标系

对于车削零件编程，一般情况下工件原点设置在工件的左、右端面或卡盘端面与主轴的交点处，工件坐标系建立在工件的右端面中心轴线处。

该零件加工需调头，从图纸上尺寸标注分析应设置 2 个坐标系，2 个工件零点均定于装夹后的右端面（精加工面）。

➤ 装夹毛坯 φ62 外圆，平端面，对刀，设置第 1 个工件原点。此端面进行精加工，倒角加工、螺纹加工后不再加工，如图 9-7 所示。

➤ 调头装夹 φ36 外圆，平端面，测量总长度，设置第 2 个工件原点（设在精加工端面上），如图 9-8 所示。

（2）确定编程方案及刀具路径

端面车削采用 45°机夹偏刀，设置刀具的起刀点在（X64, Z0），采用直线插补走刀，设置进给速度 0.05mm/r。

左右两端的外圆表面的加工余量比较大，需要采用多次重复加工，才能去除全部余量，为了简化编程，采用毛坯切削循环 CYCLE95 进行粗加工，采用子程序进行精加工。X 轴留精加工余量 0.3mm，Z 轴留余量 0.3mm，分别计算出各点的坐标，精加工采用一次走刀。螺纹加工应用 CYCLE97 进行加工。

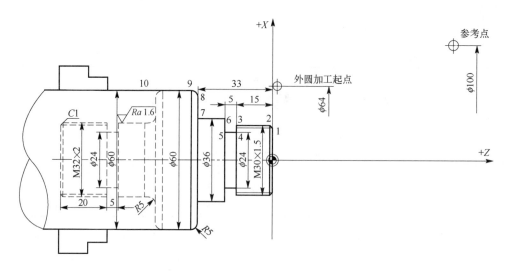

图9-7　工件坐标系及刀具路径（一）

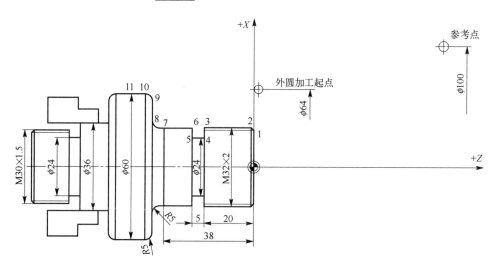

图9-8　工件坐标系及刀具路径（二）

（3）计算编程尺寸

① 换刀点。零件原点设置在零件的右端面，为了防止换刀时刀具与零件或尾座相碰，加工左、右端时的换刀点可以设置在（X100，Z80）。

② 起刀点。为了减少循环加工的次数，右端、左端加工循环的起刀点可以设置在（X64，Z2）的位置。右端加工至 ϕ60 外圆直线结束后继续走刀 5mm，左端加工至 R5 圆弧结束后，继续进行直线走刀 5mm。

③ 编程点。直接用基本尺寸编程，不用计算平均尺寸。根据刀具路径计算的各基点坐标值见表9-7、表9-8。

☐ 表9-7　右端编程点坐标

基点编号	X 坐标	Z 坐标	基点编号	X 坐标	Z 坐标
1	28	0	2	30	−1

基点编号	X 坐标	Z 坐标	基点编号	X 坐标	Z 坐标
3	30	−15	7	36	−33
4	24	−15	8	50	−33
5	24	−20	9	60	−38
6	36	−20	10	60	−57

▱ 表 9-8　左端编程点坐标

基点编号	X 坐标	Z 坐标	基点编号	X 坐标	Z 坐标
1	30	0	7	32	−38
2	32	−1	8	37	−43
3	32	−20	9	50	−43
4	24	−20	10	60	−48
5	24	−25	11	60	−53
6	32	−25			

（4）参考程序

<table>
<tr><th colspan="3">右端车削程序</th></tr>
<tr><th colspan="2">SKCR701.MPF</th><th>程序号</th></tr>
<tr><td>N0010</td><td>G54 G90 G95 G40 M03 S600;</td><td>设置工件坐标系，主轴正转，转速 600r/min</td></tr>
<tr><td>N0020</td><td>T01 D01 F0.15;</td><td>换 1 号刀，选择 1 号刀补</td></tr>
<tr><td>N0030</td><td>G00 X64 Z0 M08;</td><td>刀具移动至外圆加工起始位置，开启冷却液</td></tr>
<tr><td>N0040</td><td>G01 X−1;</td><td>切削端面</td></tr>
<tr><td>N0050</td><td>X64 Z2 F0.3;</td><td></td></tr>
<tr><td>N0060</td><td>CYCLE95("ZC701",2,0.2,0.2,0.5,0.2,0.1,0.1,9,,,0.5);</td><td>调用循环加工外圆，X 轴余量 0.2mm，Z 轴余量 0.2mm</td></tr>
<tr><td>N0070</td><td>G00 X64 Z2;</td><td></td></tr>
<tr><td>N0080</td><td>F0.1 M03 S1000;</td><td>主轴转速 1000r/min，进给速度 0.1mm/r</td></tr>
<tr><td>N0090</td><td>ZC701;</td><td></td></tr>
<tr><td>N0100</td><td>G00 X100;</td><td>返回换刀点</td></tr>
<tr><td>N0110</td><td>Z80;</td><td></td></tr>
<tr><td>N0120</td><td>T04 D04;</td><td>换 4 号刀，选择 4 号刀补</td></tr>
<tr><td>N0130</td><td>F0.1 M03 S600;</td><td>主轴转速 600r/min，进给速度 0.1mm/r</td></tr>
<tr><td>N0140</td><td>CYCLE93(30,−15, 5, 3, 0, 0, 0, 0, 0, 0, 0, 0, 0, 0, 3, 1, 5);</td><td>切槽循环，X 坐标轴起点 30mm，Z 坐标轴起点−15mm，槽宽 5mm，槽深 3mm，进给深度 3mm，槽底停留时间 1s，槽型加工类型 5</td></tr>
<tr><td>N0150</td><td>G00 X100 Z80;</td><td>返回换刀点</td></tr>
<tr><td>N0160</td><td>T03 D03 M03 S800 F0.1;</td><td></td></tr>
<tr><td></td><td>CYCLE97(1.5,, 0, −16, 30, 30, 2, 2, 0.975,, 0, 30, 0, 5, 2, 3, 1);</td><td>螺纹切削循环，螺距作为参考 1.5mm，Z 轴螺纹起点 0mm，Z 轴螺纹终点−16mm，X 轴螺纹起点 30mm，X 轴螺纹终点 30mm，空刀导入量 2mm，空刀导出量 2mm，螺纹深度 0.975mm，精加工余量 0mm，切入角度 30°，首圈螺纹起点偏移度数 0°，加工 5 次，空刀量 2，螺纹加工类型 3，螺纹条数 1 条</td></tr>
<tr><td>N0170</td><td>T04 D04;</td><td>换 4 号刀，选择 4 号刀补</td></tr>
</table>

右端车削程序		
N0180	F0.05 S500;	主轴转速 500r/min，进给速度 0.05mm/r
N0190	G00 X64 Z-60;	
N0200	G01 X-1;	切断加工
N0210	G00 X100;	
N0220	Z80;	返回换刀点
N0230	M05 M09;	主轴停止，切削液停止
N0240	M03;	主程序结束并返回程序开头
	ZC701.SPF	加工外轮廓子程序
N0010	G01 X28.0;	
	Z0.0;	
N0020	X30.0 Z-1.0;	
N0030	Z-20.0;	
N0040	X36.0;	
N0050	Z-33.0;	
	X50.0;	
	G03 X60.0 Z=IC(-5.0) CR=5.0;	Z 坐标增量编程
N0060	Z-57;	
N0070	M02;	返回主程序
左端车削程序		
	SKCR702.MPF	程序号
N0010	G54 G90 G95 G40 M03 S600;	设置工件坐标系，主轴正转，转速 600r/min
N0020	T01 D01 F0.15;	换 1 号刀，选择 1 号刀补
N0030	G00 X64 Z0 M08;	刀具移动至外圆加工起始位置，开启冷却液
N0040	G01 X-1;	切削断面
N0050	X64 Z2 F0.3;	
N0060	CYCLE95("ZC702",2,0.2,0.2,0.5,0.2,0.1,0.15,9,,,0.5);	调用循环车内孔，X 轴余量 0.2mm，Z 轴余量 0.2mm
N0070	G00 X64 Z2;	
N0080	F0.15 M03 S1000;	主轴转速 1000r/min，进给速度 0.15mm/r
N0090	ZC701;	
N0100	G00 X100;	返回换刀点
N0110	Z80;	
N0120	T04 D04;	换 4 号刀，选择 4 号刀补
N0130	F0.1 M03 S800;	主轴转速 800r/min，进给速度 0.1mm/r
N0140	CYCLE93(32, -20, 5, 4, 0, 0, 0, 0, 0, 0, 0, 0, 0, 0, 2, 1, 5);	切槽循环，X 坐标轴起点 32mm，Z 坐标轴起点-20mm，槽宽 5mm，槽深 4mm，进给深度 2mm，槽底停留时间 1s，槽型加工类型 5
N0150	G00 X100 Z80;	返回换刀点
N0160	T03 D03 M03 S600 F0.1;	

	右端车削程序	
N0170	CYCLE97(2, 1, 0, –21, 32, 32, 2, 2, 1.299,, 0, 30, 0, 5, 2, 3, 1);	螺纹切削循环，螺距作为参考 2mm，Z 轴螺纹起点 0mm，Z 轴螺纹终点 –21mm，X 轴螺纹起点 32mm，X 轴螺纹终点 32mm，空刀导入量 2mm，空刀导出量 2mm，螺纹深度 1.299mm，精加工余量 0mm，切入角度 30°，首圈螺纹起点偏移度数 0°，加工 5 次，空刀量 2，螺纹加工类型 3，螺纹条数 1 条
N0180	G00X100；	
N0190	Z80；	返回换刀点
N0200	M05 M09；	主轴停止，切削液停止
N0210	M03；	主程序结束并返回程序开头
	ZC702.SPF	加工外轮廓子程序
N0010	G01 X30.0；	
N0020	Z0；	
N0030	X32.0 Z–1.0；	
	Z–38.0；	
	G02 X42.0 Z–43.0 CR=5.0；	加工圆弧
N0040	G01 X50.0；	
N0050	G03 X60.0 Z–48.0 CR=5.0；	加工圆弧
N0060	Z–53.0；	
N0070	M02；	返回主程序

9.3 配合件加工

车削加工如图 9-9、图 9-10 所示的轴类零件的外圆轮廓、内孔及螺纹，装配后如图 9-11 所示。

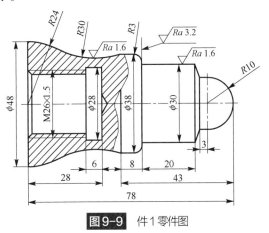

图9-9 件1零件图

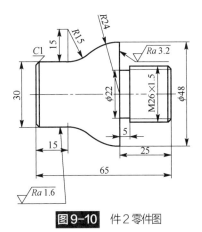

图9-10 件2零件图

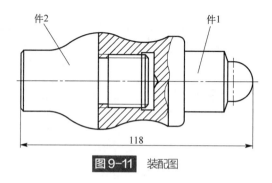

件2   件1

118

图9-11 装配图

9.3.1 学习目标与注意事项

（1）学习目标

① 掌握车床加工中内孔及槽的加工方法。

② 掌握毛坯车削循环 CYCLE95 指令在外圆加工中的应用。

③ 掌握内孔螺纹的编程及加工方法。

④ 掌握装配件的加工过程及注意事项。

（2）注意事项

① 在运行开始时，注意起刀点必须设置在远离工件的安全位置，保持刀具与工件间的距离。

② 调头加工的时候，需要再次设置加工原点。

③ 注意内孔槽的加工时，内槽刀进入内孔的走刀路径，保持刀具与工件的安全距离。

9.3.2 工、量、刀具清单

加工外圆柱面的工、量、刀具清单见表 9-9。

表 9-9 加工外圆柱面的工、量、刀具清单

名称	规格	精度	数量
外圆车刀	45°机夹偏刀		1
外圆车刀	35°机夹偏刀		1
外螺纹车刀	刀尖角 60°		1
内螺纹车刀	刀尖角 60°		1
外圆槽刀	槽宽 5mm		1
镗刀	内孔镗刀 R0.2mm		1
内孔槽刀	槽宽 5mm		1
钻头	ϕ24 钻头		
螺纹规	牙型角 60°		1
外径千分尺	0~25mm，25~50mm	0.01mm	1
游标卡尺	0~150mm	0.02mm	1
其他	常用数控车床辅具		若干

9.3.3 工艺分析与加工方案

（1）分析零件工艺性能

① 零件 1 工艺分析　由图 9-9 可看出，该零件外轮廓较为复杂，且包含较为复杂的内轮廓，零件的轨迹精度要求高，其总体结构主要包括两端的端面、外圆轮廓、内孔轮廓、内孔槽、内孔螺纹，此零件需要调头进行双端加工。因内孔装夹易变形，故选择先加工右端，后以右端 $\phi 30$ 外圆为装夹面，加工零件左端，可保护左端内孔不受装夹破坏。该零件外圆粗糙度 $Ra1.6\mu m$，端面 $Ra3.2\mu m$。不准用砂布及锉刀等修饰表面。尺寸标注完整，轮廓描述清楚。

② 零件 2 工艺分析　由图 9-10 可看出，该零件虽然没有零件 1 复杂，但外轮廓也包括两端的端面、倒角、外圆轮廓、退刀槽、外圆螺纹，表面质量要求较高，此零件需要调头进行双端加工。因外圆螺纹不能用于装夹，故选择先加工左端，后以左端 $\phi 30$ 外圆为装夹面，加工零件右端，可保护右端螺纹不受到装夹破坏。该零件外圆粗糙度 $Ra1.6\mu m$，端面 $Ra3.2\mu m$。不准用砂布及锉刀等修饰表面。尺寸标注完整，轮廓描述清楚。

（2）选用毛坯或明确来料状况

① 零件 1　毛坯为圆钢，材料 45 钢，尺寸为 $\phi 50 \times 120$，外表面经过荒车加工，零件材料切削性能较好。

② 零件 2　毛坯为圆钢，材料 45 钢，尺寸为 $\phi 50 \times 100$，外表面经过荒车加工，零件材料切削性能较好。

（3）选用数控机床

加工轮廓由直线组成，所需刀具不多，用两轴联动数控车床可以成形。

（4）确定装夹方案

1）零件 1

① 夹具。对于短轴类零件，用三爪卡盘自定心夹持 $\phi 50$ 外圆，使工件伸出卡盘 100mm（应将机床的限位距离考虑进去），共限制 4 个自由度，一次装夹完成粗精加工。三爪自定心卡盘能自动定心，工件装夹后一般不需要找正，装夹效率高。将件 1 右侧外圆加工结束后，工件进行调头加工，用三爪卡盘自定心夹持 $\phi 30$ 外圆，手动使用车床尾座上 $\phi 24$ 钻头进行内孔加工至深度 30mm，然后进行自动加工内孔退刀槽及螺纹。

② 定位基准。三爪卡盘自定心，故以轴线为定位基准。

2）零件 2

① 夹具。对于短轴类零件，用三爪卡盘自定心夹持 $\phi 50$ 外圆，使工件伸出卡盘 80mm（应将机床的限位距离考虑进去），共限制 4 个自由度，一次装夹完成粗精加工。三爪自定心卡盘能自动定心，工件装夹后一般不需要找正，装夹效率高。加工零件左端长度 40mm 后，工件进行调头加工，用三爪卡盘自定心夹持 $\phi 30$ 外圆，进行右端外轮廓及螺纹加工。

② 定位基准。三爪卡盘自定心，故以轴线为定位基准。

（5）确定加工方案

根据零件 1、零件 2 形状及加工精度要求，分别进行端面加工，外圆粗、精车，退刀槽加工，内孔粗、精车加工。该零件的数控加工方案见表 9-10、表 9-11。

表 9-10 零件 1 数控加工方案

工步号	工步内容	刀具号	切削用量		
			主轴转速 / (r/min)	进给速度 / (mm/r)	背吃刀量 /mm
主程序 1	夹已加工表面，伸出 100mm，车端面，对刀调程序加工零件右端				
1	车端面	T01	600	0.15	
2	粗加工外圆	T02	600	0.3	2.0
3	精加工外圆	T02	1000	0.1	1.0
4	切断	T03	800	0.05	
主程序 2	调头加工零件左端，夹 $\phi30$ 外圆				
1	粗、精加工内孔及倒角	T04	600	0.1	1.0
2	退刀槽加工	T05	600	0.05	
3	内螺纹加工	T06	800	0.1	

表 9-11 零件 2 数控加工方案

工步号	工步内容	刀具号	切削用量		
			主轴转速 / (r/min)	进给速度 / (mm/r)	背吃刀量 /mm
主程序 1	夹已加工表面，伸出 100mm，车端面，对刀调程序加工零件左端				
1	车端面	T01	600	0.15	
2	粗加工外圆及倒角	T01	600	0.3	2.0
3	精加工外圆及倒角	T01	1000	0.1	1.0
4	切断	T03	800	0.05	
主程序 2	调头加工零件右端，夹 $\phi30$ 外圆				
1	车端面	T01	600	0.15	
2	粗加工外圆及倒角	T01	600	0.3	1.0
3	精加工外圆及倒角	T01	1000	0.15	1.0
4	退刀槽加工	T03	600	0.05	
5	螺纹加工	T07	800	0.1	

9.3.4 程序编制与注释

对于轴类零件的数控车削编程，需先按照零件图样计算各几何元素的交点，然后按照数控加工工艺要求进行代码编写。

（1）建立工件坐标系

① 零件 1 对于车削零件编程，一般情况下工件原点设置在工件的左、右端面或卡盘端面与主轴的交点处，工件坐标系建立在工件的右端面中心轴线处。

该零件加工需调头，从图纸上尺寸标注分析应设置 2 个坐标系，2 个工件零点均定于装夹后的右端面（精加工面）。

➢ 装夹毛坯 ϕ50 外圆，平端面，对刀，设置第 1 个工件原点。此端面进行精加工，倒角加工、螺纹加工后不再加工，如图 9-12 所示。

➢ 调头装夹 ϕ30 外圆，加工内孔，测量总长度，设置第 2 个工件原点（设在精加工端面上），如图 9-13 所示。

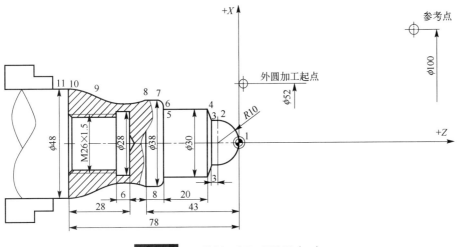

图 9-12 工件坐标系及刀具路径（一）

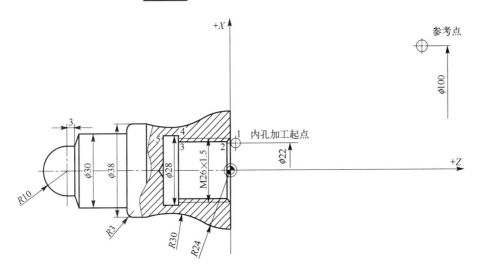

图 9-13 工件坐标系及刀具路径（二）

② 零件 2 对于车削零件编程，一般情况下工件原点设置在工件的左、右端面或卡盘端面与主轴的交点处，工件坐标系建立在工件的右端面中心轴线处。

该零件加工需调头，从图纸上尺寸标注分析应设置 2 个坐标系，2 个工件零点均定于装夹后的右端面（精加工面）。

➢ 装夹毛坯 ϕ50 外圆，平端面，对刀，设置第 1 个工件原点。此端面进行精加工，倒角加工、螺纹加工后不再加工，如图 9-14 所示。

➢ 调头装夹 ϕ30 外圆，平端面，测量总长度，设置第 2 个工件原点（设在精加工端面上），如图 9-15 所示。

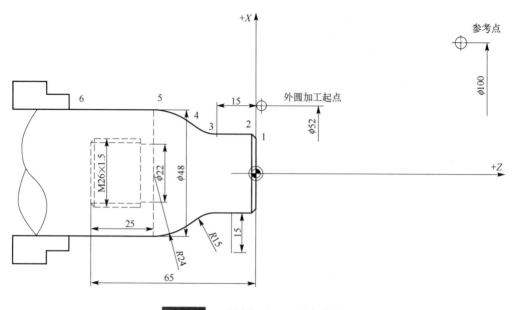

图9-14 工件坐标系及刀具路径（三）

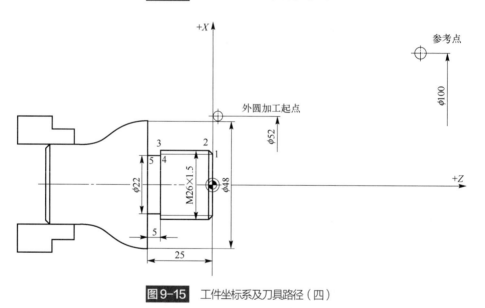

图9-15 工件坐标系及刀具路径（四）

（2）确定编程方案及刀具路径

① 零件1 端面车削采用35°机夹偏刀，设置刀具的起刀点在（X52，Z0），采用直线插补走刀，设置进给速度0.05mm/r。

左右两端的外圆表面的加工余量比较大，需要采用多次重复加工，才能去除全部余量，为了简化编程，采用毛坯切削循环CYCLE95进行粗加工，采用子程序进行精加工。X轴留精加工余量0.3mm，Z轴留余量0.3mm，分别计算出各点的坐标，精加工采用一次走刀。内孔螺纹加工应用CYCLE97进行加工。

② 零件2 端面车削采用35°机夹偏刀，设置刀具的起刀点在（X52，Z2），左右两端的外圆表面的加工余量比较大，需要采用多次重复加工，才能去除全部余量，为了简化编程，采用毛坯切削循环CYCLE95进行粗加工，采用子程序进行精加工。X轴留精加

工余量 0.3mm，Z 轴留余量 0.3mm，分别计算出各点的坐标，精加工采用一次走刀。左端加工 40mm 结束后，进行调头，完成右端加工，螺纹加工应用 CYCLE97 进行加工。

（3）计算编程尺寸

① 换刀点。零件原点设置在零件的右端面，为了防止换刀时刀具与零件或尾座相碰，加工左、右端时的换刀点可以设置在（X100，Z80）。

② 起刀点。为了减少循环加工的次数，零件 1 右端加工循环的起刀点可以设置在（X52，Z2）的位置，左端设置在（X22，Z2）的位置。右端加工至 78mm 长，即全部外圆轮廓，结束后继续走刀 5mm。零件 2 右端、左端加工循环的起刀点均设置在（X52，Z2）的位置，左端加工至长 25mm 结束。

③ 编程点。直接用基本尺寸编程，不用计算平均尺寸。根据刀具路径计算的各基点坐标值见表 9-12~表 9-15。

⊡ 表 9-12　右端编程点坐标（零件 1）

基点编号	X 坐标	Z 坐标	基点编号	X 坐标	Z 坐标
1	0	0	7	38	−38
2	20	−10	8	38	−43
3	20	−13	9	42.231	−66.594
4	30	−15	10	48	−78
5	30	−35	11	48	−83
6	32	−35			

⊡ 表 9-13　左端编程点坐标（零件 1）

基点编号	X 坐标	Z 坐标	基点编号	X 坐标	Z 坐标
1	29	0	4	28	−22
2	26	−1.5	5	28	−28
3	26	−22			

⊡ 表 9-14　右端编程点坐标（零件 2）

基点编号	X 坐标	Z 坐标	基点编号	X 坐标	Z 坐标
1	28	0	4	36.92	−24.66
2	30	−1	5	48	−40
3	30	−15	6	48	−70

⊡ 表 9-15　左端编程点坐标（零件 2）

基点编号	X 坐标	Z 坐标	基点编号	X 坐标	Z 坐标
1	23	0	4	22	−20
2	26	−1.5	5	22	−25
3	26	−20			

（4）参考程序

零件 1 右端车削程序

SKCR701.MPF		程序号
N0010	G54 G90 G95 G40 M03 S600;	设置工件坐标系，主轴正转，转速 600r/min
N0020	T01 D01 F0.15;	换 1 号刀，选择 1 号刀补
N0030	G00 X52 Z0 M08;	刀具移动至外圆加工起始位置，开启冷却液
N0040	G01 X−1;	切削端面
N0050	G00 X100 Z80;	返回换刀点
N0060	T02 D02 F0.3;	换 2 号刀，选择 2 号刀补
N0070	X52 Z2;	
N0080	CYCLE95("ZC701",2,0.2,0.2,0.5,0.2,0.1,0.1,9,,,0.5);	调用循环加工外圆，X 轴余量 0.2mm，Z 轴余量 0.2mm
N0090	G00 X64 Z2;	
N0100	F0.1 M03 S1000;	主轴转速 1000r/min，进给速度 0.1mm/r
N0110	ZC701;	
N0120	G00 X100;	返回换刀点
N0130	Z80;	
N0140	T03 D03;	换 3 号刀，选择 3 号刀补
N0150	F0.05 M03 S800;	主轴转速 800r/min，进给速度 0.05mm/r
N0160	G00 X52 Z−78;	
N0170	G01 X−1;	切断加工
N0180	G00 X100;	返回换刀点
N0190	Z80;	
N0200	M05 M09;	主轴停止，切削液停止
N0210	M03;	主程序结束并返回程序开头
ZC701.SPF		加工外轮廓子程序
N0010	G01 X0.0 Z0.0;	
N0020	G03 X20.0 Z−10.0 CR=10.0;	圆弧加工
N0030	Z−13.0;	
N0040	X30.0 Z−15.0;	
N0050	Z−35.0;	
N0060	X32.0;	
N0070	G03 X38.0 Z−37.0 CR=3.0;	
N0080	Z−43.0;	
N0090	G02 X42.231 Z−66.594 CR=30.0;	圆弧加工
N0100	G03 X48.0 Z−78.0 CR=24.0;	圆弧加工
N0110	G01 Z−83.0;	
N0120	M02;	返回主程序

零件 1 左端车削程序		
SKCR702.MPF		程序号
N0010	G54 G90 G95 G40 M03 S600;	设置工件坐标系，主轴正转，转速 600r/min
N0020	T04 D04 F0.1;	换 4 号刀，选择 4 号刀补
N0030	G00 X22 Z2 M08;	刀具移动至外圆加工起始位置，开启冷却液
N0040	CYCLE95("ZC702",1,0.2,0.2,0.5,0.2,0.1,0.1,9,,,0.5);	调用循环车内孔，X 轴余量 0.2mm，Z 轴余量 0.2mm
N0050	G00 X20;	
N0060	Z80;	
N0070	X100;	返回换刀点
N0080	T05 D05;	换 5 号刀，选择 5 号刀补
N0090	F0.05 M03 S600;	主轴转速 600r/min，进给速度 0.05mm/r
N0100	G00 X20 Z0;	
N0110	G01 Z–27;	内孔槽加工
N0120	X28;	
N0130	G00 X20;	
N0140	G01 Z–28;	
N0150	X28;	
N0160	G00 X20;	
N0170	Z80;	
N0180	X100;	返回换刀点
N0190	T06 D06 F0.1;	换 6 号刀，选择 6 号刀补
N0200	G00 X26 Z2;	
N0210	CYCLE97(1.5,, 0, –22, 26, 26, 2, 2, 0.973, 0, 30, 0, 5, 2, 4, 1);	螺纹切削循环，螺距作为参考 1.5mm，Z 轴螺纹起点 0mm，Z 轴螺纹终点–22mm，X 轴螺纹起点 26mm，X 轴螺纹终点 26mm，空刀导入量 2mm，空刀导出量 2mm，螺纹深度 0.973mm，精加工余量 0mm，切入角度 30°，首圈螺纹起点偏移度数 0°，加工 5 次，空刀量 2，螺纹加工类型 4，螺纹条数 1 条
N0220	G00 X20;	
N0230	Z80;	
N0240	X100;	返回换刀点
N0250	M05 M09;	主轴停止，切削液停止
N0260	M03;	主程序结束并返回程序开头
ZC702.SPF		加工外轮廓子程序
N0010	G01 X26 Z0;	
N0020	X23 Z–1.5;	倒角加工
N0030	Z–28;	
N0040	M02;	返回主程序

零件 2 左端车削程序

SKCR703.MPF		程序号
N0010	G54 G90 G95 G40 M03 S600;	设置工件坐标系，主轴正转，转速 600r/min
N0020	T01 D01 F0.15;	换 1 号刀，选择 1 号刀补
N0030	G00 X52 Z0 M08;	刀具移动至外圆加工起始位置，开启冷却液
N0040	G01 X−1;	切削端面
N0050	X52 Z2 F0.3;	
N0060	CYCLE95("ZC703",2,0.2,0.2,0.5,0.2,0.1,0.1,9,,,0.5);	调用循环车外圆，X 轴余量 0.2mm，Z 轴余量 0.2mm
N0070	G00 X64 Z2;	
N0080	F0.1 M03 S1000;	主轴转速 1000r/min，进给速度 0.1mm/r
N0090	ZC701;	
N0100	G00 X100;	返回换刀点
N0110	Z80;	
N0120	T03 D03;	换 3 号刀，选择 3 号刀补
N0130	F0.05 M03 S800;	主轴转速 800r/min，进给速度 0.05mm/r
N0140	G00 X52 Z−65;	
N0150	G01 X−1;	切断加工
N0160	G00 X100;	
N0170	Z80;	返回换刀点
N0180	M05 M09;	主轴停止，切削液停止
N0190	M03;	主程序结束并返回程序开头
N0200		
N0210		

ZC703.SPF		加工外轮廓子程序
N0010	G01 X28 Z0;	
	X30 Z−1;	
N0020	Z−15;	
N0030	G02 X36.92 Z−24.66 CR=15.0;	
N0040	G03 X48.0 Z40.0 CR=24.0;	
N0050	Z−70.0;	
N0060	M02;	返回主程序

零件 2 右端车削程序

SKCR704.MPF		程序号
N0010	G54 G90 G95 G40 M03 S600;	设置工件坐标系，主轴正转，转速 600r/min
N0020	T01 D01 F0.15;	换 1 号刀，选择 1 号刀补
	G00 X52 Z0 M08;	开启冷却液
	G01 X−1;	切端面
N0030	G00 X52 Z2 M08 F0.3;	刀具移动至外圆加工起始位置

零件 2 右端车削程序

N0040	CYCLE95("ZC704",1,0.2,0.2,0.5,0.2,0.1,0.1,9,,,0.5);	调用循环车外圆，X 轴余量 0.2mm，Z 轴余量 0.2mm
	G00 X52 Z2 M03 S1000 F0.15;	
	ZC704;	
N0050	G00 X20;	
N0060	Z80;	
N0070	X100;	返回换刀点
N0080	T03 D03 M03 S600 F0.05;	换 3 号刀，选择 3 号刀补
N0090	G00 X52 Z–25;	
N0100	G01 X22;	
N0110	G00 X100;	
N0120	Z80;	返回退刀点
N0130	T07 D07;	换 7 号刀，选择 7 号刀补
N0140	F0.1 M03 S800;	主轴转速 800r/min，进给速度 0.1mm/r
N0150	G00 X26 Z2;	螺纹加工起点
	CYCLE97(1.5,，，0，–19，26，26，2，2，0.973,，0，30，0，5，2，3，1);	螺纹切削循环，螺距作为参考 1.5mm，Z 轴螺纹起点 0mm，Z 轴螺纹终点–19mm，X 轴螺纹起点 26mm，X 轴螺纹终点 26mm，空刀切入量 2mm，空刀导出量 2mm，螺纹深度 0.973mm，精加工余量 0mm，切入角度 30°，首圈螺纹起点偏移度数 0°，加工 5 次，空刀量 2，螺纹加工类型 3，螺纹条数 1 条
N0160	G00 X20;	
N0170	Z80;	
N0180	X100;	返回换刀点
N0190	M05 M09;	主轴停止，切削液停止
N0200	M03;	主程序结束并返回程序开头
	ZC704.SPF	加工外轮廓子程序
N0010	G01 X23;	
N0020	Z0;	
N0030	X26 Z–1.5;	倒角加工
N0040	Z–25;	
N0050	M02;	返回主程序

9.4 钻床套筒车削加工

车削加工如图 9-16 所示的钻床套筒的外形和内部轮廓，实体图如图 9-17 所示。

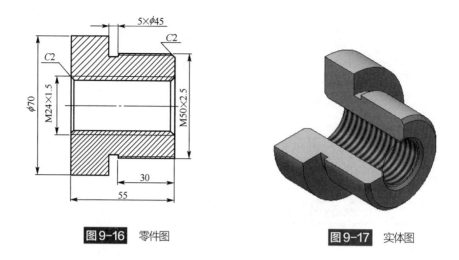

图9-16 零件图

图9-17 实体图

9.4.1 学习目标与注意事项

（1）学习目标

① 提高套类零件加工工艺分析能力，合理制定零件的加工工艺及正确编制程序。

② 掌握套类零件螺纹的加工方法。

（2）注意事项

内螺纹车刀安装时要对正中心。

9.4.2 工、量、刀具清单

加工钻床套筒的工、量、刀具清单见表9-16。

◻ 表9-16 加工钻床套筒的工、量、刀具清单

名称	规格	精度	数量
车刀	45°机夹偏刀		1
车刀	93°硬质合金机夹外圆车刀		1
车刀	35°硬质合金机夹外圆车刀		1
槽刀	B=3mm		1
螺纹刀	60°内、外螺纹车刀		各1
切断刀			1
游标卡尺	0~150mm	0.02mm	1
其他	常用数控车床辅具		若干

9.4.3 工艺分析与加工方案

（1）分析零件工艺性能

由图9-16可看出，该零件外形结构较为复杂，零件的总体结构主要包括端面、外圆和切

槽、内螺纹以及倒角等。其中最大的外径为 $\phi70$，表面粗糙度 $Ra1.6\mu m$，加工精度较高，台阶面 $Ra3.2\mu m$，端面 $Ra6.3\mu m$。尺寸标注完整，轮廓描述清楚。

（2）选用毛坯或明确来料状况

毛坯为 $\phi75 \times 100$ 圆钢，材料 45 钢，外表面经过荒车加工。零件材料切削性能较好。

（3）选用数控机床

加工轮廓由直线组成，所需刀具不多，用两轴联动数控车床可以成形。

（4）确定装夹方案

① 夹具　对于套类零件，用三爪卡盘自定心夹持毛坯 $\phi75$ 定位，三爪自定心卡盘能自动定心，工件装夹后一般不需要找正，装夹效率高。

② 定位基准　三爪卡盘自定心，故以轴线为定位基准。

（5）确定加工方案

该零件的数控加工方案见表9-17。

⊡ 表9-17　数控加工方案

工步号	工步内容	刀具号	切削用量			备注
			主轴转速 /r·min⁻¹	进给速度 /mm·r⁻¹	背吃刀量 /mm	
1	车端面	T01	600	0.05		
2	粗加工零件外轮廓	T02	800	0.2	2	
3	精加工零件外轮廓	T02	800	0.05	0.2	
4	钻通孔至 $\phi20$					手动
5	镗孔	T03	800			
6	车螺纹退刀槽	T04	400	0.1		
7	车外螺纹	T05	600			
8	车内螺纹	T06	600			
9	切断	T07	400	0.1		

9.4.4 程序编制与注释

对于套类零件的数控车削编程，需先按照零件图样计算各几何元素的交点，然后按照数控加工工艺要求进行代码编写。

（1）建立工件坐标系

对于车削零件编程，一般情况下工件原点设置在工件的左、右端面或卡盘端面与主轴的交点处，没有特殊情况应该选择工件右端面处。故将工件坐标系建立在工件的右端面中心轴线处，如图9-18所示。

（2）确定编程方案及刀具路径

端面车削采用 45° 机夹偏刀，设置刀具的起刀点在（$X52$, $Z0$），采用直线插补走刀，设置进给速度 0.05mm/r。

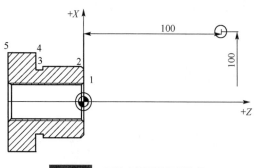

图9-18　工件坐标系及刀具路径

外圆表面的加工余量比较大，需要采用多次重复加工，才能去除全部余量，为了简化编程采用毛坯切削循环CYCLE95进行粗、精加工，粗加工 X 轴留精加工余量0.3mm，Z 轴留余量0.3mm，分别计算出各点的坐标，精加工采用一次走刀。凹槽加工采用凹槽加工循环指令CYCLE93，螺纹加工采用CYCLE97指令完成。

（3）计算编程尺寸

① 换刀点　零件原点设置在零件的右端面，为了防止换刀时刀具与零件或尾座相碰，加工左、右端时的换刀点可以设置在（$X100$，$Z100$）。

② 起刀点　为了减少循环加工的次数，循环的起刀点可以设置在（$X72$，$Z2$）的位置。

③ 编程点　直接用基本尺寸编程，不用计算平均尺寸。根据刀具路径计算各基点坐标值见表9-18。

▫ 表9-18　编程点坐标

基点编号	X 坐标	Z 坐标	基点编号	X 坐标	Z 坐标
1	46	0	4	70	−35
2	50	−2	5	70	−55
3	50	−35			

（4）参考程序

	SKCR902.MPF	程序号
N0010	G54 G90 G95 G40;	设置工件坐标系
N0020	M03 S600;	主轴正转，转速600r/min
N0030	G00 X100 Z100;	定位换刀点
N0040	T01 D01;	换1号刀，选择1号刀补
N0050	G00 X72 Z0 M08;	刀具移动至加工起始位置，开启冷却液
N0060	G01 X0 F0.05;	车端面，以进给速度0.05mm/r直线插补
N0070	G00 X100 Z100;	返回换刀点
N0080	T02 D02 S800 F0.2;	换2号刀，选择2号刀补
N0090	G00 X72 Z2;	刀具移动至加工起始位置
N0100	CYCLE95("ZC902", 2, 0.3, 0.3, 0, 0.2, 0.2, 0.05, 9, , , 0.5);	调用循环粗、精车
N0110	G00 X100 Z100;	返回换刀点
N0120	T03 D03;	换3号镗孔刀
N0130	G00 X18 Z2;	刀具移动至加工起始位置
N0140	CYCLE95("ZC912", 0.2.0, 0, 0.2, , 0.1, 0.1, 0.05, 11, , , 0.5);	调用循环粗、精车
N0150	G00 X100 Z100;	返回换刀点
N0160	T04 D04 S400;	换4号切断刀

SKCR902.MPF		程序号
N0170	G00 X72 Z−35;	刀具移动至加工起始位置
N0180	G01 X45 F0.1;	
N0190	G04 F3;	暂停 3s
N0200	G00 X100;	
N0210	Z100;	返回换刀点
N0220	T05 D05 S600;	换刀加工外螺纹
N0230	G00 X52 Z4;	刀具移动至加工起始位置
N0240	CYCLE97(2.5, ,0, −30.0,50.0,50.0,4.0,3.0,1.6,0.05,30.0,0,2,3,1);	
N0250	G00 X100 Z100;	返回换刀点
N0260	T06 D06;	换内螺纹车刀
N0270	G00 X25 Z6;	
N0280	CYCLE97(1.5, ,0, −46.0,21.0,21.0,6.0,3.0,1.0,0.05,30.0,0,6,3,1);	
N0290	G00 X100 Z100;	返回换刀点
N0300	T07 D07;	换刀
N0310	S400 M03;	变速
N0320	G00 X72 Z−57;	初始位置
N0330	G01 X−1 F0.1;	切断
N0340	G00 X100;	
N0350	Z100;	返回换刀点
N0360	M05 M09;	主轴停止，切削液停止
N0370	M02;	主程序结束并返回程序开头
ZC902.SPF		加工外轮廓子程序
N0010	G00 X50;	
N0020	G01 Z4;	轮廓起点，即起刀点（X50,Z4）
	G01 X46 F0.1;	
N0030	Z0;	
N0040	X50 Z−2;	
N0050	Z−35;	
N0060	X70;	
N0070	Z−55;	
N0080	M02;	返回主程序
ZC912.SPF		加工外轮廓子程序

SKCR902.MPF		程序号
N0010	G01 X24;	
N0020	Z0;	
N0030	X20 Z−2;	
N0040	Z−57;	
N0050	X18;	
N0060	M02;	返回主程序

9.5 圆锥螺母套车削加工

车削加工如图 9-19 所示的圆锥螺母套的外形和内部轮廓，实体图如图 9-20 所示。

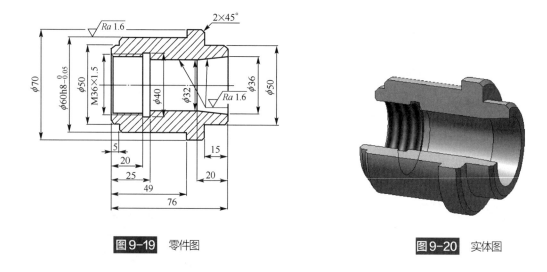

图 9-19 零件图   图 9-20 实体图

9.5.1 学习目标与注意事项

（1）学习目标
① 提高套类零件加工工艺分析能力，合理制定零件的加工工艺及正确编制程序。
② 掌握镗孔的方法和尺寸的控制方法。
（2）注意事项
① 要注意对刀零点和工作坐标系零点的位置，并能准确地进行编程。
② 安装镗孔刀时刀尖要稍高于旋转中心。

9.5.2 工、量、刀具清单

加工圆锥螺母套的工、量、刀具清单见表 9-19 所示。

⊡ 表 9-19　加工圆锥螺母套的工、量、刀具清单

名称	规格	精度	数量
车刀	45°机夹偏刀		1
车刀	93°硬质合金机夹外圆车刀		1
车刀	35°硬质合金机夹外圆车刀		1
槽刀	B=3mm		1
螺纹刀	60°内螺纹车刀		1
镗孔刀	通孔镗刀		1
游标卡尺	0~150mm	0.02mm	1
其他	常用数控车床辅具		若干

9.5.3　工艺分析与加工方案

（1）分析零件工艺性能

螺母套由外圆柱面、内圆锥面、内槽、螺纹等组成，其中最大的外径为 $\phi70$，表面粗糙度 $Ra1.6\mu m$，加工精度较高，台阶面 $Ra3.2\mu m$，端面 $Ra6.3\mu m$。尺寸标注完整，轮廓描述清楚。

（2）选用毛坯或明确来料状况

毛坯为 $\phi75 \times 80$ 圆钢，材料 45 钢，外表面经过荒车加工。零件材料切削性能较好。

（3）选用数控机床

由加工轮廓由直线组成，所需刀具不多，用两轴联动数控车床可以成形。

（4）确定装夹方案

① 夹具　对于套类零件，用三爪卡盘自定心夹持毛坯 $\phi75$ 外圆定位加工内孔，三爪自定心卡盘能自动定心，工件装夹后一般不需要找正，装夹效率高。加工完成内孔后，可选择心轴插入内孔定位。加工内槽和内螺纹用三爪卡盘夹持 $\phi50$ 外圆。

② 定位基准　三爪卡盘自定心、心轴能定中心，故以轴线为定位基准。

（5）确定加工方案

该零件的数控加工方案见表 9-20。

⊡ 表 9-20　数控加工方案

工步号	工步内容	刀具号	切削用量			备注
			主轴转速 /r·min⁻¹	进给速度 /mm·r⁻¹	背吃刀量 /mm	
主程序 1	已加工表面，伸出 40mm，卡盘定位					
1	车右端面	T01	600	0.05	2	
2	粗加工零件右外轮廓	T02	800	0.2	2	
3	精加工零件右外轮廓	T02	800	0.05	0.2	
4	钻通孔至 $\phi31.5$		200		15.75	手动
5	粗精车内孔	T03	800			
主程序 2	调头加工零件左端，心轴定位					
1	车左端面	T01	600	0.05	2	

工步号	工步内容	刀具号	切削用量			备注
			主轴转速 /r·min⁻¹	进给速度 /mm·r⁻¹	背吃刀量 /mm	
2	粗加工零件左外轮廓	T02	800	0.2	2	
3	精加工零件左外轮廓	T02	800	0.05	0.2	
主程序3	调头加工零件内槽和螺纹，夹φ50处外圆					
1	内孔退刀槽	T04	320			
2	车内螺纹	T05	320			

9.5.4 程序编制与注释

对于套类零件的数控车削编程，需先按照零件图样计算各几何元素的交点，然后按照数控加工工艺要求进行代码编写。

（1）建立工件坐标系

对于车削零件编程，一般情况下工件原点设置在工件的左、右端面或卡盘端面与主轴的交点处，没有特殊情况应该选择工件右端面处。故将工件坐标系建立在工件的右端面中心轴线处。

该零件加工需调头，从图纸上尺寸标注分析应设置 3 个坐标系，3 个工件零点均定于装夹后的右端面（精加工面）。

➤ 装夹毛坯 φ75 外圆，平端面，对刀，设置第 1 个工件原点，如图 9-21 所示。

➤ 调头装夹心轴外圆，平端面，测量总长度，设置第 2 个工件原点（设在精加工端面上），如图 9-22 所示。

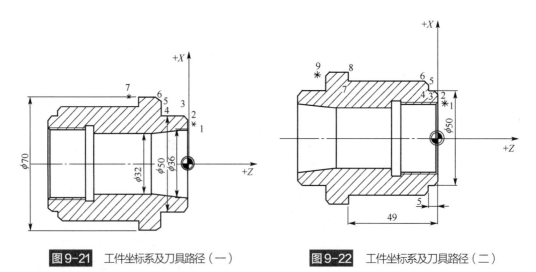

图9-21 工件坐标系及刀具路径（一） 　　图9-22 工件坐标系及刀具路径（二）

➤ 重新安装装夹 φ50 外圆，设置第 3 个坐标系原点于端面。

（2）确定编程方案及刀具路径

端面车削采用 45° 机夹偏刀，设置刀具的起刀点在（X77，Z0），采用直线插补走刀，设置进给速度 0.05mm/r。

外圆和内孔表面的加工余量比较大，需要采用多次重复加工，才能去除全部余量，为了简化编程采用毛坯切削循环 CYCLE95 进行粗、精加工，粗加工 X 轴留精加工余量 0.3mm，Z 轴留余量 0.3mm，分别计算出各点的坐标，精加工采用一次走刀。

（3）计算编程尺寸

① 换刀点 零件原点设置在零件的右端面，为了防止换刀时刀具与零件或尾座相碰，加工左、右端时的换刀点可以设置在（$X100$，$Z100$）。

② 起刀点 为了减少循环加工的次数，循环的起刀点可以设置在（$X77$，$Z2$）的位置。

③ 编程点 直接用基本尺寸编程，不用计算平均尺寸。根据刀具路径计算各基点坐标值见表 9-21 及表 9-22。

⊡ 表 9-21 右端编程点坐标

基点编号	X 坐标	Z 坐标	基点编号	X 坐标	Z 坐标
1	42	2	5	66	−15
2	46	0	6	70	−17
3	50	−2	7	70	−35
4	50	−15			

⊡ 表 9-22 左端编程点坐标

基点编号	X 坐标	Z 坐标	基点编号	X 坐标	Z 坐标
1	42	2	6	60	−7
2	50	0	7	60	−49
3	50	−2	8	70	−49
4	50	−5	9	70	−60
5	56	−5			

（4）参考程序

右端加工程序	
SKCR903.MPF	程序号（右端加工程序）
N0010	G54 G90 G95 G40;	设置工件坐标系
N0020	M03 S600;	主轴正转，转速 600r/min
N0030	G00 X100 Z100;	定位换刀点
N0040	T01 D01;	换 1 号刀，选择 1 号刀补
N0050	G00 X77 Z0 M08;	刀具移动至加工起始位置，开启冷却液
N0060	G01 X0 F0.05;	车端面，以进给速度 0.05mm/r 直线插补
N0070	G00 X100 Z100;	返回换刀点
N0080	T02 D02 S800 F0.2;	换 2 号刀，选择 2 号刀补
N0090	G00 X77 Z2;	刀具移动至加工起始位置
N0100	CYCLE95("ZC903A", 2, 0.3, 0.3, 0, 0.2, 0.2, 0.05, 9, , ,0.5);	调用循环粗、精车
N0110	G00 X100 Z100;	返回换刀点
N0120	T03 D03;	换 3 号镗孔刀
N0130	G00 X36 Z2;	刀具移动至加工起始位置
N0140	CYCLE95("ZC903B",2.0,0,0.2, ,0.1,0.1,0.05,11, , ,0.5);	调用循环粗、精车内孔

	右端加工程序	
N0150	G00 X100 Z100;	返回换刀点
N0160	M05 M09;	主轴停止，切削液停止
N0170	M02;	主程序结束并返回程序开头
	ZC903A.SPF	加工外轮廓子程序
N0010	G00 X42;	
N0020	G01 Z2 F0.1;	轮廓起点，即起刀点（$X42,Z2$）
N0030	G01 X50 Z2;	倒角
N0040	Z-15;	圆柱面
N0050	X66;	端面
N0060	X70 Z-17;	倒角
N0070	Z-35;	圆柱面
N0080	M02;	返回主程序
	ZC903B.SPF	加工外轮廓子程序
N0010	G01 X36;	
N0020	Z0;	轮廓起点，即起刀点（$X36,Z0$）
N0030	X30 Z-20;	内圆锥面
N0040	Z-80;	内孔
N0050	X24;	退刀
N0060	M02;	返回主程序
	左端加工程序	
	SKCR903B.MPF	程序号（左端加工程序）
N0010	G54 G90 G95 G40;	设置工件坐标系
N0020	M03 S600;	主轴正转，转速 600r/min
N0030	G00 X100 Z100;	定位换刀点
N0040	T01 D01;	换 1 号刀，选择 1 号刀补
N0050	G00 X77 Z0 M08;	刀具移动至加工起始位置，开启冷却液
N0060	G01 X0 F0.05;	车端面，以进给速度 0.05mm/r 直线插补（保证尺寸 76mm）
N0070	G00 X100 Z100;	返回换刀点
N0080	T02 D02 S800 F0.2;	换 2 号刀，选择 2 号刀补
N0090	G00 X77 Z2;	刀具移动至加工起始位置
N0100	CYCLE95("ZC903C", 2, 0.3, 0.3, 0, 0.2, 0.2, 0.05, 9, , ,0.5);	调用循环粗、精车
N0110	G00 X100 Z100;	返回换刀点
N0120	M05 M09;	主轴停止，切削液停止
N0130	M02;	主程序结束并返回程序开头
	ZC903C.SPF	加工外轮廓子程序
N0010	G00 X42;	

	左端加工程序	
N0020	G01 Z2 F0.1;	轮廓起点，即起刀点（X42,Z2）
N0030	G01 X50 Z−2 ;	倒角
N0040	Z−5;	圆柱面
N0050	X56;	端面
N0060	X60 Z7;	倒角
N0070	Z−49;	圆柱面
N0080	X77;	退刀
N0090	M02;	返回主程序
	内孔退刀槽和螺纹加工程序	
	SKCR904C.MPF	**程序号（内孔加工程序）**
N0010	G54 G90 G95 G40;	设置工件坐标系
N0020	M03 S320;	主轴正转，转速 320r/min
N0030	G00 X200 Z100;	定位换刀点
N0040	T04 D04;	换 4 号内槽刀
N0050	G00 X20 Z5;	
N0060	Z−25;	刀具移动至加工起始位置
N0070	CYCLE93(40,−25,5.0,2,0,0,0,0,0,0,0,0.2,0.3,1.0,1.0,3);	切槽
N0080	G00 Z2;	退刀
N0090	X100 Z100;	返回换刀点
N0100	T05 D05;	换 5 号内螺纹车刀
N0110	G00 X20 Z3;	刀具移动至加工起始位置
N0120	CYCLE97(1.5, ,2, −22, 36.0,36.0,2.0,2.0,0.75,0.05,30.0, ,6,1.0,4,1);	螺纹加工
N0130	X100 Z100;	返回换刀点
N0140	M05 M09;	主轴停止，切削液停止
N0150	M02;	主程序结束并返回程序开头

本章小结

　　本章介绍了 5 个经典类型的车床加工实例。虽然相比前面的学习类型，本章例子结构更为复杂，加工编程难度更大一些，但万变不离其宗，只要读者学习的时候，认真理解加工对象和指令特点，就能学会举一反三、触类旁通，掌握各种复杂零件的加工工艺分析和程序编制方法。

第 3 篇

车床自动加工基础与实例

CHECHUANG ZIDONG

JIAGONG JICHU YU SHILI

第 10 章
CAM 自动编程基础

自动编程（automatic programming），也称计算机辅助编程（computer aided programming），即程序编制工作的大部分或全部由计算机完成，如完成坐标值计算、编写零件加工程序单等，有时甚至能帮助进行工艺处理。自动编程编出的程序还可通过计算机或自动绘图仪进行刀具运动轨迹的图形检查，编程人员可以及时检查程序是否正确，并及时修改。自动编程大大减轻了编程人员的劳动强度，提高效率几十倍乃至上百倍，同时解决了手工编程无法解决的许多复杂零件的编程难题。工件表面形状愈复杂，工艺过程愈烦琐，自动编程的优势愈明显。

10.1　自动编程特点与发展

（1）自动编程的特点

自动编程是借助计算机及其外围设备装置自动完成从零件图构造、零件加工程序编制到控制介质制作等工作的一种编程方法。目前，除工艺处理仍主要依靠人工进行外，编程中的数学处理、编写程序单、制作控制介质、程序校验等各项工作均已通过自动编程达到了较高的计算机自动处理的水平。与手工编程相比，自动编程解决了手工编程难以处理的复杂零件的编程问题，既可减轻劳动强度、缩短编程时间，又可减少差错，使编程工作简便。

（2）自动编程的应用发展

20 世纪 50 年代初，美国麻省理工学院（MIT）伺服机构实验室研制出第一台三坐标立式数控铣床。1955 年公布了用于机械零件数控加工的自动编程语言 APT（automatical programmed tools），1959 年开始用于生产。随着 APT 语言的不断更新和扩充，先后形成了 APT2、APT3 和 APT4 等不同版本。除 APT 外，世界各国都发展了基于 APT 的衍生语言，如美国的 APAPT，德国的 EXAPT-1（点位）、EXAPT-2（车削）、EXAPT-3（铣削），英国的 2CL（点位、连续控制），法国的 IFAPT-P（点位）、IFAPT-C（连续控制），日本的 FAPT（连续控制）、HAPT（连续控制两坐标），我国的 SKC、ZCX、ZBC-1、CKY 等。

20 世纪 60 年代中期，计算机图形显示器的出现，引起了数控自动编程的一次变革。利用具有人机交互式功能的显示器，把被加工零件的图形显示在屏幕上，编程人员只需用鼠标点击被加工部位，输入所需的工艺参数，系统就自动计算和显示刀具路径，模拟加工状态，检查走刀轨迹，这就是图形交互式自动编程，这种编程方式大大减少了编程出错率，提高了编程效率和编程可靠性。对于大型的较复杂的零件，图形交互式自动编程的编程时间大约为 APT 编程的 25%～30%，经济效益十分明显，已成为 CAD/CAE/CAM 集成系统的主流方向。

自动编程系统的发展主要表现在以下几方面。

① 人机对话式自动编程系统。它是会话型编程与图形编程相结合的自动编程系统。

② 数字化技术编程。由无尺寸的图形或实物模型给出零件形状和尺寸时，用测量机将实际图形或模型的尺寸测量出来，并自动生成计算机能处理的信息。经数据处理，最后控制其输出设备，输出加工纸带或程序单。这种方式在模具的设计和制造中经常采用，即"逆向工程"。

③ 语音数控编程系统。该系统就是用音频将数据输入到编程系统中，使用语言识别系统时，编程人员需使用记录在计算机内的词汇，既不要写出程序，也不要根据严格的程序格式打出程序，只要把所需的指令讲给话筒即可。每个指令按顺序显示出来，之后再显示下次输入需要的指令，以便操作人员选择输入。

④ 依靠机床本身的数控系统进行自动编程。

10.2 自动编程的工作原理

交互式图形自动编程系统采用图形输入方式，通过激活屏幕上相应的菜单，利用系统提供的图形生成和编辑功能，将零件的几何图形输入到计算机，完成零件造型。同时以人机交互方式指定要加工的零件部位、加工方式和加工方向，输入相应的加工工艺参数，通过软件系统的处理自动生成刀具路径文件，并动态显示刀具运动的加工轨迹，生成适合指定数控系统的数控加工程序，最后通过通信接口，把数控加工程序送给机床数控系统。这种编程系统具有交互性好、直观性强、运行速度快、便于修改和检查、使用方便、容易掌握等特点。因此，交互式图形自动编程已成为国内外流行的 CAD/CAM 软件所普遍采用的数控编程方法。在交互式图形自动编程系统中，需要输入两种数据以产生数控加工程序，即零件几何模型数据和切削加工工艺数据。交互式图形自动编程系统实现了造型-刀具轨迹生成-加工程序自动生成的一体化，它的三个主要处理过程是：零件几何造型、生成刀具路径文件、生成零件加工程序。

（1）零件几何造型

变互式图形自动编程系统（CAD/CAM）可通过三种方法获取和建立零件几何模型。

① 软件本身提供的 CAD 设计模块。

② 其他 CAD/CAM 系统生成的图形，通过标准图形转换接口（如 STEP、DXFIGES、STL、DWG、PARASLD、CADL、NFL 等），转换成编程系统的图形格式。

③ 三坐标测量机数据或三维多层扫描数据。

（2）生成刀具路径

在完成了零件的几何造型以后，交互式图形自动编程系统第二步要完成的是产生刀具路径。其基本过程如下。

① 首先确定加工类型（轮廓、点位、挖槽或曲面加工），用光标选择加工部位，选择走刀路线或切削方式。图 10-1 所示为数控铣削加工时交互式图形自动编程系统通常处理的几种加工类型。

② 选取或输入刀具类型、刀号、刀具直径、刀具补偿号、加工预留量、进给速度、主轴转速、退刀安全高度、粗精切削次数及余量、刀具半径长度补偿状况、进退刀延伸线值等加工所需的全部工艺切削参数。

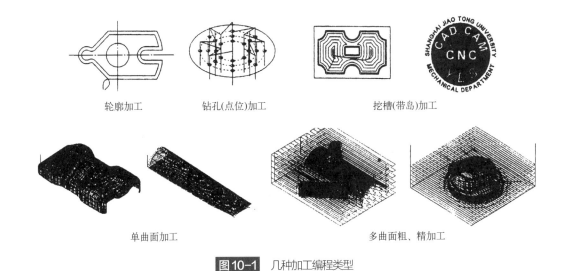

轮廓加工　　　　钻孔(点位)加工　　　　　挖槽(带岛)加工

单曲面加工　　　　　　　　　多曲面粗、精加工

图10-1　几种加工编程类型

③ 编程系统根据这些零件几何模型数据和切削加工工艺数据，经过计算、处理，生成刀具运动轨迹数据，即刀位文件 CLF（cut location file），并动态显示刀具运动的加工轨迹。刀位文件与采用哪一种特定的数控系统无关，是一个中性文件，因此通常称产生刀具路径的过程为前置处理。

（3）后置处理

后置处理的目的是生成针对某一特定数控系统的数控加工程序。由于各种机床使用的数控系统各不相同（如有 FANUC、SIEMENS、华中等系统），每一种数控系统所规定的代码及格式不尽相同，为此，自动编程系统通常提供多种专用的或通用的后置处理文件，这些后置处理文件的作用是将已生成的刀位文件转变成合适的数控加工程序。早期的后置处理文件是不开放的，使用者无法修改。目前，绝大多数优秀的 CAD/CAM 软件提供开放式的通用后置处理文件。使用者可以根据自己的需要打开文件，按照希望输出的数控加工程序格式，修改文件中相关的内容。这种通用后置处理文件，只要稍加修改，就能满足多种数控系统的要求。

（4）模拟和通信

系统在生成了刀位文件后模拟显示刀具运动的加工轨迹是非常必要和直观的，它可以检查编程过程中可能的错误。通常自动编程系统提供一些模拟方法，下面简要介绍线架模拟和实体模拟的基本过程。

线架模拟可以设置的参数有：以步进方式一步步模拟或自动连续模拟，步进方式中按设定的步进增量值方式运动或按端点方式运动；运动中每一步保留刀具显示的静态模拟或不保留刀具显示的动态模拟；刀具旋转；模拟控制器刀具补偿；模拟旋转轴；换刀时刷新刀具路径；刀具轨迹涂色；显示刀具和夹具等。

实体模拟可以设置的参数有：模拟实体加工过程或仅显示最终加工零件实体；零件毛坯定义；视角设置；光源设置；步长设置；显示加工被除去的体积；显示加工时间；暂停模拟设置；透视设置等。

通常自动编程系统还提供计算机与数控系统之间数控加工程序的通信传输。通过 RS232通信接口，可以实现计算机与数控机床之间 NC 程序的双向传输（接收、发送和终端模拟），可以设置 NC 程序格式（ASCⅡ、EIA、BIN）、通信接口（COM1、COM2）、传输速度（波特率）、奇偶校验、数据位数、停止位数及发送延时参数等有关的通信参数。

10.3 自动编程的主要特点

与手工编程相比，自动编程速度快，质量好，这是因为自动编程具有以下主要特点。

（1）数字处理能力强

对复杂零件，特别是空间曲面零件，以及几何要素虽不复杂但程序量很大的零件，计算相当烦琐，采用手工程序编制是难以完成的，而采用自动编程既快速又准确。功能较强的自动编程系统还能处理手工程序难以胜任的二次曲面和特种曲面。

（2）能快速、自动生成数控程序

在完成计算刀具运动轨迹之后，后置处理程序能在极短的时间内自动生成数控程序，且数控程序不会出现语法错误。

（3）后置处理程序灵活多变

同一个零件在不同的数控机床上加工，由于数控系统的指令形式不尽相同，机床的辅助功能也不一样，伺服系统的特性也有差别，因此数控程序也应该是不一样的。但前置处理过程中，大量的数学处理、轨迹计算却是一致的。这就是说，前置处理可以通用化，只要稍微改变一下后置处理程序，就能自动生成适用于不同数控机床的数控程序来。对于不同的数控机床，取用不同的后置处理程序，等于完成了一个新的自动编程系统，极大地扩展了自动编程系统的使用范围。

（4）程序自检、纠错能力强

采用自动编程，程序有错主要是原始数据不正确而导致刀具运动轨迹有误，或刀具与工件干涉、相撞等。但自动编程能够借助于计算机在屏幕上对数控程序进行动态模拟，连续、逼真地显示刀具加工轨迹和零件加工轮廓，发现问题及时修改，快速又方便。现在，往往在前置处理阶段，计算出刀具运动轨迹以后立即进行动态模拟检查，确定无误以后再进入后置处理，编写出正确的数控程序来。

（5）便于实现与数控系统的通信

自动编程系统可以利用计算机和数控系统的通信接口，实现编程系统和数控系统的通信。编程系统可以把自动生成的数控程序经通信接口直接输入数控系统，控制数控机床加工。无需再制备穿孔纸带等控制介质，而且可以做到边输入、边加工，不必忧虑数控系统内存不够大，免除了将数控程序分段。自动编程的通信功能进一步提高了编程效率，缩短了生产周期。

10.4 自动编程的分类

（1）按输入方式分类

按输入方式的不同，自动程序编制系统分为：

① 语言输入方式：指加工零件的几何尺寸、工艺要求、切削参数及辅助信息等都用数控语言编写成源程序后，输入到计算机中，再由计算机进一步处理得到零件程序加工单及穿孔

纸带。

② 图形输入方式：指用图形输入设备（如数字化仪）直接把图形信息输入给计算机并在显示器上显示出来，再进一步处理，最终得到加工程序及控制介质。

③ 语音输入方式：又称为语音编程。它采用语音识别器，将操作员发出的加工指令声音转变为加工程序。

（2）按程序编制系统与数控系统结合的紧密性分类

按程序编制系统与数控系统结合的紧密性的不同，自动编程可分为：

① 离线程序编制系统：与数控系统相脱离的单独的程序编制系统称为离线程序编制系统。这种程序编制系统可为多台数控机床编制程序，其功能多而强。编制程序时不占用机床工作时间。

② 在线程序编制：使自动编程与数控系统连在一起的方法。

目前，计算机常用自动编程是图形交互式自动编程，即计算机辅助编程。这种自动编程系统是 CAD（计算机辅助设计）与 CAM（计算机辅助制造）高度结合的自动编程系统，通常称为 CAD/CAM 系统。图形交互编程是以计算机绘图为基础的自动编程方法，需要 CAD/CAM 自动编程软件支持。这种编程方法的特点是以工件图形为输入方式，并采用人机对话，而不需要使用数控语言编制源程序。从加工工件的图形再现、进给轨迹生成、加工过程的动态模拟，直到生成数控加工程序，都是通过屏幕菜单驱动。具有形象直观、高效及容易掌握等优点。其工作流程如图 10-2 所示。

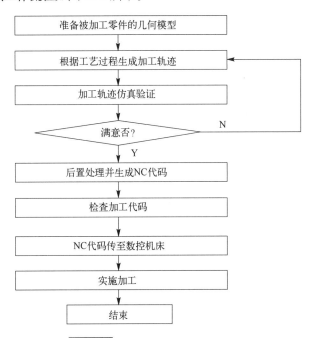

图10-2 计算机辅助编程的工作流程

为适应复杂形状零件的加工、多轴加工、高速加工，一般采用图形交互式自动编程，它是当前最先进的数控加工编程方法。它利用计算机以人机交互图形方式完成零件几何形状计算机化、轨迹生成与加工仿真到数控程序生成全过程，操作过程形象生动、效率高、出错概率低，而且还可以通过软件的数控接口共享已有的 CAD 设计结果，实现 CAD/CAM 集成一体化，实现无图纸设计制造。

10.5 自动编程的环境要求

（1）硬件环境

根据所选用的自动编程系统，配置相应的计算机及其外围设备硬件。计算机主要由中央处理器（CPU）、存储器和接口电路组成。外围设备包括输入设备、输出设备、外存储器和其他设备等。

输入设备是向计算机送入数据、程序以及各种信息的设备，常用的有键盘、图形输入设备、光电阅读机、软盘（光盘）驱动器等。

输出设备是把计算机的中间结果或最终结果表示出来，常用的有显示器、打印机或绘图仪、纸带穿孔机、软盘驱动器等。

外存储器简称外存，它的特点是容量大，但存取周期较长，常用于存放计算机所需要的固定信息，如自动编程所需的产品模型数据、加工材料数据、工具数据、加工数据、归档的加工程序等，常用的外存有磁带、磁盘、光盘等。对于外围设备中的其他设备，则要根据具体的自动编程系统和需要进行配置。

（2）软件环境

软件是指程序、文档和使用说明书的集合，其中文档是指与程序的计划、设计、制作、调试和维护等相关的资料；使用说明书是指计算机和程序的用户手册、操作手册等；程序是用某种语言表达的由计算机去处理的一系列步骤，也将程序简称为软件，它包括系统软件和应用软件两大类。

系统软件是直接与计算机硬件发生关系的软件，起到管理系统和减轻应用软件负担的作用。

应用软件是指直接形成和处理数控程序的软件，它需要通过系统软件才能与计算机硬件发生关系。应用软件可以是自动编程软件，包括识别处理由数控语言编写的源程序的语言软件（如 APT 语言软件）和各类计算机辅助设计/计算机辅助制造（CAD/CAM）软件。其他工具软件和用于控制数控机床的零件数控加工程序也属于应用软件。

在自动编程软件中，按所完成的功能可以分为前置计算程序和后置处理程序两部分。前置计算程序是用来完成工件坐标系中刀位数据计算的一部分程序，如在图形交互式自动编程系统中，前置计算程序主要为图形 CAD 和零件 CAM 部分。前置计算过程中所需要的原始数据都是编程人员给定的，可以是以 APT 语言源程序给定，在人机交互对话中给定，也可以通过其他的方式给定。编程人员除给定这些原始数据外，还会根据工艺要求给出一些与计算刀位无关的其他指令或数据。对于后一类指令或数据，前置计算程序不予处理，都移交到后置处理程序去处理。

后置处理程序也是自动编程软件中的一部分程序，其作用主要有两点：一是将前置计算形成的刀位数据转换为与加工工件所用 CNC 控制器对应的数控加工程序运动指令值；二是将前置计算中未进行处理而传递过来的编程要求编入数控加工程序中。在图形交互式自动编程系统中，有多个与各 CNC 控制器对应的后置处理程序可供选择调用。

10.6 CAM 编程软件简介

10.6.1 美国 CNC Software 公司的 Mastercam 软件

Mastercam 软件是在微机档次上开发的，在使用线框造型方面较有代表性，而且，它又是侧重于数控加工方面的软件，这样的软件在数控加工领域占重要地位，有较高的推广价值。

Mastercam 的主要功能是：二维、三维图形设计、编辑；三维复杂曲面设计；自动尺寸标注、修改；各种外设驱动；五种字体的字符输入；可直接调用 AUTOCAD、CADKEY、SURFCAM 等；设有多种零件库、图形库、刀具库；2~5 轴数控铣削加工；车削数控加工；线切割数控加工；钣金、冲压数控加工；加工时间预估和切削路径显示，过切检测及消除；可直接连接 300 多种数控机床。

10.6.2 西门子公司的 UG NX 软件

（1）公司简介

UG NX 是 SIEMENS 公司（前身是美国 Unigraphics Solutions 公司）推出的集 CAD/CAM/CAE 于一体的三维参数化设计软件。在汽车与交通、航空航天、日用消费品、通用机械以及电子工业等工程设计领域得到了大规模的应用，功能涵盖概念设计、功能工程、工程分析、加工制造到产品发布等产品生产的整个过程。

（2）UG NX 的主要特点与功能

① UG NX 具有很强的二维出图功能，由模型向工程图的转换十分方便。

② 曲面造型采用非均匀有理 B 样条作为数学基础，可用多种方法生成复杂曲面、曲面修剪和拼合、各种倒角过渡以及进行三角域曲面设计等，其造型能力代表着该技术的发展水平。

③ UG NX 的曲面实体造型（区别于多面实体）源于被称为世界模型之祖的英国剑桥大学 Shape Data Ltd.。该产品（PARASOLID）已被多家软件公司采用，该项技术使得线架模型、曲面模型、实体模型融为一体。

④ UG NX 率先提供了完全特征化的参数及变量几何设计（UG CONCEPT）。

⑤ 由于 PDA 公司以 PARASOLID 为其内核，使得 UG NX 与 PATRAN 的连接天衣无缝。与 ICAD、OPTIMATION、VALISYS、MOLDFLOW 等著名软件的内部接口连接也方便可靠。

⑥ 由于统一的数据库，UG NX 实现了 CAD、CAE、CAM 各部分之间的无数据交换的自由切换，3~5 坐标联动的复杂曲面加工和镗铣、方便的加工路线模拟及生成 SIEMENS、FANUC 机床控制系统代码的通用后置处理，使真正意义上的自动加工成为现实。

⑦ UG NX 提供可以独立运行的、面向目标的集成管理数据库系统（INFORMATION PSI-MANAGER）。

⑧ UG NX 是一个界面设计良好的二次开发工具。通过高级语言接口，使 UG NX 的图形功能与高级语言的计算功能很好地结合起来。

10.6.3　美国 PTC 公司的 Pro/ENGINEER 软件

Pro/ENGINEER 是唯一的一整套机械设计自动化软件产品，它以参数化和基于特征建模的技术，提供给工程师一个革命性的方法，去实现机械设计自动化。Pro/ENGINEER 是由一个产品系列组成的，它是专门应用于机械产品从设计到制造全过程的产品系列。

Pro/ENGINEER 产品系列的参数化和基于特征的建模给工程师提供了空前简便和灵活的环境。另外，Pro/ENGINEER 唯一的数据结构提供了所有工程项目之间的集成，使整个产品从设计到制造紧密地联系在一起，这样，能使工程人员并行地开发和制造它的产品，可以很容易地评价多个设计的选择，从而使产品达到最好的设计、最快的生产和最低的造价。

Pro/ENGINEER 的基本功能可分为以下几方面。

（1）零件设计

① 生成草图特征，包括凸台、凹槽、冲压的沿二维草图扫过的轨迹槽沟，或两个平行截面间拼合的槽沟。

② 生成 Pick and Place 特征，如孔、通孔、倒角、圆角、壳、规则图、法兰盘、棱等。

③ 草图美化特征。

④ 参考基准面、轴、点、曲线、坐标系，以及生成非实体参考基准的图。

⑤ 修改、删除、压缩、重定义和重排特征，以及只读特征。

⑥ 通过向系列表中增加尺寸生成表驱动零件。

⑦ 通过生成零件尺寸和参数的关系获得设计意图。

⑧ 产生工程信息，包括零件的质量特性、相交截面模型、参考尺寸。

⑨ 在模型上生成几何拓扑关系和曲面的粗糙度。

⑩ 在模型上给定密度、单位、材料特性或用户专用的质量特性。

⑪ 可通过 Pro/ENGINEER 增加功能。

（2）装配设计

① 使用命令如 Mate、Align、Incort 等安放组件和装配子功能生成整个产品的装配。

② 从一个装配中拆开装配的组件。

③ 修改装配时安排的偏移。

④ 生成和修改装配的基准面、坐标系和交叉截面。

⑤ 修改装配模型中的零件尺寸。

⑥ 产生工程信息、材料清单、参考尺寸和装配质量特性。

⑦ 功能可增加扩充。

（3）设计文档（绘图）

① 生成多种类型的视图，包括总图、投影图、附属图、详细图、分解图、局部图、交叉截面图和透视图。

② 完成扩大视图的修改，包括视图比例和局部边界或详细视图的修改，增加投影图、交叉截面视图的箭头和生成快照视图。

③ 用多模型生成绘图。从绘图中删除一个模型，对当前绘图模型设置和加强亮度。

④ 用草图作参数格式。

⑤ 操作方式包括显示、擦除和开关视图、触发箭头、移动尺寸、文本或附加点。

⑥ 修改尺寸值和数字数据。

⑦ 生成显示、移动、擦除和用于标准注释的开关视图。

⑧ 包括在绘图注释中已有的几何拓扑关系。

⑨ 更新几何模型组成设计的改变。

⑩ 专门绘图的 IGES 文件。

⑪ 标志绘图指示作更改。

⑫ 通过 Pro/DETAIL 增加功能。

（4）通用功能

① 数据库管理命令。

② 在层和显示层上放置零件的层控制。

③ 用于距离的测量、几何信息角度、间隙和在零件间及装配的总干涉命令。

④ 对于扫视、变焦距、旋转、阴影、重新定位模型和绘图的观察能力。

10.6.4 "CAXA 制造工程师"软件

"CAXA 制造工程师"软件是由北京北航海尔软件有限公司开发的全中文 CAD/CAM 软件。

（1）CAXA 的 CAD 功能

提供线框造型、曲面造型方法来生成 3D 图形。采用 NURBS 非均匀 B 样条造型技术，能更精确地描述零件形体。有多种方法来构建复杂曲面，包括扫描、放样、拉伸、导动、等距、边界网格等。对曲面的编辑方法有任意裁剪、过渡、拉伸、变形、相交、拼接等。可生成真实感图形，具有 DXF 和 IGES 图形数据交换接口。

（2）CAXA 的 CAM 功能

支持车削加工，具有轮廓粗车、精车、切槽、钻中心孔、车螺纹功能。可以用参数修改功能对轨迹的各种参数进行修改，以生成新的加工轨迹；支持线切割加工，具有快、慢走丝切割功能，可输出 3B 或 G 代码的后置格式；2~5 轴铣削加工，提供轮廓、区域、三轴和四到五轴加工功能。区域加工允许区域内有任意形状和数量的岛。可分别指定区域边界和岛的起模斜度，自动进行分层加工。针对叶轮、叶片类零件提供 4~5 轴加工功能。可以利用刀具侧刃和端刃加工整体叶轮和大型叶片。支持带有锥度的刀具进行加工，可任意控制刀轴方向。此外，还支持钻削加工。

系统提供丰富的工艺控制参数，多种加工方式（粗加工、参数线加工、限制线加工、复杂曲线加工、曲面区域加工、曲面轮廓加工），刀具干涉检查，真实感仿真，数控代码反读，后置处理功能。

本章小结

本章主要介绍了自动编程的专业基础知识，读者通过学习，可以熟悉自动编程特点、分类、环境要求，了解典型的自动编程软件特点，为下面一章自动编程实例学习做好准备。

第 11 章
Mastercam 车床自动编程实例

Mastercam 是美国 CNC Software Inc.开发的基于 PC 平台的 CAD/CAM 软件。它集二维绘图、三维实体造型、曲面设计、图素拼合、数控编程、刀具路径模拟及真实感模拟等功能于一身，它具有方便、直观的几何造型功能。Mastercam 提供了设计零件外形所需的环境，其稳定的造型功能可设计出复杂的曲线、曲面零件。Mastercam9.0 以上版本支持中文环境，而且价位适中，对广大的中、小企业来说是理想的选择，是经济有效的全方位软件系统，是工业界及学校广泛采用的 CAD/CAM 系统。

作为 CAD/CAM 集成软件，Mastercam 系统包括设计（CAD）和加工（CAM）两大部分。其中设计（CAD）部分主要由 Design 模块来实现，它具有完整的曲线曲面功能，不仅可以设计和编辑二维、三维空间曲线，还可以生成方程曲线；采用 NURBS、PARAMETERICS 等数学模型，可以以多种方法生成曲面，并具有丰富的曲面编辑功能。加工（CAM）部分主要由 Mill、Lathe 和 Wire 三大模块来实现，并且各个模块本身都包含完整的设计（CAD）系统，其中 Mill 模块可以用来生成加工刀具路径，并可进行外形铣削、型腔加工、钻孔加工、平面加工、曲面加工以及多轴加工等的模拟；Lathe 模块可以用来生成车削加工刀具路径，并可进行粗/精车、切槽以及车螺纹的加工模拟；Wire 模块用来生成线切割激光加工路径，从而能高效地编制出任何线切割加工程序，可进行 1~4 轴上下异形加工模拟，并支持各种 CNC 控制器。

11.1 Mastercam2020 简介

CNC Software 在 2019 年 6 月发布了 Mastercam2020。在 Mastercam 2020 中，从加工准备、编程速度、刀路效率等方面为制造企业进一步提升生产效率提供了可能性。

（1）设计与显示功能增强

① 半透明显示　Mastercam 2020 中可以调整零件显示的透明度。在"视图"选项卡中打开"半透明"效果，通过透明度滑块调整零件显示的透明度。

② 截面视图　Mastercam 2020 进一步提升了多种材质的显示效果，赋予了零件更真实直观的视觉体验。

③ 实体串连更加快捷简便　Mastercam 2020 的串连选择，可以设置仅显示实体面中的凸台和型腔。在同一个串连对话中可以设置多个不连续的串连。支持选择相似的圆角、孔和特征进行串连。

（2）车削和车铣复合

① 3D 车刀增强　使用 Mastercam 中新的刀片和刀柄设计器，可方便直观地创建自定义

3D 车削刀具。3D 刀具管理界面直观实用，支持智能判断刀具组装状态，可对 3D 车削刀具进行快速组装设置。

② 直观便捷的车铣复合操作　机床组件库支持保存和调用卡盘卡爪等机床组件信息。车铣复合中进一步优化机床设置工作流程，进一步加快车铣复合的编程速度。

③ 机床模拟　支持主流车削中心的整机模拟，更直观地展示车削运动中机床、刀具和零件的状态。

（3）铣削、木雕、Mastercam for SolidWorks®

① 刀路孔定义　Mastercam 2020 中的刀路孔定义功能令孔加工变得更方便快捷。支持选择圆弧、点、线框、实体等多种图素。支持根据直径和向量方向批量筛选符合条件的孔。

② 残料粗加工刀柄检查　在 Mastercam 2020 中无需同时设置残料加工的最大值和最小值，软件会基于毛坯模型自动计算最大深度。

③ 高级刀路控制　Mastercam 2020 中刀路控制新增选项，可更快捷准确地定义刀路的安全范围。新增的"边界轮廓"选项可以根据选中的轮廓自动生成安全轮廓范围。更多的刀路策略中可以使用刀具补正选项和刀尖与接触点控制功能。

④ 设置多个空切区域　在 Mastercam 2020 的动态铣削、区域铣削等刀路策略中，支持同时定义多个不同的安全区域。

⑤ Dynamic Motion 动态加工技术　Mastercam 2020 对动态加工刀路的编程方式进行了优化，进一步提升编程速度，减少加工循环时间。

⑥ 多轴去毛刺　Mastercam 2020 支持在去毛刺刀路中设置顺铣和逆铣，可以通过新增的选项来更快捷精准地限制检测区域。

⑦ Accelerated Finishing 超弦精加工技术　超弦精加工可以成倍地提升精加工效率。在 Mastercam2020 中又新增了椭圆形式和镜筒形式的大圆弧刀具，进一步扩展了超弦精加工的适用场景和加工效率。

⑧ 等距环绕策略优化　Mastercam 的等距环绕刀路为陡坡，曲面和平面创建均匀顺滑的刀路。通过新增的刀尖补偿、"封闭"及"修剪"刀路补正选项，进一步优化各种复杂的曲面特征的精加工效果。

Mastercam 2020 软件主要包括 Design（设计）、Mill（铣削加工）、Lathe（车削加工）和 Wire（激光线切割加工）四个功能模块。本章主要介绍它的加工模块的功能及使用。

11.1.1　Mastercam 2020 系统配置

Mastercam 对硬件的要求不高，在一般配置的计算机上就可运行，它操作灵活，界面友好，易学易会，适用于大多数用户，能使企业迅速取得经济效益。

建议用户使用的基本硬件配置如表 11-1 所示。

⊡ 表 11-1　Mastercam 基本硬件配置表

项目	基本要求	推荐采用
操作系统	Windows7，Windows8.1	仅推荐 Windows1064 位专业版
处理器	Windows1064 位专业版英特尔或 AMD64 位处理器（2.4GHz 或更高）	英特尔 i7 或 XeonE3 处理器，3.2GHz（或更高）NVIDIA Quadro 或 AMD FirePro/Radeon Pro 显卡，具有 4GB（或更高）专用显存

项目	基本要求	推荐采用
显卡	OpenGL3.2 和 OpenCL1.2 的 1GB 显存，需配置独立显卡	32GB
内存	8GB	20GB 可用硬盘，USB 驱动器（用于安装），分辨率 1920×1080
硬盘	20GB 可用硬盘，USB 驱动器（用于安装），分辨率 1920×1080	推荐采用
屏幕分辨率	基本要求	仅推荐 Windows1064 位专业版

11.1.2　Mastercam 2020 用户界面

Mastercam 2020 安装完成后，将在程序文件夹和桌面上建立相应的快捷方式，双击桌面上的"Mastercam 2020"图标，或选择"开始"→"程序"→"Mastercam 2020"命令，可启动 Mastercam 2020 软件，启动后其界面如图 11-1 所示，其中包括标题栏、文件菜单、快速访问工具栏、管理器面板、工具选项卡、属性栏、快捷工具栏、快速限定按钮和绘图区等。

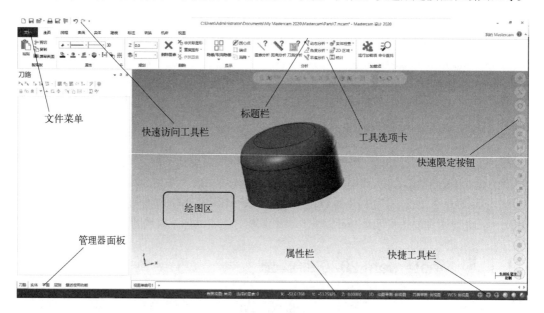

图 11-1

（1）标题栏

显示界面的顶部是"标题栏"，从左向右依次显示软件名称、当前所使用的模块、当前打开的文件路径和名称。例如，当用户使用铣削加工模块时，标题栏将显示 Mastercam 2020。在标题栏的右上角是三个标准的控制按钮，包括【最小化窗口】 、【还原窗口】 和【关闭程序窗口】 。

（2）文件菜单

文件菜单位于软件标题栏的下方左侧，包含了当前文件操作信息的所有命令。文件菜单用于文件的新建、打开、合并、保存、打印及属性等操作。文件操作将在后面详细介绍，文件的属性信息操作按钮如图 11-2 所示。

图 11-2

① 【项目管理】：使用项目管理指定文件类型保存到你的项目文件夹，指定这些文件类型的所有项目文件可以保存在同一个地方。

② 【更改识别】：将两个图形零件版进行比较，确定已更改的图形，查看修改过的操作，并决定是否要更新原始文件。

③ 【追踪更改】：管理 Mastercam 追踪文件，并自定义搜索 Mastercam 追踪搜索更新版本文件。

④ 【自动保存】：在固定和指定时间间隔内配置 Mastercam，自动保存当前图形和操作。

⑤ 【修复文件】：对当前文件执行日常维护并提高性能和确保文件的完整性。

（3）工具选项卡

工具选项卡将软件中的各命令以图标按钮的形式表示，目的是方便用户的操作，工具选项卡的命令按钮可以通过右击选项卡，在弹出的快捷菜单中选择【自定义功能区】命令，打开如图 11-3 所示的【选项】对话框来添加和删除。

工具选项卡有【主页】、【线框】、【曲面】、【实体】、【建模】、【标注】、【转换】、【机床】和【视图】等。

不同的加工模块使用不同的命令打开，在 Mastercam 2020 中所包含的刀具路径功能的工具选项卡如图 11-4 所示。

在【选项】对话框的【下拉菜单】选项页中，可以设置右键菜单中的命令，如图 11-5 所示。

（4）绘图区

绘图区主要用于创建、编辑、显示几何图形以及产生刀具轨迹和模拟加工的区域。在其中单击鼠标右键，会弹出如图 11-6 所示的快捷菜单，可以操作视图、删除图素及分析属性等。

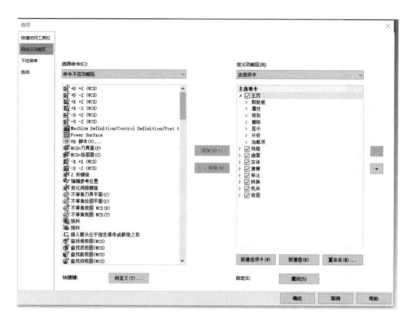

图11-3

图11-4

图11-5

（5）操控板、状态栏及属性栏

操控板位于工具选项卡的下方，主要用于操作者执行某一操作时提示下一步的操作，或者提示正在使用的某一功能的设置状态或系统所处的状态等。图 11-7 所示为绘制圆时的操控板。

图11-6

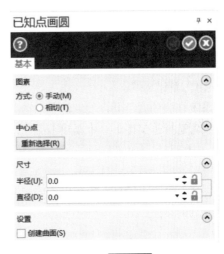

图11-7

属性栏位于绘图区的下方，如图 11-8 所示，主要包括当前坐标、绘图平面视角、刀具平面视角、WCS 视角、模型显示状态等功能。

图11-8

（6）管理器面板

管理器面板位于绘图区域的左侧，相当于其他软件的特征设计管理器。其中包括两个最重要的面板，分别为【刀路】和【实体】。

①【刀路】管理器：如图 11-9（a）所示，该管理器把同一加工任务的各项操作集中在一起，如加工使用的刀具和加工参数等，在管理器内可以编辑、校验刀具路径以及复制和粘贴相关程序。

(a)   (b)

图11-9

②【实体】管理器：如图11-9（b）所示，相当于其他软件的模型树，记录了实体造型的每个步骤以及各项参数等内容，通过每个特征的右键菜单可以对其进行删除、重建和编辑等操作。

11.1.3 文件管理

在设计和加工仿真的过程中，必须对文件进行合理的管理，方便以后的调用、查看和编辑。文件管理包括新建文件、打开文件、合并文件、保存文件、输入/输出文件等。

（1）新建文件

系统在启动后，会自动创建一个空文件，也可以通过单击快速访问工具栏中的【新建】按钮或者选择【文件】—【新建】命令，来创建一个新文件。

当用户对打开的文件进行了一些操作后，新建文件时会弹出保存的提示对话框，如图11-10所示，若单击【保存】按钮，则弹出【另存为】对话框，如图11-11所示，设置保存路径和文件名后单击【保存】按钮；若单击【不保存】按钮，则直接打开一个新的文件，而不保存已改动的文件。

图11-10

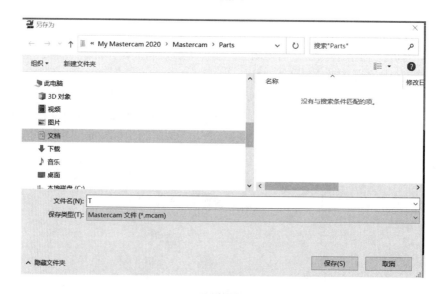

图11-11

（2）打开文件

单击快速访问工具栏中的【打开】按钮或者选择【文件】—【打开】命令，弹出【打开】

对话框，如图 11-12 所示，在【文件类型】下拉列表框中选择合适的后缀，选择文件，然后单击【打开】按钮，打开文件。

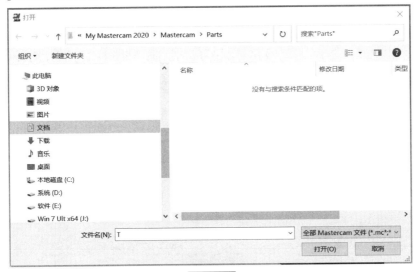

图 11-12

当用户对当前文件进行了操作后，再打开另一个文件时也会弹出如图 11-12 所示的提示对话框。

（3）合并文件

合并文件是指将 MCX 或其他类型的文件插入当前的文件中，但插入文件中的关联对象（如刀具路径等）不能插入。

选择【文件】—【合并】命令，弹出【打开】对话框，选择需要合并的文件，单击【打开】按钮。在当前系统所使用的单位与插入文件所使用的单位不一致时，会弹出【合并模型】操控板，如图 11-13 所示，在其中选择正确的处理方式，在相应对话框中，进行相应参数设置，如图 11-14 所示为【与面对齐】操控板，参数设置后，单击【确定】按钮，返回【合并模型】操控板后，再次单击【确定】按钮。

图 11-13

图 11-14

（4）保存文件

文件的存储在【文件】菜单中分为【保存】、【另存为】、【部分保存】3 种类型，在操作时为了避免发生意外情况而中断操作，用户应及时对操作文件进行保存。

单击快速访问工具栏中的【保存】按钮 或者选择【文件】—【保存】命令，保存已更改的文件，如果是第一次保存，则弹出【另存为】对话框，如图 11-15 所示，选择存储路径和输入文件名后，单击【保存】按钮。

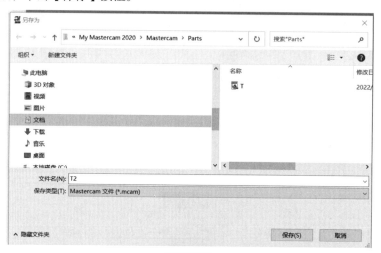

图 11-15

选择【文件】—【另存为】命令，同样弹出【另存为】对话框，选择存储路径和输入文件名后单击【保存】按钮，保存当前文件的一个副本。

选择【文件】—【部分保存】命令，返回绘图区，单击所要保存的图素，然后双击区域任意位置，弹出【另存为】对话框，选择存储路径和输入文件名后单击【保存】按钮。

（5）输入/输出文件

输入/输出文件是将不同格式的文件进行相互转换，输入是将其他格式的文件转换为 MCX 格式的文件，输出是将 MCX 格式的文件转换为其他格式的文件。

选择【文件】—【转换】—【导入文件夹】命令，弹出图 11-16 所示的【导入文件夹】对话框，选择导入文件的类型、源文件目录的位置和输入目录的位置，要查找子文件夹，则选中【在子文件夹内查找】复选框。

图 11-16

图 11-17

选择【文件】—【转换】—【导出文件夹】命令，弹出图11-17所示的【导出文件夹】对话框，选择输出文件的类型、源文件目录的位置和输出目录的位置，要查找子文件夹，则选中【在子文件夹内查找】复选框。

（6）设置网格

网格设置可以在绘图区显示网格划分，便于几何图形的绘制。单击【视图】选项卡的【网格】组中的【网格设置】按钮，弹出【网格】对话框，如图11-18所示，可以设置网格间距和原点属性；单击【视图】选项卡的【网格】组中的【显示网格】按钮和【对齐网格】按钮，绘图区显示网格，并可以捕捉绘制图形，如图11-19所示。

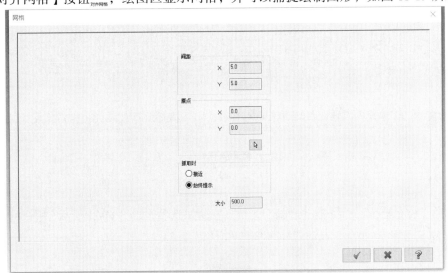

图11-18

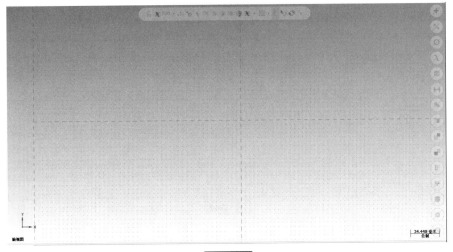

图11-19

11.1.4 系统参数设置

Mastercam 2020 系统安装完成后，软件自身有一个预定的系统参数配置方案，用户可以直接使用，也可以根据自己的工作需要和实际情况来更改某些参数，以满足实际的使用需要。

选择下拉菜单【文件】—【配置】，弹出如图 11-20 所示的【系统配置】对话框，用户可根据需要进行相关参数设置。

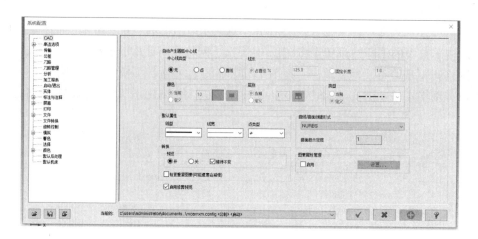

图 11-20

（1）公差设置

选择"系统配置"对话框左侧列表下面的"公差"选项，如图 11-21 所示。用户可设置曲面和曲线的公差值，从而控制曲线和曲面的光滑程度。

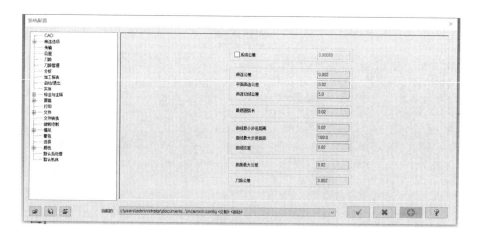

图 11-21

"公差设置"选项中各参数含义如下。

【系统公差】：用于设置系统的公差值。系统公差是指系统可区分的两个点的最小距离，这也是系统能创建的直线的最短长度。公差值越小，误差越小，但是系统运行速度越慢。

【串连公差】：用于设置串连几何图形的公差值。串连公差是指系统将两个图素作为串连的两个图素端点的最大距离。

【平面串连公差】：用于设置平面串连几何图形的公差值。平面串连公差是指当图素与平面之间的距离小于平面串连公差时，可认为图素在平面上。

【最短圆弧长】：用于设置所能创建的最小圆弧长度，设置该参数可避免创建不必要的过小的圆弧。

【曲线最小步进距离】：用于设置在沿曲线创建刀具路径或将曲线打断为圆弧等操作时的最小步长。

【曲线最大步进距离】：用于设置在沿曲线创建刀具路径或将曲线打断为圆弧等操作时的最大步长。

【曲线弦差】：用于设置曲线的弦差。曲线的弦差是指用线段代替曲线时线段与曲线间允许的最大距离。

【曲面最大公差】：用于设置曲面的最大偏差。曲面的最大公差是指曲面与生成该曲面的曲线之间的最大距离。

【刀路公差】：用于设置刀具路径的公差值，公差越小，刀具路径越准确，但计算时间越长。

（2）文件设置

选择"系统配置"对话框左侧列表下面的"文件"选项，如图 11-22 所示。用户可设置不同类型文件的存储目录及使用不同文件的默认名称等。

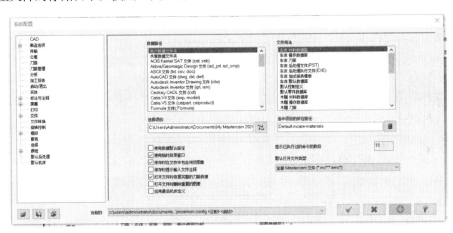

图11-22

【数据路径】：用于设置不同类型文件的存储目录。首先在"数据路径"列表中选择文件类型，这时在"选中项目的所在路径"框中显示该类型文件存储的默认目录。如果要更改该文件存储的目录，可直接在输入框中输入新的目录，或通过单击其后的"选择"按钮来选择新的目录，系统将此目录作为该类型文件存储的目录。

【文件用法】：用于设置不同类型文件的默认名称。首先在"文件用法"列表中选择文件类型，这时在"选中项目的所在路径"框中显示该类型文件的默认文件名称。如果要更改该文件名称，可直接在输入框中输入新的名称，或通过单击其后的"选择"按钮来选择新文件，系统将此文件作为该类型文件存储的默认文件。

【显示已执行过的命令的数目】：用于设置在"操作命令记录栏"显示已执行过的命令数量。

（3）自动保存时间设置

选择【文件】—【配置】命令，打开如图 11-23 所示的【系统配置】对话框，在左侧的目录树中找到【文件】节点并单击前面的加号展开，选择【自动保存/备份】，在右侧的区域进行想要的设置，完成后单击【确定】按钮。合理设置保存时间，可以防止用户在设计及软件操作时忘记保存，或突发事件造成损失，提高安全性。

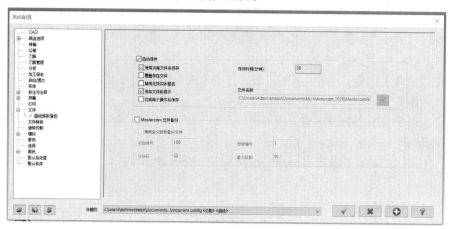

图 11-23

【使用当前文件名保存】：将使用当前文件名自动保存。

【覆盖存在文件】：将覆盖已存在文件名自动保存。

【保存文件前提示】：在自动保存文件前对用户进行提示。

【完成每个操作后保存】：在结束每个操作后进行自动保存。

【保存时间（分钟）】：设置系统自动保存文件的时间间隔，单位为分钟。

【文件名称】：用于输入系统自动保存文件时的文件名称。

（4）实体转换

选择"系统配置"对话框左侧列表下面的"文件转换"选项，如图 11-24 所示。用户可以设置 Mastercam 2020 系统与其他软件系统进行文件转换时的参数，建议按照系统的默认设置。

图 11-24

（5）屏幕设置

选择"系统配置"对话框左侧列表下面的"屏幕"选项，如图 11-25 所示。用户可以设置 Mastercam 2020 系统屏幕显示方面的参数，建议按照系统的默认设置。

图 11-25

（6）颜色设置

选择"系统配置"对话框左侧列表下面的"颜色"选项，如图 11-26 所示。用户可以设置 Mastercam 2020 系统颜色方面的参数。

大部分的颜色参数按照系统默认设置即可，对于有绘图区域背景颜色喜好的用户可以设置系统绘图区背景参数。其中"工作区背景颜色"用于设置系统绘图区域背景颜色，用户可以在右侧的颜色选择区域选择自己所喜好的背景颜色，比如可以选择背景颜色为白色等。

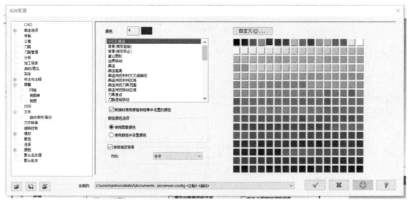

图 11-26

图 11-27

（7）串连设置

选择"系统配置"对话框左侧列表下面的"串连选项"，如图 11-27 所示。用户可以设置 Mastercam 2020 系统串连选择方面的参数，建议按照系统默认设置。

（8）着色设置

选择"系统配置"对话框左侧列表下面的"着色"选项，如图 11-28 所示。用户可以设置 Mastercam 2020 系统曲面和实体着色方面的参数，建议按照系统默认设置。

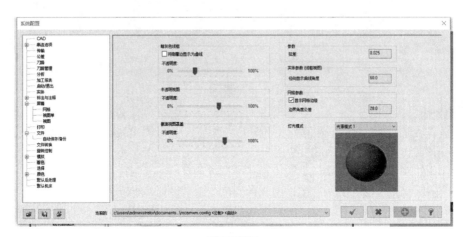

图 11-28

（9）实体设置

选择"系统配置"对话框左侧列表下面的"实体"选项，如图 11-29 所示。用户可以设置 Mastercam 2020 系统实体操作方面的参数，建议按照系统默认设置。

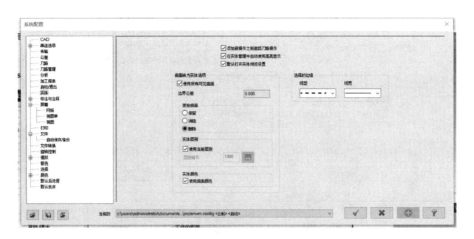

图 11-29

（10）打印设置

选择"系统配置"对话框左侧列表下面的"打印"选项，如图 11-30 所示。用户可以设置 Mastercam 2020 系统打印参数。"打印设置"相关选项参数含义如下。

【线宽】：用于设置线宽，包括以下选项。

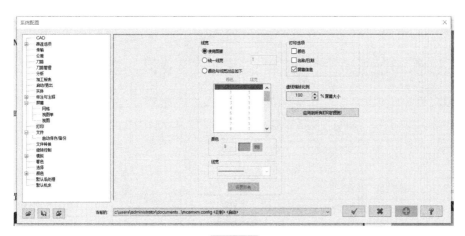

图 11-30

【使用图素】：系统以几何图形本身的线宽进行打印。

【统一线宽】：用户可以在输入栏输入所需要的打印线宽。

【颜色与线宽对应如下】：在列表中对几何图形的颜色进行线宽设置，这样系统在打印时以颜色来区分线型的打印宽度。

【打印选项】：用于设置打印选项，包括以下选项。

【颜色】：系统可以进行彩色打印。

【名称/日期】：系统在打印时将文件名称和日期打印在图纸上。

【屏幕信息】：将对曲面和实体进行着色打印。

（11）CAD 设置

选择"系统配置"对话框左侧列表下面的"CAD"选项，如图 11-31 所示。用户可以设置 Mastercam 2020 系统 CAD 方面的参数，建议采用系统默认设置。

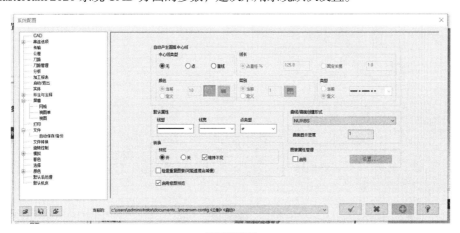

图 11-31

（12）标注与注释

选择"系统配置"对话框左侧列表下面的"标注与注释"选项，如图 11-32 所示。用户可以设置 Mastercam 2020 系统尺寸方面的参数。系统的尺寸标注设置包括"尺寸属性""尺寸文字""尺寸标注""注解文字""引导线/延伸线"五个选项。

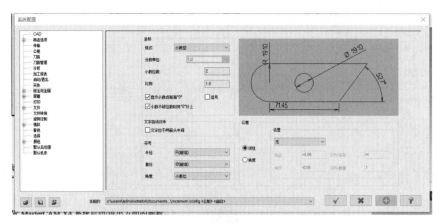

图 11-32

（13）启动/退出

选择"系统配置"对话框左侧列表下面的"启动/退出"选项，如图 11-33 所示。用户可以设置 Mastercam 2020 系统启动/退出方面的参数。

（14）刀具路径

选择"系统配置"对话框左侧列表下面的"刀路"选项，如图 11-34 所示。用户可以设置 Mastercam 2020 系统刀具路径方面的参数。

图 11-33

图 11-34

11.1.5 串连选项对话框

在 Mastercam 2020 中提供了操作更灵活、选择方式多样化的串连选择方法，是通过如图 11-35 所示的【线框串连】对话框来完成的，该对话框可以解决串连选择时一些特定的要求，如串连的起点、终点位置及串连方向等，对于轮廓加工操作还可以由实体边界来生成串连路径。

串连选择的特定要求包括开环与闭环、串连的方向、分支点及全部串连和部分串连。

① 开环与闭环。在前面的串连选择部分已经讲过，开环是不封闭的，起点与终点是不重合的，而闭环是封闭的，起点和终点是重合的。

② 串连的方向。串连图素的选择是有方向的，鼠标单击的位置不同，则所选择串连图素的方向可能不同。对于开环来说，距离单击位置最近的开环端点被定义为起点，单击位置所在侧被定义为方向；对于闭环来说，距离单击位置最近的图素（所单击的图素）端点被定义为起点，单击位置所在侧被定义为方向，起始点处显示一个带有点标记的绿色箭头，在结束点处显示一个带有点标记的红色箭头。

图11-35

其中【起始/结束】选项组中的按钮 ◀ ▶ 用于调整起始点的位置，单击【反向】按钮 ↔ ，可以更改串连的方向。【动态】按钮 用于动态地调整起始点和结束点的位置， ◀ ▶ 用于调整终止点的位置。

③ 分支点。分支点是指被 3 个或 3 个以上的图素所共享的端点，此时要想选择所要的串连图素，需要指定多个子串连。当到达分支点时，系统会出现"已到达分支点，请选择分支"提示，然后选择下一串连即可。

④ 全部串连和部分串连。全部串连是指选择串连路径上的所有图素，部分串连是指仅选择串连路径上的部分图素。以上讲述的串连选择都是全部串连，因为在【串连选项】对话框中单击了【串连】按钮 ，如果要切换到部分串连选择方式，只需单击【部分串连】按钮 即可。在选择部分串连时，首先单击部分串连中的第一个图素，距离单击位置最近的图素（所单击的图素）端点被定义为起点，然后单击部分串连中的最后一个图素。

11.2 Mastercam 2020 数控车加工技术

在 Mastercam 软件中，车削加工需要在车削模块进行设置，车削加工命令位于【机床】选项卡的【车床】下拉列表中的【默认】中，如图 11-36 所示，单击【默认】按钮会弹出【车削】选项卡，如图 11-37 所示。

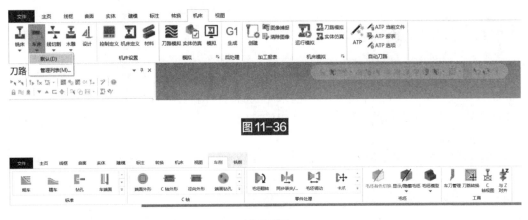

图 11-36

图 11-37

11.2.1 毛坯的设置

车削加工需要进行毛坯、刀具和材料的设置。在【刀路】管理器中单击【属性】—【毛坯设置】节点，系统会弹出【机床群组属性】对话框，切换到【毛坯设置】选项卡，如图 11-38、图 11-39 所示。

图 11-38

图 11-39

（1）【毛坯平面】选项组

该选项组用于定义毛坯的视角方位，单击【视角选择】按钮，系统弹出如图 11-40 所示的【选择平面】对话框，该对话框列出了所有默认和自定义的视角。选择相应的视图，可以更改毛坯的视角。

图 11-40

（2）【毛坯】选项组

该选项组用于定义主轴转向、毛坯的形状和大小，包括【左侧主轴】和【右侧主轴】单选按钮以及【参数】和【删除】按钮。【右侧主轴】和【左侧主轴】单选按钮用于定义主轴的旋转方向为右转和左转。单击【参数】按钮，系统弹出【机床组件管理-毛坯】对话框，切换到【图形】选项卡，如图 11-41、图 11-42 所示。

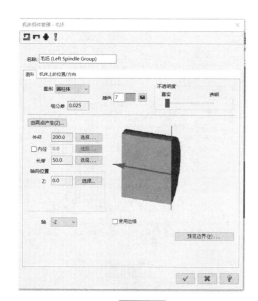

图 11-41

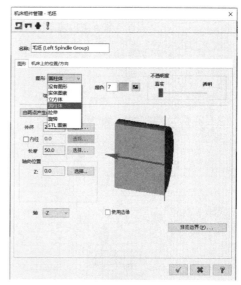

图 11-42

通过【图形】选项卡可以定义毛坯的形状和大小，其主要按钮功能说明如下。

① 【图形】下拉列表框：可以定义毛坯的形状，包括【没有图形】、【实体图素】、【立方体】、【圆柱体】、【拉伸】、【旋转】和【STL 图素】几个选项。选择不同的图形，该选项组的内容会做相应的变化。

② 【由两点产生】按钮：单击该按钮，即可在视图中选择两点作为毛坯的两个顶点，来定义毛坯外形。

③ 【外径】文本框：在该文本框中输入圆柱体毛坯的直径。单击其后的【选择】按钮，

即可在视图中选择一点至原点的长度作为直径。

④【内径】：设置圆柱体毛坯内孔的直径大小。

⑤【长度】文本框：在该文本框中输入毛坯的长度。单击其后的【选择】按钮，即可在视图中选择一条线段，其长度即为毛坯的长度。

⑥【轴向位置】选项组：在该文本框中输入毛坯坐标系的原点，设置毛坯在Z轴的固定位置。单击其后的【选择】按钮，即可在视图中指定毛坯的坐标系原点。

⑦【轴】下拉列表框：定义毛坯在坐标原点的左侧还是右侧，包括+Z和-Z两个选项。

⑧【使用边缘】复选框：选中此复选框可以通过输入零件各边缘的延伸量定义毛坯。

在【机床组件管理-毛坯】对话框中选择【机床上的位置/方向】选项卡，在该选项卡中可以定义毛坯的坐标系，如图11-43所示。

（3）【卡爪设置】选项组

该选项组用于定义卡爪的形状和大小，包括【左侧主轴】和【右侧主轴】单选按钮以及【参数】和【删除】按钮。

【左侧主轴】和【右侧主轴】单选按钮分别定义卡爪的旋转方向为左转和右转。

单击【参数】按钮，系统弹出如图11-44所示的【机床组件管理-卡盘】对话框，在该对话框中可以设置卡爪的位置、类型和夹紧方式等。

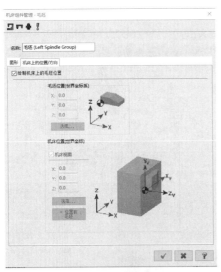

图11-43

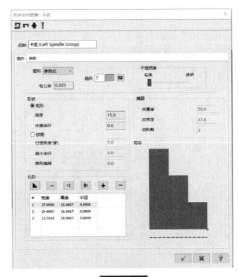

图11-44

【机床组件管理-卡盘】对话框中各参数含义如下。

①【夹紧方式】：设置夹紧的方式，有外径和内径两类。

②【位置】：设置卡盘夹紧位置。

③【卡爪宽度】：设置卡爪总宽度。

④【阶梯宽度】：设置卡爪阶梯宽度。

⑤【卡爪高度】：设置卡爪总高度。

⑥【阶梯高度】：设置卡爪阶梯高度。

⑦【厚度】：设置卡爪的厚度。

如果需要取消之前的定义，可在相应的选项组中单击【删除】按钮，则此时在工件和卡爪主轴转向下显示未定义。

（4）【尾座设置】选项组

该选项组用于定义顶尖相对于毛坯的位置。

单击【参数】按钮，系统弹出如图 11-45、图 11-46 所示的【机床组件管理-中心】对话框，定义的尾座在绘图区中显示为紫色虚线。

【机床组件管理-中心】对话框用来设置尾座参数，各选项参数含义如下。

① 【图形】：设置尾座尺寸的方式，有【参数式】、【实体图素】、【圆柱体】、【STL 图素】和【旋转】等。

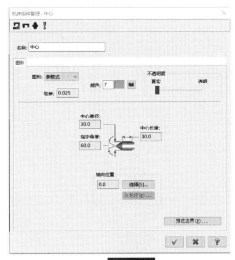
图 11-45

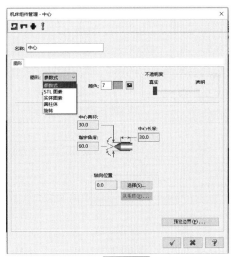
图 11-46

② 【中心直径】：设置尾座中心圆柱的直径。

③ 【指定角度】：设置尾座的锥尖角度。

④ 【中心长度】：设置中心圆柱的长度。

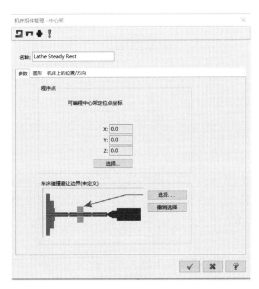
图 11-47

（5）【中心架】选项组

该选项组用于定义固定支撑架相对于毛坯的位置。单击【参数】按钮，系统弹出如图 11-47 所示的【机床组件管理-中心架】对话框。定义的毛坯支撑架在视图区域中显示为细青色虚线。

（6）【显示选项】选项组

该选项组用于设置是否显示毛坯的外形、毛坯卡爪、毛坯尾座以及毛坯固定支撑架等选项。

11.2.2 刀具的设置

在车床加工过程中，其刀具的选择、设置与管理同样相当重要，也是车床加工过程中的一个重点。根据不同的车削加工类型，需要有不同的车刀。

在车削环境下，单击【车削】选项卡中的【车刀管理】按钮，系统弹出【刀具管理】对话框，在【刀具】列表框中列出了各种刀具的外形及尺寸，如图 11-48 所示。

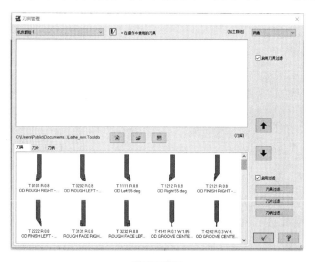

图 11-48

利用该对话框，用户可以选择刀具资料库中的刀具并复制到机器群组中，然后可以对其进行定义参数的设置。用户也可在其列表框中单击鼠标右键，弹出快捷菜单，从而可以对其刀具进行不同的操作。

（1）刀具类型

刀库中的刀具主要有以下几种类型。

① 外圆车刀：凡是带 OD 的都是外圆车刀，此类刀具主要用来车削外圆。

② 内孔车刀：凡是带 ID 的都是内孔车刀，此类车刀主要用来车削内孔。

③ 右车刀：凡是带 RIGHT 的都是右车削刀具，此类刀具在车削时由右向左车削。大部分车床采用此类加工方式。

④ 左车刀：凡是带 LEFT 的都是左车削刀具，此类刀具在车削时由左向右车削。

⑤ 粗车刀：凡是带 ROUGH 的都是粗车削刀具，此类刀具刀尖角大、刀尖强度大，适合大进给速度和大背吃刀量的铣削，主要用在粗车削加工中。

⑥ 精车刀：凡是带 FINISH 的都是精车削刀具，此类刀具刀尖角小，适合车削高精度和高表面光洁度毛坯，主要用于精车削加工。刀库中提供了多种形式的粗精车削刀具，用户可以根据实际加工需要从刀库中选择合适的刀具，以满足加工需要。

（2）创建刀具

在【刀具库】对话框空白处单击鼠标右键，在弹出的快捷菜单中选择【创建新刀具】命令，即可打开【定义刀具】对话框，如图 11-49 所示。该对话框包含 4 个选项卡，即【类型-标准车削】、【刀片】、【刀杆】和【参数】。

① 【类型-标准车削】选项卡中列出了 5 种常用的车削刀具类型，即【标准车削】、【螺纹车刀】、【沟槽车削/切断】、【镗刀】、【钻头/丝攻/铰孔】，并且用户还可以选择【自定义】选项自行设置刀具类型，如图 11-50 所示。

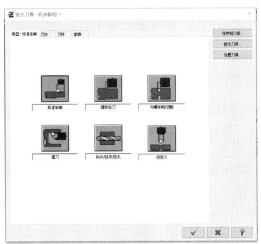

图 11-49

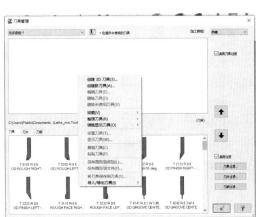

图 11-50

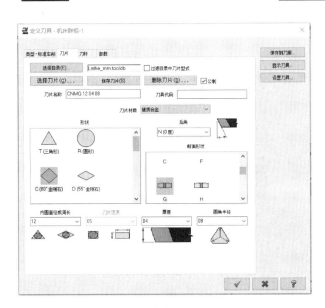

图 11-51

各种刀具用途如下。

【标准车削】：用于外圆车削加工。

【螺纹车刀】：用于螺纹车削加工。

【沟槽车削/切断】：用于车槽或截断车削加工。

【镗刀】：用于镗孔车削加工。

【钻头/丝攻/铰孔】：用于钻孔/攻牙/铰孔车削加工。

【自定义】：用于用户自己设置符合实际加工需求的车削刀具。

② 在车削加工中，不同类型的刀具，其参数设置各不相同。在【刀片】选项卡中选择相应的刀具类型后，系统自动切换到相应的选项卡中。图 11-51 所示对话框为选择切削类型为【类型-标准车削】时【刀片】选项卡的状态。

【形状】：设置刀片形状，有三角形、圆形、菱形、四边形、多边形等形状。

【刀片材质】：用于选择刀片所用的材料，有硬质合金、金属陶瓷、陶瓷、立方氮化硼、金刚石以及用户自己定义材料。

【后角】：设置刀具的间隙角。

【断面形状】：设置刀片的断面形状。

【内圆直径或周长】：设置刀片内接圆直径，直径越大，刀片越大。

【厚度】：设置刀片的厚度。

【圆角半径】：设置刀片的刀尖圆角半径。

③ 选择不同类型的刀具，其刀杆的设置也不尽相同。图 11-52 所示对话框为选择切削类型为【类型-标准车削】时【刀杆】选项卡的状态。

【类型】：设置刀杆的类型，主要设置的是刀杆朝向和角度。

【刀杆断面形状】：设置刀杆的断面形状。

【刀杆图形】：设置刀杆结构参数。

④ 选择不同的刀具类型，其刀具参数的设置都是相同的，如图 11-53 所示的【参数】选项卡，其参数设置与铣床刀具参数设置大致相同。

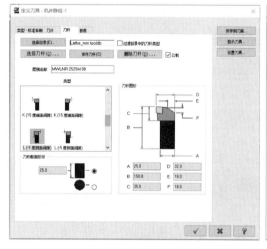

图 11-52

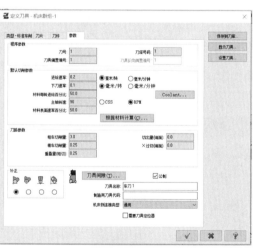

图 11-53

11.2.3 轮廓线加工

一般的数控车床使用的控制器都提供 Z 轴和 X 轴两轴控制。其 Z 轴平行于车床轴，+Z 向为刀具朝向尾座方向；X 轴垂直于车床的主轴，+X 向为刀具离开主轴线方向。

数控车床大多数是在 XZ 平面上的二维加工，因此其图形构建通常也是一些简单的二维直线和圆弧，即使绘制三维实体，也大多数是回转体形状。所以在绘制加工轮廓线时，一般来说只需绘制零件的一半剖面图即可。针对车削的特点，车削模块有按半径值构图的，还有按直径构图的，可以方便地构建车削零件图形，在软件的【视图】选项卡中选择合适的视图。若要将如图 11-54 所示的回转体进行车削加工，在绘制加工轮廓线时，只需利用【连续线】命令，绘制如图 11-55 所示的一半剖面图即可。

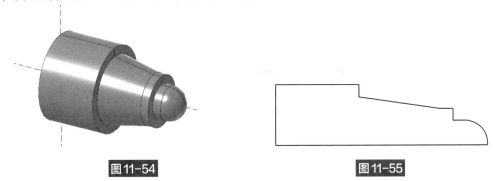

图 11-54　　　　　　　　　　　　　　　　图 11-55

11.2.4 粗车加工

粗车加工主要用于切除毛坯外形外侧、内侧或端面的多余材料，使毛坯接近于最终的尺寸和形状，为精车加工做准备。粗车车削加工是外圆粗加工最经济、有效的方法。由于粗车的目的主要是迅速从毛坯上切除多余的金属，因此，提高生产率是其主要任务。

粗车通常采用尽可能大的背吃刀量和进给量来提高生产率，而为了保证必要的刀具寿命，切削速度则通常较低。粗车时，车刀应选取较大的主偏角，以减小背向力，防止毛坯的弯曲变形和振动；选取较小的前角、后角和负值的刃倾角，以增强车刀切削部分的强度。粗车所能达到的加工精度为 IT12~IT11，表面粗糙度 Ra 为 50~12.5μm。

单击【机床】选项卡中的【车床】，在【车床】下拉框中选择【默认】，【车削】选项卡被激活，单击【车削】选项卡中的【粗车】按钮🔲，系统弹出【线框串连】对话框，如图 11-56 所示。在图形区选择加工轮廓线后，系统弹出【粗车】对话框，该对话框包括【刀具参数】和【粗车参数】两个选项卡，如图 11-57 所示。

（1）刀具参数

【刀具参数】选项卡的主要选项说明如下。

① 【显示刀库刀具】复选框：用于在刀具显示窗口内显示当前的刀具组。

② 【选择刀库刀具】按钮：单击该按钮，弹出【选择刀具】对话框，从中选择加工刀具。

③ 【刀具过滤】按钮：单击该按钮，弹出【车刀过滤】对话框，可从中设置刀具过滤的相关选项。

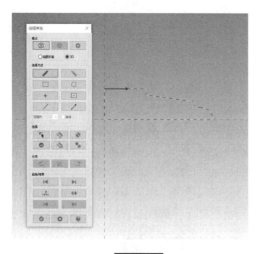

图 11-56

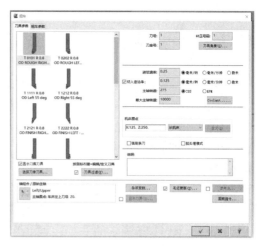

图 11-57

④【轴组合/原始主轴】按钮：用于选择轴的结合方式。在加工时，车床刀具对同一个轴向具有多重定义时，即可选择相应的结合方式。

⑤【刀具角度】按钮：用于设置刀具进刀、切削以及刀具在机床起始方向的相关选项。

⑥【Coolant】按钮：单击该按钮，在弹出的 Coolant 对话框中选择加工过程中的冷却方式。

⑦【机床原点】选项组：用于选择换刀点的位置。包括【从机床】、【用户定义】和【依照刀具】3 种方式。其【从机床】选项用于设置换刀点的位置来自车床，此位置根据定义轴的结合方式的不同而有所差异。【用户定义】选项用于设置任意的换刀点。【依照刀具】选项用于设置换刀点的位置来自刀具。

⑧【杂项变数】按钮：单击该按钮，在弹出的【杂项变数】对话框中设置杂项变数的相关选项。

⑨【毛坯更新】按钮：单击该按钮，在弹出的【毛坯更新参数】对话框中设置毛坯更新的相关参数。

⑩【参考点】按钮：单击该按钮，在弹出的【参考点】对话框中设置备刀的相关选项。

⑪【显示刀具】按钮：单击该按钮，在弹出的【刀具显示设置】对话框中设置刀具显示的相关选项。

⑫【固有指令】按钮：单击该按钮，输入有关的指令。

（2）粗车参数

单击【粗车】对话框的【粗车参数】选项卡，如图 11-58 所示。

【粗车参数】选项卡的部分选项说明如下。

①【重叠量】按钮：用于设置相邻粗车削之间的重叠距离，其每次车削的退刀量等于车削深度与重叠量之和。当该按钮前的复选框处于勾选状态时，该按钮可用，从中可以设置重叠量和最小重叠角度。

②【切削深度】文本框：设置每次车削的深度，当选中【等距步进】单选按钮时，则粗车步进量设置为刀具允许的最大粗车削深度。

③【最小切削深度】文本框：定义最小切削量。

④【X 预留量】/【Z 预留量】文本框：定义粗车时在 X 方向/Z 方向的剩余量。

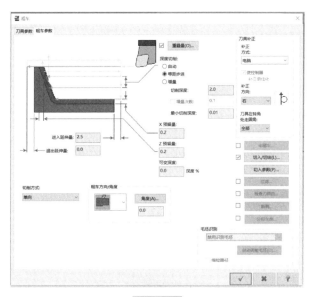

图11-58

⑤【进入延伸量】：在起点处增加粗车削的进刀刀具路径长度。

⑥【切削方式】下拉列表框：用于定义切削方法，包括【单向】、【双向往复】和【双向斜插】选项。【单向】选项：设置刀具只在一个方向进行车削加工；【双向往复】和【双向斜插】选项：表示车削时可以在两个方向进行车削加工，但只有采用双向车削刀具进行粗车加工时，才能选择双向切削方法。

⑦【粗车方向/角度】：粗车削类型，包括"外径""内径""面铣"和"后退"切削4种形式。"外径"方向：在毛坯的外部直径上车削；"内径"方向：在毛坯的内部直径上车削；"面铣"方向：在毛坯的前端面进行车削；"后退"方向：在毛坯的后端面进行车削。

⑧【角度】：车削角度设置。单击【角度】按钮，弹出【角度】对话框，如图11-59所示。

【角度】：输入角度值作为车削角度。

【线】：单击该按钮，可选择某一线段，以此线段的角度作为粗车角度。

【两点】：单击该按钮，可选择任意两点，以两点的角度作为粗车的角度。

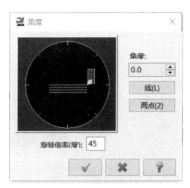

图11-59

【旋转倍率（度）】：输入旋转的角度基数，设置的角度值将是此值的整数倍。

⑨【刀具补正】：在数控车床使用过程中，为了降低被加工毛坯表面的粗糙度，减缓刀具磨损，提高刀具寿命，通常将车刀刀刃磨成圆弧，圆弧半径一般为0.4~1.6mm。在数控车削圆柱面或端面时不会有影响，在数控车削带有圆锥或圆弧曲面的零件时，由于刀尖半径的存在，会造成过切或少切的现象，采用刀尖半径补正，既可保证加工精度，又为编制程序提供了方便。合理编程和正确测算出刀尖圆弧半径是刀尖圆弧半径补正功能得以正确使用的保证。为了消除刀尖带来的误差，系统提供了多种补正形式和补正方向供用户选择，满足用户需要。

11.2.5 精车加工

精车加工主要车削毛坯上的粗车削后余留下的材料，切除毛坯的外形外侧、内侧或端面的多余材料，使毛坯满足设计要求的表面粗糙度。在加工大型轴类零件外圆时，则常采用宽刃车刀低速精车。精车时车刀应选用较大的前角、后角和正值的刃倾角，以提高加工表面的质量。精车可作为较高精度外圆的最终加工或作为精细加工的预加工。精车的加工精度可达IT6~IT8 级，表面粗糙度 Ra 可达 0.8~1.6μm。

精车削参数主要包括刀具参数和精车参数，刀具参数与粗车削中的刀具路径参数一样。单击【车削】选项卡中的【精车】按钮，系统弹出【串连选项】对话框，选择加工轮廓后，弹出【精车】对话框，该对话框主要用来设置与精车相关的参数，如图 11-60 所示。

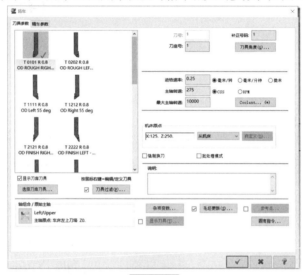

图 11-60

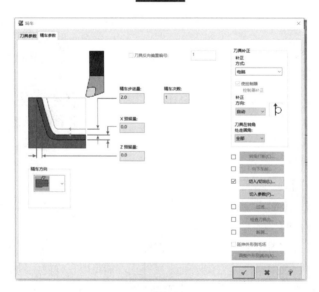

图 11-61

精车参数主要包括精车步进量、预留量、车削方向、补正方式、圆角等。下面详细讲解其含义。

（1）精车参数

精车削的精车步进量一般较小，目的是清除前面粗加工留下来的材料。精车削预留量的设置是为了下一步的精车削或最后精加工，一般在精度要求比较高或表面光洁度要求比较高的零件中设置，如图11-61所示。

① 【精车步进量】：此项用于输入精车削时每层车削的吃刀深度。

② 【精车次数】：此项用于输入精车削的层数。

③ 【X预留量】：此项用于设置精车削后在X方向的预留量。

④ 【Z预留量】：此项用于设置精车削后在Z方向的预留量。

⑤ 【精车方向】：此项用于设置精车削的车削方式，有"外径"车削、"内孔"车削、"右端面"车削及"左端面"车削4种方式。

（2）刀具补正

由于毛坯试切对刀时都是对端面和圆柱面，所以对于锥面和圆弧面或非圆曲线组成的面时，精车削也会导致误差，因此需要采用刀具补正功能来消除可能存在的过切或少切的现象。

① 【补正方式】：包括【电脑】、【控制器】、【磨损】、【反向磨损】和【关】补正5种形式。具体含义与粗车削补正形式相同。

② 【补正方向】：包括【左】、【右】和【自动】3种补正方向。左补正和右补正与粗加工相同，自动补正是系统根据毛坯轮廓自行决定。

③ 【刀具在转角处走圆角】：圆角设置主要是在轮廓转向的地方是否采用圆弧刀具路径，有【全部】、【无】、【尖角】3种方式，含义与粗车削相同。

（3）切入参数

切入参数设置用来设置在精车削过程中是否切削凹槽。单击【切入参数】按钮，弹出【车削切入参数】对话框，如图11-62所示，参数含义与粗加工相同。

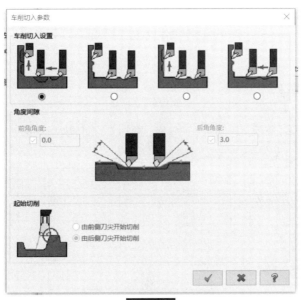

图11-62

（4）转角打断设置

在进行精车削时，系统允许对毛坯的凸角进行倒角或圆角处理。在【精车参数】选项卡中选中【转角打断】复选框并单击【转角打断】按钮，弹出【转角打断参数】对话框，该对话框用来设置转角采用圆角还是倒角的参数，如图11-63所示。

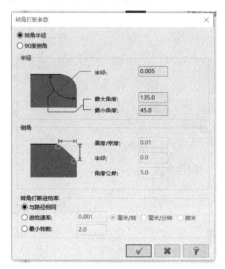

图11-63

① 在【转角打断参数】对话框中选中【转角半径】单选按钮，圆角设置被激活，可以设置圆角半径、最大的角度、最小的角度等。

② 选中【90°倒角】单选按钮，倒角设置被激活，可以设置倒角的高度/宽度、半径、角度的公差等。

③ 在【转角打断进给率】组中，可以另外设置切削速度，以加工出高精度的圆角和倒角。

11.3 Mastercam 2020 车削自动加工实例——光轴车削数控加工

11.3.1 实例描述

光轴零件如图11-64所示，轮廓面是回转面，要加工的面是外圆柱面、端面和螺纹。

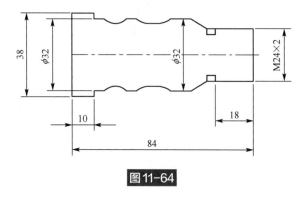

图11-64

11.3.2 加工方法分析

根据数控车削加工工艺的要求，安排光轴加工如下。

① 端面车削加工。利用端面车削功能完成端部余量的去除。

② 粗车。按照先粗后精的加工原则，通过粗加工（粗车外圆）去除大量的加工余量。

③ 精车。通过精加工（精车外圆）达到图纸上的精度要求。

④ 车槽加工。利用径向车削功能完成螺纹退刀槽的加工。

⑤ 螺纹加工。加工 M24×2 螺纹。

11.3.3 加工流程与所用知识点

光轴车削数控加工具体的设计流程和知识点见表 11-2。

▢ 表 11-2 光轴数控加工流程和知识点

步骤	设计知识点	设计流程效果图
Step 1：打开文件	启动 Mastercam，打开文件	
Step 2：设置加工工件	设置工件毛坯，以便更好显示实体切削验证	
Step 3：端面车削	端面车削用于车削回转体零件的端面	
Step 4：粗车	粗车是根据零件图形特征及所设置粗车的步进量一层一层地车削，粗车轨迹与 Z 轴平行	

步骤	设计知识点	设计流程效果图
Step 5：精车	精车是根据零件图形特征及所设置精车的步进量一层一层地车削，粗车轨迹与 Z 轴平行，一般根据零件的余量来设置精车次数	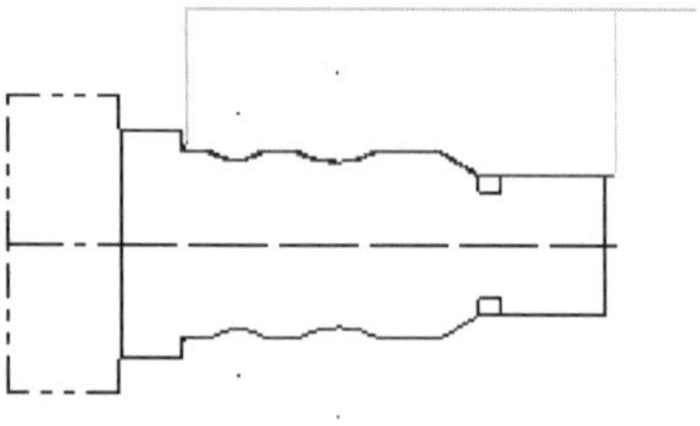
Step 6：径向车削	径向车削加工用于加工回转体零件的凹槽部分	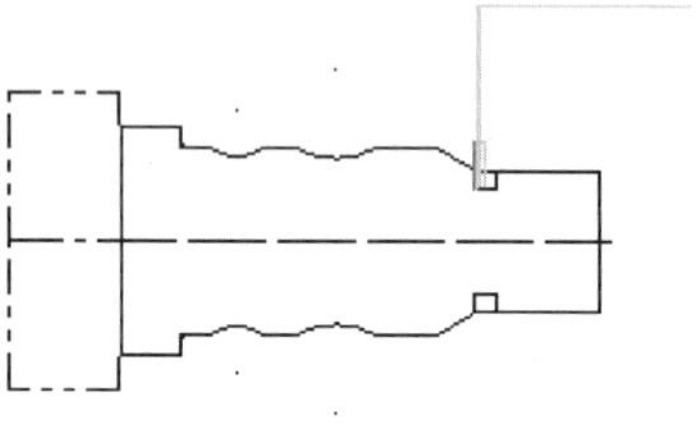
Step 7：车螺纹	螺纹车削主要用于加工零件图上的直螺纹或者锥螺纹，它可以是外螺纹、内螺纹	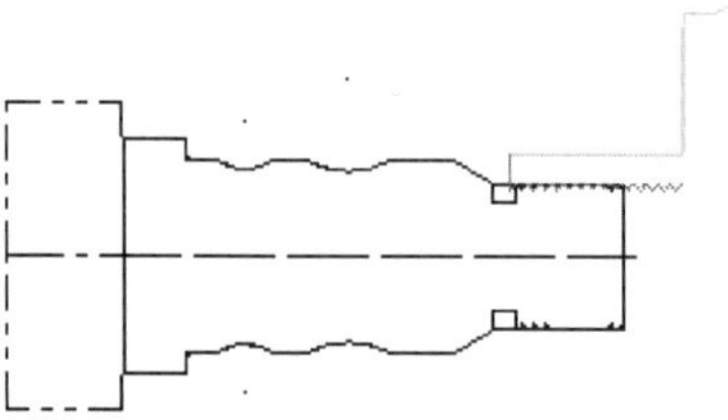
Step 8：生成刀具路径和实体验证	实体切削验证就是对工件进行逼真的切削模拟来验证所编制的刀具路径是否正确	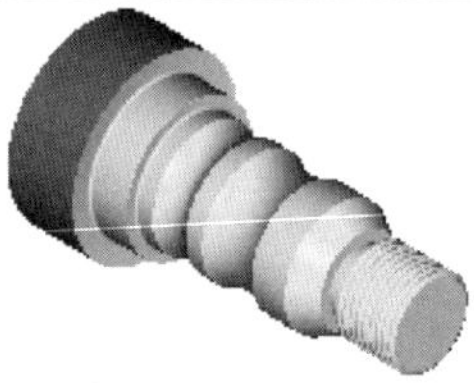
Step 9：执行后处理	后处理就是将 NCI 刀具路径文件翻译成数控 NC 程序	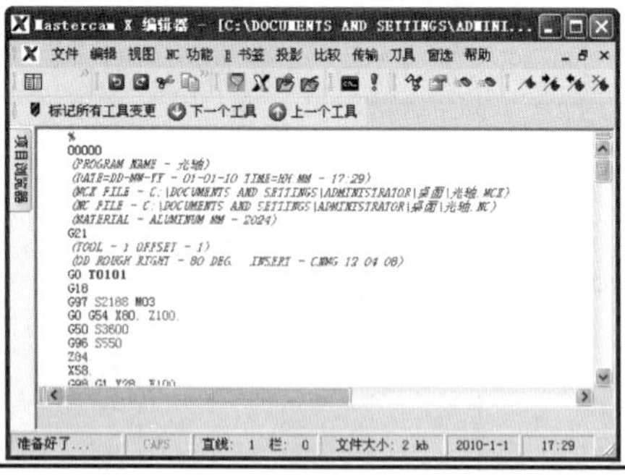

11.3.4 实例描述

（1）启动 Mastercam 2020 并打开文件

启动 Mastercam 2020，选择下拉菜单"文件"—"打开"命令，弹出"打开"对话框，选择"光轴.mcx"。单击"打开"对话框中的相应按钮，将该文件打开，如图 11-65 所示。

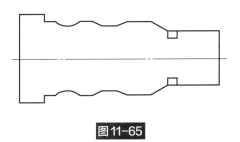

图11-65

（2）选择加工系统

选择下拉菜单"机床类型"—"车床"—"默认"命令，此时系统进入车削加工模块。

（3）设置加工工件

① 双击如图11-66所示"操作管理器"中的"属性-Lathe Default MM"标识，展开"属性"后的"操作管理器"，如图11-67所示。

图11-66　　　　　　　　　　　　　　　　　　　　图11-67

② 单击"属性"选项下的"毛坯设置"命令，系统弹出"机床群组属性"对话框，选择"毛坯设置"选项卡，在"毛坯"选项中选择"左侧主轴"，如图11-68所示。

③ 单击"毛坯"选项中的"参数"按钮，弹出"机床组件管理-毛坯"对话框，选择"圆柱体"方式，选择轴类型为"-Z"，在"轴向位置"中输入"90"，其余参数如图11-69所示。

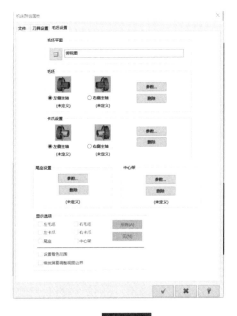

图11-68

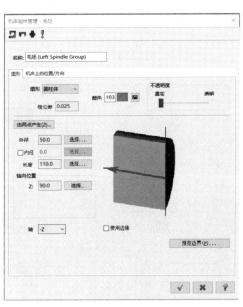

图11-69

④ 依次单击对话框中的按钮 ，完成加工工件设置，如图 11-70 所示。

（4）端面车削加工

1）启动端面车削加工　单击选项卡"车削"中的"车端面"按钮，弹出车端面刀具参数设置对话框。

2）设置加工刀具　在"刀具参数"选项卡中选择 T0101 号刀具，设置刀具加工参数如图 11-71 所示。

图11-70

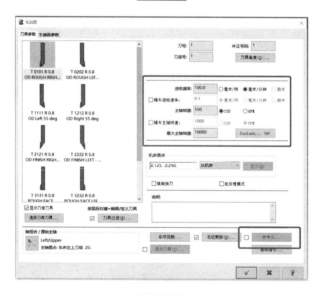

图11-71

勾选"参考点"复选框，单击该按钮，弹出"参考点"对话框，设置相关参数如图 11-72 所示。

3）设置车端面参数

① 单击"车端面参数"标签，弹出该选项卡，设置相关加工参数如图 11-73 所示。

② 单击"选择点"按钮，分别选取如图 11-74 所示的 P_1 和 P_2 点来确定加工范围。

③ 勾选"切入/切出"设置复选框，单击该按钮，弹出"切入/切出"设置对话框。

图11-72

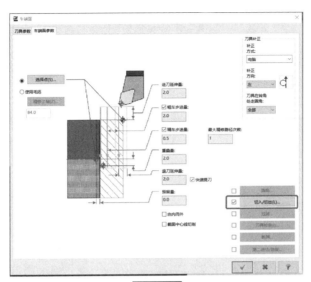

图11-73

图11-74

选择"切入"选项卡：选择"无"方式，"角度"为"-90"，"长度"为"15"，如图
11-75所示。

选择"切出"选项卡：选择"无"方式，"角度"为"0"，"长度"为"5"，如
图11-76所示。

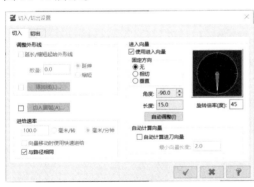

图11-75

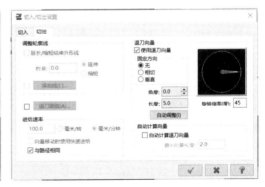

图11-76

④ 单击"确定"按钮 ✔，完成加工参数设置。

4）生成刀具路径并验证

① 完成加工参数设置后，选择刀具群组-1中1-粗车，单击"操作管理器"中的"模拟已
选择的操作"模拟产生加工刀具路径，如图11-77所示。

图 11-77

② 单击"操作管理器"中的"选择切换已选择的刀路操作"按钮 ≈ ，关闭加工刀具路径的显示，为后续加工操作做好准备。

（5）粗车加工

1）单击选项卡"车削"中的"粗车"按钮，弹出粗车加工刀具参数设置对话框，弹出"串连选项"对话框，选择"部分串连"，如图 11-78 所示，选择如图 11-79 所示的 P_1 和 P_2 点，单击 Enter 键 完成。

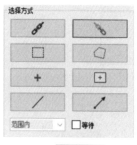

图 11-78

图 11-79

2）设置加工刀具

① 在"刀具参数"选项卡中选择 T0101 号刀具，设置刀具加工参数如图 11-80 所示。

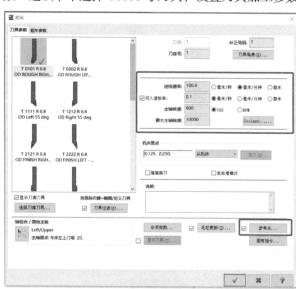

图 11-80

② 勾选"参考点"复选框，单击该按钮，弹出"参考点"对话框，设置相关参数如图 11-81 所示。

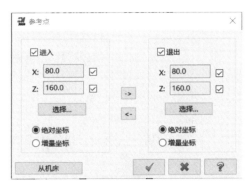

图 11-81

3）设置粗车参数

① 单击"粗车参数"标签，弹出该选项卡，设置相关加工参数如图 11-82 所示。

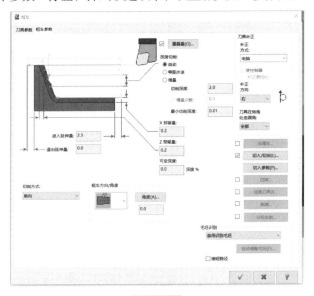

图 11-82

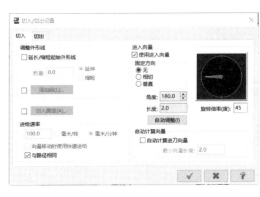

图 11-83

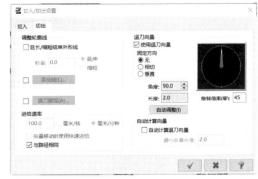

图 11-84

② 单击"切入/切出"设置按钮，弹出"切入/切出"设置对话框。选择"切入"选项卡：选择"无"方式，"角度"为"180"，"长度"为"2"，如图 11-83 所示。

选择"切出"选项卡：选择"无"方式，"角度"为"90"，"长度"为"2"，如图 11-84 所示。

③ 依次单击"确定"按钮 <u>✓</u>，完成加工参数设置。

4）生成刀具路径并验证

① 完成加工参数设置后，选择刀具群组-1 中 3-精车，单击"操作管理器"中的"模拟已选择的操作"模拟产生加工刀具路径，如图 11-85 所示。

② 单击"操作管理器"中的"选择切换已选择的刀路操作"按钮 ≋ ，关闭加工刀具路径的显示，为后续加工操作做好准备。

图 11-85

（6）精车加工

1）单击选项卡"车削"中的"精车"按钮，弹出精车加工刀具参数设置对话框，弹出"线框串连"对话框，选择"部分串连"，选择如图 11-86 所示的 P_1 和 P_2 点，单击 Enter 键 <u>●</u> 完成。

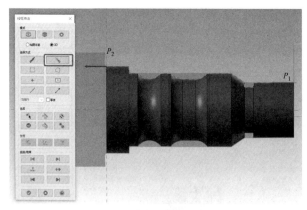

图 11-86

2）设置加工刀具

① 在"刀具参数"选项卡中选择 T1212 号刀具，设置刀具加工参数如图 11-87 所示。

② 勾选"参考点"复选框，单击该按钮，弹出"参考点"对话框，设置相关参数如图 11-88 所示。

3）设置粗车参数

① 单击"精车参数"标签，弹出该选项卡，设置相关加工参数如图 11-89 所示。

② 单击"切入/切出"设置按钮，弹出"切入/切出"设置对话框。

选择"切入"选项卡：选择"无"方式，"角度"为"180"，"长度"为"2"，如图 11-90 所示。

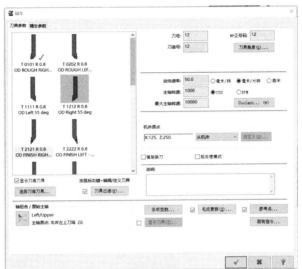

图11-87

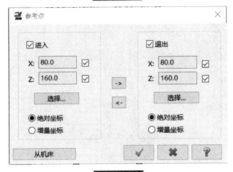

图11-88

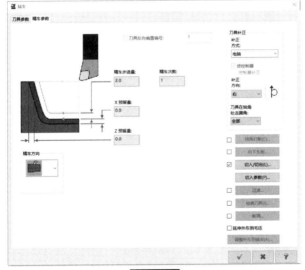

图11-89

选择"切出"选项卡：选择"无"方式，"角度"为"45"，"长度"为"2"，如图11-91 所示。

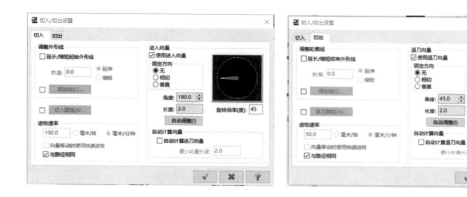

图11-90　　　　　　　　　　　　　　图11-91

③ 单击"切入参数"按钮，弹出"车削切入参数"对话框，设置相关参数如图11-92 所示。

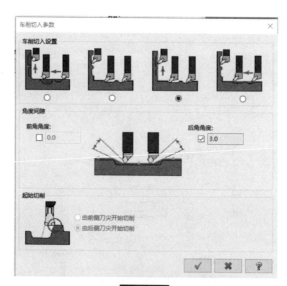

图11-92

④ 依次单击"确定"按钮 ✓ ，完成加工参数设置。

图11-93

4）生成刀具路径并验证

① 完成加工参数设置后，选择刀具群组-1 中 2-粗车，单击"操作管理器"中的"模拟已选择的操作"模拟产生加工刀具路径，如图 11-93 所示。

② 单击"操作管理器"中的"选择切换已选择的刀路操作"按钮 ≋ ，关闭加工刀具路径的显示，为后续加工操作做好准备。

（7）沟槽车削加工

1）启动沟槽车削加工　单击选项卡"车削"中的"沟槽"按钮，弹出沟槽车选项设置对话框，弹出"线框串连"选项，选择"部分串连"，选择如图 11-94 所示的 P_1 和 P_2 点，单击 Enter 键  完成。

图 11-94

2）设置加工刀具

① 在"刀具参数"选项卡中选择 T4141 号刀具，设置刀具加工参数如图 11-95 所示。

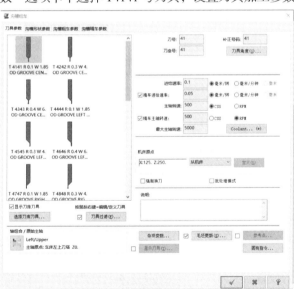

图 11-95

② 勾选"参考点"复选框,单击该按钮,弹出"参考点"对话框,设置相关参数如图 11-96 所示。

图 11-96

③ 设置沟槽形状参数,单击"沟槽形状参数"标签,弹出该选项卡,设置相关加工参数如图 11-97 所示。

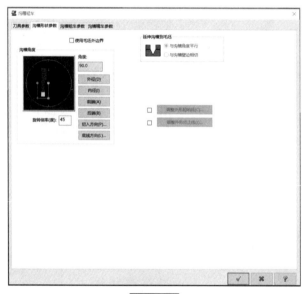

图 11-97

④ 设置沟槽粗车参数,单击"沟槽粗车参数"标签,弹出该选项卡,设置相关加工参数如图 11-98 所示。

⑤ 设置沟槽精车参数。

a. 单击"沟槽精车参数"标签,弹出该选项卡,设置相关加工参数如图 11-99 所示。

b. 单击"切入"按钮,弹出"切入"对话框。

选择"第一个路径切入"选项卡,设置相关参数如图 11-100 所示。

选择"第二个路径切入"选项卡,设置相关参数如图 11-101 所示。

c. 依次单击"确定"按钮 ✔ ,完成加工参数设置。

3)生成刀具路径并验证

① 完成加工参数设置后,选择刀具群组-1 中 4-沟槽粗车,单击"操作管理器"中的"模拟已选择的操作"模拟产生加工刀具路径,如图 11-102 所示。

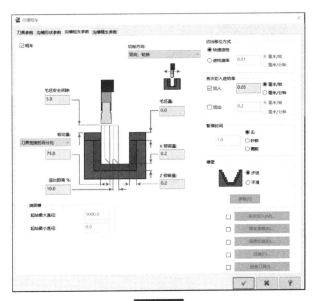

图 11-98

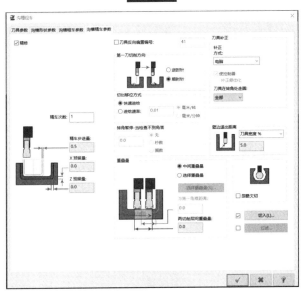

图 11-99

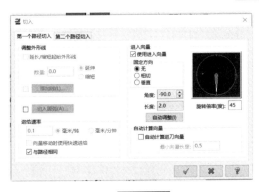

图 11-100

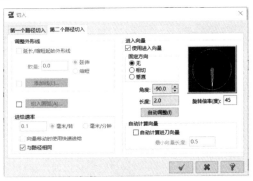

图 11-101

图 11-102

② 单击"操作管理器"中的"选择切换已选择的刀路操作"按钮 ≋ ，关闭加工刀具路径的显示，为后续加工操作做好准备。

（8）螺纹车削加工

1）启动沟槽车削加工　单击选项卡"车削"中的"车螺纹"按钮，弹出车螺纹选项设置对话框，如图 11-103 所示。

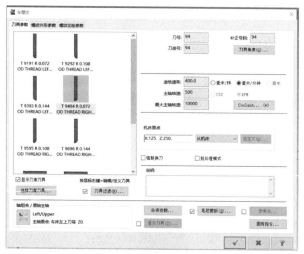

图 11-103

2）设置加工刀具

① 在"刀具参数"选项卡中选择 T9494 号刀具，设置刀具加工参数如图 11-103 所示。

② 勾选"参考点"复选框，单击该按钮，弹出"参考点"对话框，设置相关参数如图 11-104 所示。

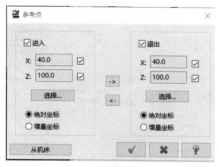

图 11-104

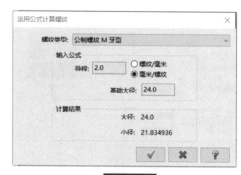

图 11-105

③ 设置螺纹外形参数，单击"运用公式计算"按钮，弹出"运用公式计算螺纹"对话框，设置相关参数如图 11-105 所示。单击"确定"按钮。单击"螺纹外形参数"标签，弹出该选项卡，设置相关加工参数如图 11-106 所示。

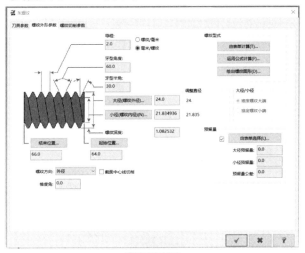

图11-106

④ 设置螺纹切削参数，单击"螺纹切削参数"标签，弹出该选项卡，选择"NC 代码格式"为"螺纹复合循环（G76）",设置相关加工参数如图 11-107 所示。

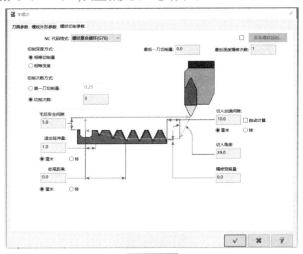

图11-107

3）生成刀具路径并验证

① 完成加工参数设置后，选择刀具群组-1 中 5-车螺纹，单击"操作管理器"中的"模拟已选择的操作"模拟产生加工刀具路径，如图 11-108 所示。

② 单击"操作管理器"中的"选择切换已选择的刀路操作"按钮 ≋ ，关闭加工刀具路径的显示，为后续加工操作做好准备。

（9）后处理

① 在"操作管理器"中选择所有的操作后，单击"操作管理器"上方的 G1 按钮，弹出"后处理程序"对话框，如图 11-109 所示。

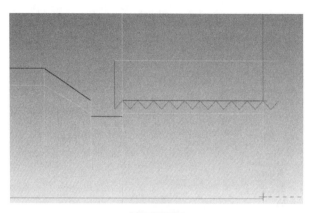

图 11-108

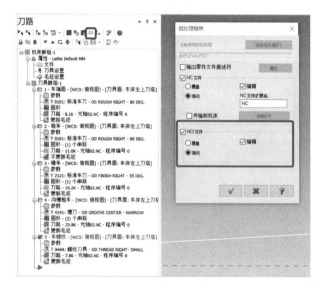

图 11-109

图 11-110

② 选择"NC 文件"选项下的"编辑"复选框，然后单击"确定"按钮，弹出"另存为"对话框，选择合适的目录后，单击"确定"按钮，打开"Mastercam 2020 编辑器"对话框，如图 11-110 所示。

③ 选择下拉菜单"文件" — "保存"命令，保存所创建的加工文件。

本章小结

本节通过光轴讲解了 Mastercam 2020 外圆表面各种车削加工的方法，主要包括粗车、精车等，读者在学习过程中需要注意以下几点。

① 车削数控加工一般流程为：选择加工系统—设置工件—创建车削加工操作—生成刀具路径—实体切削验证—后处理等。

② 端面车削时，一般进退刀参数是设置"参考点"，并设置"进刀"选项角度"–90"，退刀角度"0"。

③ 外圆轮廓车削时，一般进退刀参数是设置"参考点"，并设置"进刀"选项角度"180"，退刀角度"90"。

④ 外圆径向车削时，一般进退刀参数是设置"参考点"，并设置"进刀"选项角度"–90"，退刀角度"–90"。

参考文献

［1］ 徐衡. 跟我学 FANUC 数控系统手工编程［M］. 北京：化学工业出版社，2013.

［2］ 翟瑞波. 图解数控车床加工工艺与编程：从新手到高手［M］. 北京：化学工业出版社，2022.

［3］ 卢孔宝，顾其俊. 数控车床编程与图解操作［M］. 北京：机械工业出版社，2018.